"十四五"职业教育国家规划教材

浙江省普通高校"十三五"新形态教材

名校名师精品
系列教材

Network Operating
System of Linux

Linux
网络操作系统项目教程

Ubuntu | 微课版

杨云 余建浙 王春身◉主编

人 民 邮 电 出 版 社
北 京

图书在版编目（CIP）数据

Linux网络操作系统项目教程 : Ubuntu : 微课版 / 杨云，余建浙，王春身主编. -- 北京 : 人民邮电出版社，2024.7

名校名师精品系列教材

ISBN 978-7-115-63728-4

Ⅰ. ①L… Ⅱ. ①杨… ②余… ③王… Ⅲ. ①Linux操作系统－教材 Ⅳ. ①TP316.85

中国国家版本馆CIP数据核字(2024)第033645号

内 容 提 要

本书对接“全国职业院校技能大赛”和“世界技能大赛”，符合“三教”改革精神。本书是国家精品课程、国家级精品资源共享课和精品在线开放课程“Linux网络操作系统”的配套教材。本书是一本基于“项目驱动、任务导向”的“双元”模式的纸媒+电子活页的项目化零基础教程。

本书以Ubuntu Linux为平台，包含6个学习情境，分别为系统安装与常用命令、系统管理与配置、shell编程与调试、网络服务器配置与管理、系统安全与故障排除（电子活页）、拓展与提高（电子活页）。本书共14个项目，包括安装与配置Linux操作系统，Linux常用命令与vim，管理用户、组与文件目录，配置与管理硬盘，配置网络和防火墙，软件包的安装与管理，Linux编程基础，学习shell script，使用gcc和make调试程序，以及配置与管理samba、DHCP、DNS、Apache、FTP服务器。此外，还有16个扩展项目（电子活页）。本书项目配有“项目实训”等结合实践应用的内容，引用大量的企业应用实例，配以教学视频，使“教、学、做”融为一体，实现理论与实践统一。

本书可作为普通高等学校、职业院校计算机网络技术、大数据技术、云计算技术与应用、计算机应用技术、软件技术等相关专业的理论与实践教材，也可作为Linux系统管理和网络管理人员的自学用书。

◆ 主　　编　杨　云　余建浙　王春身

责任编辑　马小霞

责任印制　王　郁　焦志炜

◆ 人民邮电出版社出版发行　　北京市丰台区成寿寺路11号

邮编　100164　　电子邮件　315@ptpress.com.cn

网址　https://www.ptpress.com.cn

三河市君旺印务有限公司印刷

◆ 开本：787×1092　1/16

印张：18.25　　2024年7月第1版

字数：463千字　　2025年1月河北第2次印刷

定价：69.80元

读者服务热线：(010)81055256　印装质量热线：(010)81055316

反盗版热线：(010)81055315

广告经营许可证：京东市监广登字20170147号

前言

党的二十大报告指出“必须坚持科技是第一生产力、人才是第一资源、创新是第一动力”。大国工匠和高技能人才作为人才强国战略的重要组成部分，在现代化国家建设中起着重要的作用。

网络强国是国家的发展战略，网络技能型人才的培养显得尤为重要。

1. 背景

Ubuntu 是一款基于 Debian Linux 操作系统的免费开源软件，由南非企业家马克·沙特尔沃思（Mark Shuttleworth）于 2004 年创建。Ubuntu 开发团队的目标是为广大用户提供一个易于使用、免费、开放源码的操作系统，以及一个强大的生态系统。

Ubuntu 提供了一个直观的桌面环境和大量的内置应用程序，包括办公套件、网络浏览器、电子邮件客户端、音乐播放器和视频播放器等。Ubuntu 还支持多种语言和字符集，以满足全球用户的需求。

2. 内容

（1）本书使用的操作系统为 Ubuntu 22.04 LTS。本书附带电子活页、拓展阅读等内容，优化教学项目，帮助读者实操企业案例。

（2）在形式上，本书采用“纸质教材+电子活页”的形式，配教学视频辅助教学，提供丰富的数字资源。

（3）电子活页包括“系统安全与故障排除”“拓展与提高”两个学习情境（16 个项目实录的视频）。纸质教材和电子活页以项目为载体，以工作过程为导向，以职业素养和职业能力培养为重点，按照技术应用从易到难，教学内容从简单到复杂、从局部到整体的原则进行组织编排。

（4）提供拓展阅读内容，融入“核高基”与国产操作系统、中国计算机的主奠基者、中国国家顶级域名“CN”、国家最高科学技术奖、IPv4 和 IPv6、图灵奖、为计算机事业做出过巨大贡献的王选院士、国产操作系统“银河麒麟”、中国的超级计算机、IPv4 的根服务器、“雪人计划”、我国的“龙芯”等国家计算机领域发展的重要项目、重要成果和重要人物，鞭策学生努力学习，引导学生树立正确的世界观、人生观和价值观，帮助学生成为德、智、体、美、劳全面发展的社会主义建设者和接班人。

3. 本书特点

本书为教师和学生提供一站式课程解决方案和立体化教学资源，助力“易教易学”，同时对接“全国职业院校技能大赛”和“世界技能大赛”。本书特点如下。

（1）落实立德树人根本任务。

本书精心设计，在专业内容的讲解中融入科学精神和爱国情怀，通过讲解国家计算机领域发展的重要项目、重要成果和重要人物，弘扬精益求精的专业精神、职业精神和工匠精神，培养学生的创新意识，激发学生的爱国情怀。

（2）产教融合、书证融通、课证融通，校企“双元”合作开发的“理实一体”教材。

本书内容对接职业标准和岗位需求，以企业“真实工程项目”为素材进行项目设计及实施，将教学内容与 Linux 认证相融合，由业界专家拍摄项目视频，书证融通、课证融通。

（3）符合“三教”改革精神，创新教材形态。

将教材、课堂、教学资源、LEEPEE 教学法四者融合，实现线上线下有机结合，为“翻转课堂”和“混合课堂”改革奠定基础。采用“纸质教材+电子活页”的形式编写教材。除教材外，本书还提供丰富的数字资源，包含视频、音频、作业、试卷、拓展资源和讨论等，实现纸质教材三年修订、电子活页随时修订的目标。

本书由杨云、余建浙、王春身主编，刘遄参编。特别感谢浪潮集团、山东鹏森信息科技有限公司为本书提供教学案例。订购教材后可向编者索要全套备课包，编者 QQ 号为 68433059。欢迎加入计算机研讨&资源共享教师 QQ 群，号码为 30539076。

编　者

2024 年 1 月 1 日 于泉城

目录

学习情境一　系统安装与常用命令

学习情境二　系统管理与配置

项目 3

项目 4

项目 5

学习情境三 shell 编程与调试

项目 11

项目 12

学习情境一

系统安装与常用命令

合抱之木，生于毫末；九层之台，起于累土；千里之行，始于足下。

——语出《道德经》

项目1 安装与配置Linux操作系统

01

项目导入

某高校组建校园网，需要部署 Web、FTP、DNS、DHCP、samba、VPN 等服务器来为校园网用户提供服务，现需要选择一种既安全又易于管理的网络操作系统。Linux 由于其开源、稳定的性能越来越受用户的欢迎。本书的核心内容是 Ubuntu 22.04 LTS 的安装、配置与使用。本项目主要介绍安装与配置 Ubuntu 22.04 LTS 的相关知识和基本技能。通过对本项目的学习，希望学生达到以下职业能力目标和素养目标。

职业能力目标

- 理解 Linux 操作系统的体系结构。
- 掌握安装与配置 Ubuntu 22.04 LTS 的方法。
- 掌握启动、登录、退出 Ubuntu 的方法。
- 掌握系统快照和克隆系统功能的使用。

素养目标

- “天下兴亡，匹夫有责”，了解“核高基”和国产操作系统，理解“自主可控”于我国的重大意义，激发爱国热情和学习动力。
- 明确操作系统在新一代信息技术中的重要地位，激发科技报国的家国情怀和使命担当。

1.1 项目知识准备

Linux 操作系统是一款类似于 UNIX 的操作系统。Linux 操作系统是 UNIX 在计算机上的完整实现，它的标志是一只名为 Tux 的可爱的小企鹅，如图 1-1 所示。UNIX 操作系统是 1969 年由肯尼思・莱恩・汤普森（Kenneth Lane Thompson）和丹尼斯・里奇（Dennis Ritchie）在美国贝尔实验室开发的一款操作系统。由于具有良好且稳定

图 1-1　Linux 的标志 Tux

的性能，该操作系统迅速在计算机中得到广泛应用，在随后的几十年中又不断地被改进。

1.1.1 Linux 操作系统的历史

1990 年，芬兰人莱纳斯·贝内迪克特·托瓦尔兹（Linus Benedict Torvalds，以下简称莱纳斯）接触了为教学而设计的 MINIX 系统后，开始着手研究与编写一个开放的、与 MINIX 系统兼容的操作系统。1991 年 10 月 5 日，莱纳斯在芬兰赫尔辛基大学的一台文件传送协议（File Transfer Protocol，FTP）服务器上发布了一个消息，这标志着 Linux 操作系统的诞生。莱纳斯公布了 Linux 的第一个内核 0.02 版本。最初，莱纳斯的兴趣在了解操作系统的运行原理上，因此 Linux 早期的版本并没有考虑最终用户的使用，只提供了核心的框架，使得 Linux 开发人员可以享受编制内核的乐趣，这也保证了 Linux 操作系统内核的强大与稳定。互联网（Internet）的兴起，使得 Linux 操作系统也十分迅速地发展起来，很快就有许多程序员加入 Linux 操作系统的编写行列中。

随着编写行列的扩大和完整的操作系统基础软件的出现，Linux 开发人员意识到，Linux 已经逐渐变成一个成熟的操作系统。1994 年 3 月，内核 1.0 版本的推出标志着 Linux 的第一个正式版本诞生。

1.1.2 Linux 的版权问题及特点

1. Linux 的版权问题

Linux 是基于 Copyleft（无版权）的软件模式发布的。Copyleft 是与 Copyright（版权所有）相对立的新名称，它是使用 GNU 项目制定的通用公共许可证（General Public License，GPL）实现的。GNU 项目由理查德·斯托尔曼（Richard Stallman）于 1984 年提出。理查德·斯托尔曼建立了自由软件基金会（Free Software Foundation，FSF），并提出 GNU 项目的目的是开发一款完全自由的、与 UNIX 类似但功能更强大的操作系统，以便为所有的计算机用户提供功能齐全、性能良好的基本系统。GNU 的标志（角马）如图 1-2 所示。

图 1-2 GNU 的标志（角马）

小资料 GNU 使用了有趣的递归缩写，它是“GNU's Not UNIX”的缩写。由于递归缩写是一种在全称中递归引用它自身的缩写，因此无法精确地解释出它的真正全称。

2. Linux 的特点

Linux 作为自由、开源的操作系统，其发展势不可当。它具有高效、安全、稳定、支持多种硬件平台、用户界面友好、网络功能强大，以及支持多任务、多用户等特点。

1.1.3 理解 Linux 的体系结构

Linux 一般由 3 个部分组成：内核（kernel）、命令解释层（shell 或其他操作环境）、实用工具。

1. 内核

内核是系统的“心脏”，是运行程序、管理磁盘及打印机等硬件设备的核心程序。命令解释层向用户提供一个操作界面，从用户那里接收命令，并且把命令送入内核执行。由于内核提供的都是操作系统最基本的功能，因此如果内核出现问题，整个操作系统就可能会崩溃。

1-1 拓展阅读

Linux 操作系统的特点

2. 命令解释层

命令解释层在操作系统内核与用户之间提供操作界面，也被称为解释器。命令解释层对用户输入的命令进行解释，再将其发送到内核。Linux 中存在几种操作环境，分别是桌面（desktop）、窗口管理器（window manager）和命令行 shell（command line shell）。Linux 操作系统中的每个用户都可以拥有自己的用户界面，即根据自己的需求对用户界面进行定制。

shell 是系统的用户界面，它为用户提供与内核进行交互操作的接口。它接收用户输入的命令，并将命令送入内核执行。

shell 也是一个命令解释器，它可以解释由用户输入的命令，并把命令送入内核。不仅如此，shell 还有自己的编程语言，可用于命令的编辑，它允许用户编写由 shell 命令组成的程序。shell 编程语言具有普通编程语言的很多特点，如具有循环结构和分支控制结构等。用 shell 编程语言编写的 shell 程序与用其他编程语言编写的应用程序具有相似的执行效果。

3. 实用工具

标准的 Linux 操作系统有一套叫作实用工具的程序，它们是专门的程序，如编辑器、过滤器等。用户也可以使用自己的工具。

实用工具可分为以下 3 类。

- 编辑器：用于编辑文件。
- 过滤器：用于接收数据并过滤数据。
- 交互程序：允许用户发送信息或接收来自其他用户的信息。

1.1.4 Ubuntu 的版本

作为 Linux 发行版中的后起之秀，Ubuntu 在短短几年内便迅速成长为从 Linux 初学者到实验室用计算机/服务器都适合使用的发行版。Ubuntu 是开放源码的自由软件，用户可以登录 Ubuntu 的官网免费下载该软件的安装包。

1. 什么是 Ubuntu

Ubuntu Linux 是由南非的马克·沙特尔沃思创办的基于 Debian Linux 的操作系统，其于 2004 年 10 月公布了 Ubuntu 的第一个版本（Ubuntu 4.10 “Warty Warthog”）。Ubuntu 适用于笔记本电脑、台式计算机和服务器，特别是为桌面用户提供尽善尽美的使用体验。Ubuntu 几乎包含所有常用的应用软件：文字处理软件、电子邮件软件、软件开发工具和 Web 服务软件等。用户下载、使用、分享未修改的原版 Ubuntu 系统，以及到社区获得技术支持，都无须支付任何许可费用。

Ubuntu 提供了一个健壮、功能丰富的计算环境，既适用于家庭环境，又适用于商业环境。Ubuntu 社区承诺每 6 个月发布一个新版本，以提供最新、最强大的软件。

Ubuntu 一词被视为一种传统的非洲民族理念，同时也被认为是南非共和国的建国准则之一，并且与非洲复兴的理想密切相关。该词源于祖鲁语和科萨语，它的核心理念是“人道待人”，着眼于人们之间的互信与交流。前南非总统曼德拉这样解释：Ubuntu 是一个概念，它包含尊重、互助、分享、交流、关怀、信任、无私等众多内涵；Ubuntu 是一种生活方式，提倡宽容和理解他人。可见，Ubuntu 精神已经渗透到了南非的政治和日常生活当中。

Ubuntu 精神与软件开源精神不谋而合。作为一个基于 Linux 的操作系统，Ubuntu 试图将这种精神延伸到计算机世界中。“软件应当被分享，并能够为任何需要的人所获得。”Ubuntu 开发团队的目标是让世界上的每个人都能得到一个易于使用的 Linux 版本。

在这种 Ubuntu 精神的指导下，Ubuntu Linux 做出如下承诺。

（1）Ubuntu 对个人使用、组织和企业内部开发使用是免费的，但这种使用没有售后支持。

（2）Ubuntu 将为全球数百家公司提供商业支持。

（3）Ubuntu 包含由自由软件团体提供的最佳翻译和本地化。

（4）Ubuntu 光盘仅包含自由软件，鼓励用户使用自由和开源软件，并改善和传播它。

2. Ubuntu 的版本及其代号

Ubuntu 发布版本的官方名称是 Ubuntu X.YY，其中 X 表示年份（实际年份减去 2000），YY 表示发布的月份。2004 年 10 月 20 日，Ubuntu 的第一个版本——Ubuntu 4.10 发布。Ubuntu 不像其他软件一样有 1.0 版本，是因为其第一个版本发布于 2004 年 10 月 20 日，按照版本命令规则为 Ubuntu 4.10，生日也定为 10 月 20 日。

（1）查看 Ubuntu 版本

可使用如下命令查看 Ubuntu 版本。

```
yangyun@U22-1:~/桌面$ cat /etc/issue
Ubuntu 22.04.1 LTS \n \l
yangyun@U22-1:~/桌面$ cat /proc/version
Linux version 5.15.0-43-generic (buildd@lcy02-amd64-076) (gcc (Ubuntu 11.2.0-19ubuntu1) 11.2.0, GNU ld (GNU Binutils for Ubuntu) 2.38) #46-Ubuntu SMP Tue Jul 12 10:30:17 UTC 2022
yangyun@U22-1:~/桌面$ uname -a
Linux U22-1 5.15.0-43-generic #46-Ubuntu SMP Tue Jul 12 10:30:17 UTC 2022 x86_64 x86_64 x86_64 GNU/Linux
yangyun@U22-1:~/桌面$ lsb_release -a
No LSB modules are available.
Distributor ID:  Ubuntu
Description: Ubuntu 22.04.1 LTS
Release: 22.04
Codename:jammy
```

（2）代号

Ubuntu 的每个版本都有一个更具特色的名字，即其代号，这个名字由一个形容词和一个动物名词组成，并且形容词和动物名词的首字母都是一致的。

大家都知道 Debian 的开发代号来源于电影《玩具总动员》，而脱胎于 Debian 的 Ubuntu，其开发代号同样很有意思。Ubuntu 的代号有如下 3 个特点：

- 都表示动物；
- 都是两个词；
- 从 6.06 版本开始，代号的首字母从 D 开始递增并循环。

Ubuntu 每 6 个月都会发布一个新版本，而每个新版本都有其版本名称和代号。代号是首字母相同的“形容词+动物名词”的组合。例如，Ubuntu 22.10 的代号是 Kinetic Kudu，意为“活跃的扭角林羚”，如图 1-3 所示。

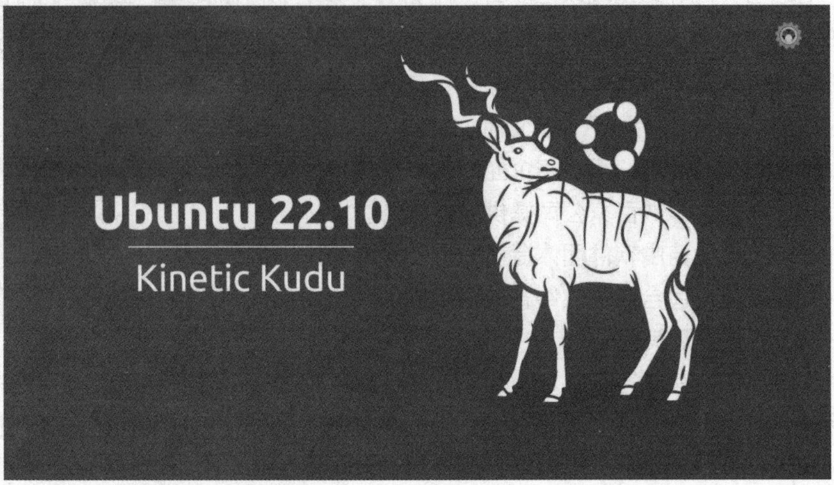

图 1-3　Ubuntu 22.10 的代号——Kinetic Kudu

每隔两年的 4 月，Ubuntu 都会推出一个长期支持（Long Term Support，LTS）版本，其支持期长达 5 年，而非 LTS 版本的支持期通常只有半年。

目前稳定的 LTS 版本是 Ubuntu 22.04 LTS，其发布日期为 2022 年 4 月，代号为 Jammy Jellyfish，意为“幸运的水母”。这是一个具有 5 年更新保证的 LTS 版本，特别适用于企业的桌面系统、服务器和云产品。Ubuntu 22.04 LTS 采用的内核版本是 5.15，默认的显示服务器采用的是 X.Org 以及 GNOME（GNU Network Object Model Environment，GNU 网络对象模型环境）42 桌面环境。

3. Ubuntu 从哪里可以获得

可以从 Ubuntu 的官网下载最新的 Ubuntu 的 ISO 映像文件，然后进行安装。在 Ubuntu 官网中有各种版本的 Ubuntu 供用户选择与下载。Ubuntu 最新发行版主要提供 Desktop 和 Server 两种版本，如图 1-4 所示。

Ubuntu 的 Desktop 版本默认带有 GNOME 图形用户界面（Graphical User Interface，GUI），如果有需要，也可转换为 K 桌面环境（Kool Desktop Environment，KDE）。而 Server 版本是不带 GUI 的。除日常维护，服务器不用于本地交互，因而 GUI 不仅没有存在的必要，还会消耗服务器多余的资源。对于其他软件，如办公软件、媒体播放软件、浏览器等，道理也是一样的。在 Server 版本上这些都找不到。

Ubuntu 的 Server 版本是面向服务器的。Server 版本包含所有用于启动托管站点的软件。LAMP 即 Linux、Apache、MySQL 和 PHP 的缩写，列出了与 Web 服务器相关的软件。除非自行安装，否则这些软件在 Desktop 版本上是找不到的。

Ubuntu Server 和 Desktop 版本本质上是包含不同默认包（package）的同一个 Ubuntu 发行版。安装 Ubuntu Server 版本之后，只需要执行 apt install ubuntu-desktop 命令就可以安装桌

面环境（功能上等价于 Desktop 版本）。同样，在 Ubuntu Desktop 版本上也可以随时安装 Server 版本上的包（如 Apache、MySQL 等）。

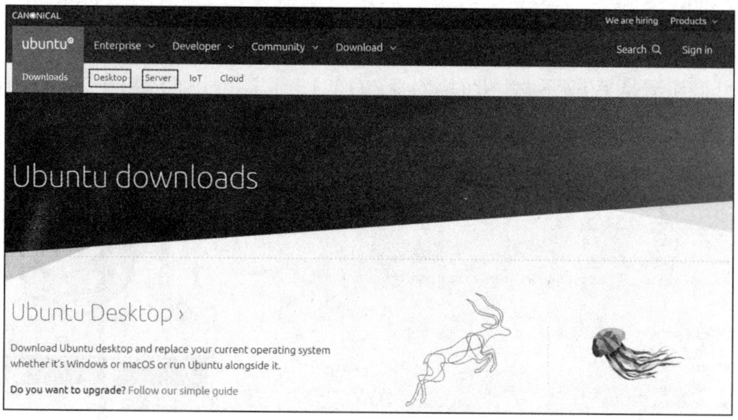

图 1-4　Ubuntu Desktop 版本和 Server 版本

1.2 项目设计与准备

中小型企业在选择网络操作系统时，首选企业版 Linux 网络操作系统。这样做一是考虑到其具有开源的优势，二是考虑到其安全性较高。

1.2.1 项目设计

本项目需要的设备和软件如下。

- 一台安装了 Windows 10 操作系统的计算机，其名称为 Win10-1，IP 地址为 192.168.10.31/24。
- 一套 Ubuntu 22.04.1 LTS 的 ISO 映像文件。
- 一套 VMware Workstation 16 Pro 软件。

1-2
安装与配置 Linux 操作系统

本项目借助虚拟机软件完成如下 3 项任务。

- 安装 VMware Workstation 16 Pro。
- 安装 Ubuntu 22 第一台虚拟机，其名称为 U22-1。
- 完成对 U22-1 的基本配置。

1.2.2 项目准备

Ubuntu 的 Desktop 版本主要服务于个人用户，用于完成个人用户的常规任务，如环境管理、程序开发、文字处理等；而 Server 版本承担着更复杂的任务，如 Web 服务、FTP 服务、域名服务（Domain Name Service，DNS）、动态主机配置协议（Dynamic Host Configuration Protocol，DHCP）服务、文件共享和打印服务等。对主机功能进行规划实质上就是确定主机是服务于个人用户还是作为服务器使用。

1. 下载 Ubuntu Desktop 版本 ISO 映像文件

本书要介绍的 Linux 主要服务于桌面用户，以满足常规需求应用，同时兼顾 Web 服务、FTP 服务等 Linux 的常规网络服务。鉴于大多数用户不具备频繁更换操作系统的经验和现实条件，本书采用在虚拟机中安装 Ubuntu 的方法。

在安装 Ubuntu 前请从官网下载 Ubuntu 22.04.1 LTS 的 ISO 映像文件，如图 1-5 所示。

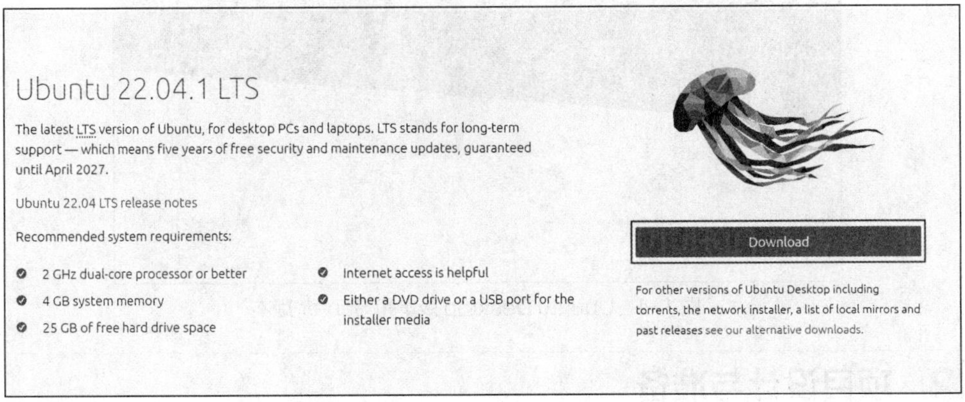

图 1-5　下载 Ubuntu 22.04.1 LTS 的 ISO 映像文件

2. 规划系统分区

无论是安装 Windows 操作系统还是 Ubuntu 操作系统，硬盘分区都是整个系统安装过程中最为棘手的环节，在安装 Ubuntu 操作系统时，可以选择自动分区和手动分区两种方式。虽然选择默认的自动分区会更加便捷（安装向导会根据原有的分区信息自动选择合理的分区方式），但还是推荐在安装的时候选择“更多”选项，然后手动进行分区。推荐采用手动分区的原因如下。

（1）数据安全。使用 Desktop 版本系统时，很容易由于误操作导致系统崩溃，继而导致死机不能正常使用系统。而如果你的 home 目录是单独分区的话，则完全可以重装，然后将 home 目录重新挂载回去，这样既不会丢失数据，又不用在重装的时候备份数据。

（2）各分区使用考量。可以根据实际需求对目录大小进行自定义，提高使用的效率，避免出现某分区容量过小的情况。例如，如果安装软件多，就把系统目录分区设置得大一些；如果数据文件比较多，就把 home 目录分区设置得大一些。

总结一下，是否选择手动分区还是取决于自己安装和使用需要，这里推荐采用手动分区方式安装系统，这既有利于初学者掌握自定义分区的操作，又可以满足后续服务器大小的配置。

对于初次接触 Linux 的用户来说，分区方案越简单越好。较好的方案是为 Linux 准备 3 个分区，即用户保存系统和数据的根分区（/）、启动分区（/boot）和交换分区（swap）。其中，交换分区不用太大，与物理内存大小相同即可；启动分区用于保存系统启动时所需的文件，一般 500MB 就足够了；根分区大小则需要根据 Linux 操作系统安装后占用资源的大小和所需保存数据的多少来调整（一般情况下，25GB 就足够了）。

特别说明　如果选择的固件类型为统一可扩展固件接口（Unified Extensible Firmware Interface，UEFI），则 Linux 操作系统必须至少建立 4 个分区：根分区、启动分区、可扩展固件接口（Extensible Firmware Interface，EFI）启动分区（/boot/efi）和交换分区。

当然，对于 Linux“熟手”，或者要安装服务器的管理员来说，这种分区方案就不太适合了。此时，他们一般会再创建/usr 分区（操作系统基本都存放在这个分区中）、/home 分区（所有的用户信息都存放在这个分区中）、/var 分区（服务器的登录文件、邮件、Web 服务器的数据文件都会存放在这个分区中）。Ubuntu 的常用分区方案如图 1-6 所示（以 100GB 硬盘为例，预留约 60GB 不进行分区）。

挂载点	设备	说明
/	/dev/sda1	10GB，主分区
/home	/dev/sda2	8GB，主分区
/boot	/dev/sda3	500MB，主分区
swap	/dev/sda5	4GB（内存的 2 倍）
/var	/dev/sda6	8GB，逻辑分区
/usr	/dev/sda7	8GB，逻辑分区

图 1-6　Ubuntu 的常用分区方案

1.3 项目实施

VMware Workstation 软件的安装过程与普通软件的安装过程类似，这里就不进行说明了。接下来直接新建 Ubuntu 虚拟机，进而完成 Ubuntu 22.04 LTS 的安装。

任务 1-1　新建 Ubuntu 虚拟机

（1）成功安装 VMware Workstation 后，其主界面如图 1-7 所示。

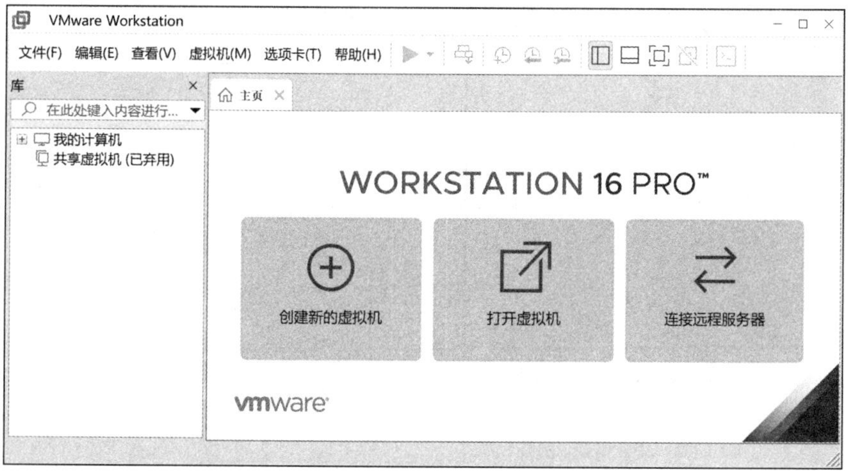

图 1-7　VMware Workstation 的主界面

（2）在图 1-7 所示的界面中选择菜单栏中的“文件”→“新建虚拟机”命令。在弹出的“新建虚拟机向导”对话框中选中“典型”单选按钮，然后单击“下一步”按钮，如图 1-8 所示。

（3）在“安装客户机操作系统”界面中选中“稍后安装操作系统”单选按钮，然后单击“下一步”按钮，如图 1-9 所示。

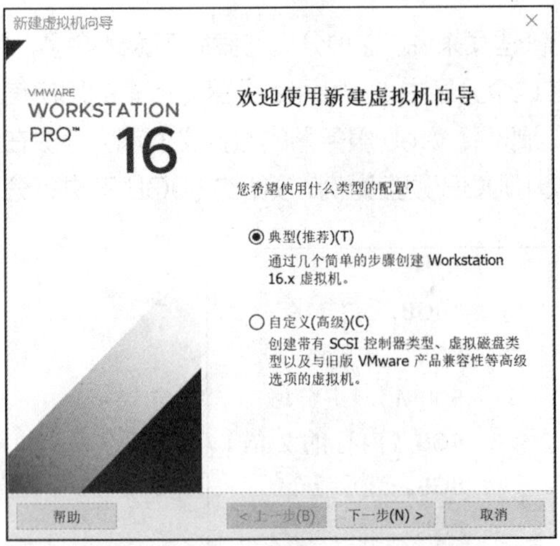

图 1-8　“新建虚拟机向导”对话框

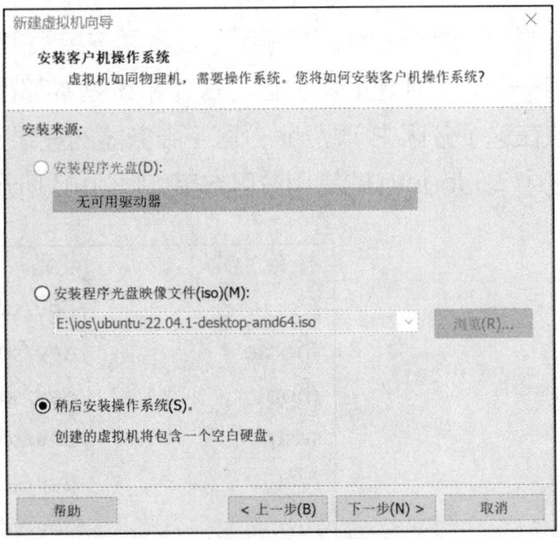

图 1-9　“安装客户机操作系统”界面

注意　一定要选中“**稍后安装操作系统**”单选按钮。如果选中“**安装程序光盘映像文件**”单选按钮，并把下载好的 Ubuntu 22.04 LTS 的 ISO 映像文件选中，则虚拟机会通过默认的安装策略部署最精简的 Linux 操作系统，而不会再询问安装设置的选项。

（4）在图 1-10 所示的“选择客户机操作系统”界面中选择客户机操作系统的类型为“Linux”，版本为“Ubuntu 64 位”，然后单击“下一步”按钮。

（5）在“命名虚拟机”界面的“虚拟机名称”文本框中输入虚拟机名称“U22-1”，单击“浏览”按钮，选择安装位置，然后单击“下一步”按钮，如图 1-11 所示。

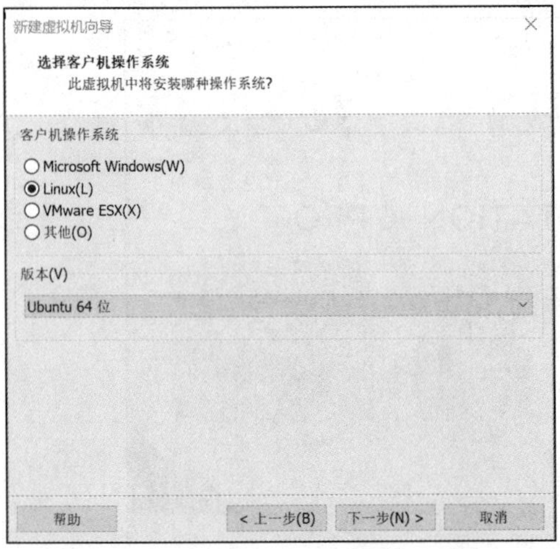

图 1-10　“选择客户机操作系统”界面

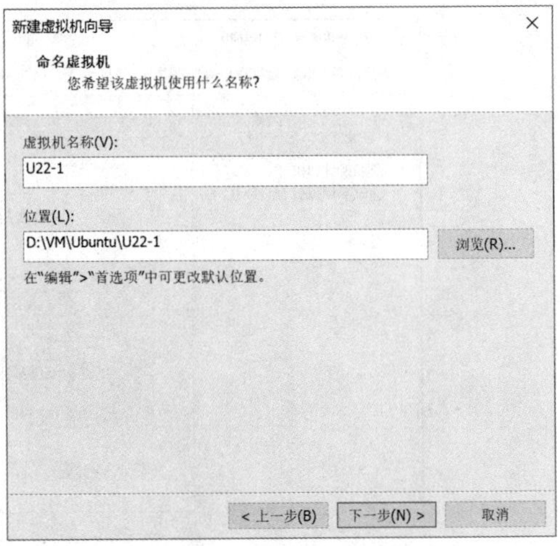

图 1-11　“命名虚拟机”界面

（6）在“指定磁盘容量”界面，将虚拟机的“最大磁盘大小”设置为 60GB（默认为 20GB），然后单击“下一步”按钮，如图 1-12 所示。

（7）在图 1-13 所示的“已准备好创建虚拟机”界面单击“自定义硬件”按钮。

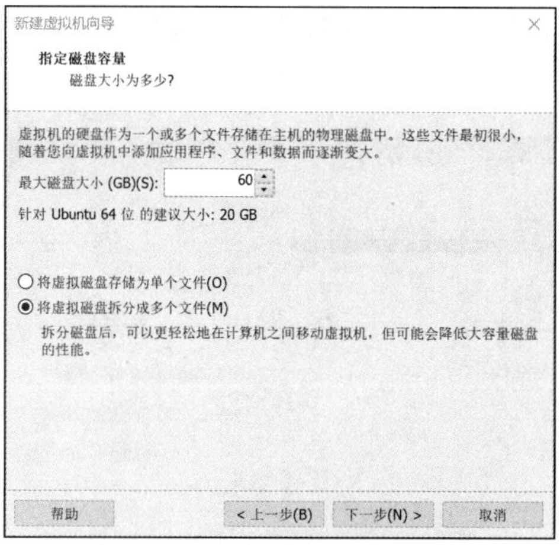

图 1-12　“指定磁盘容量”界面

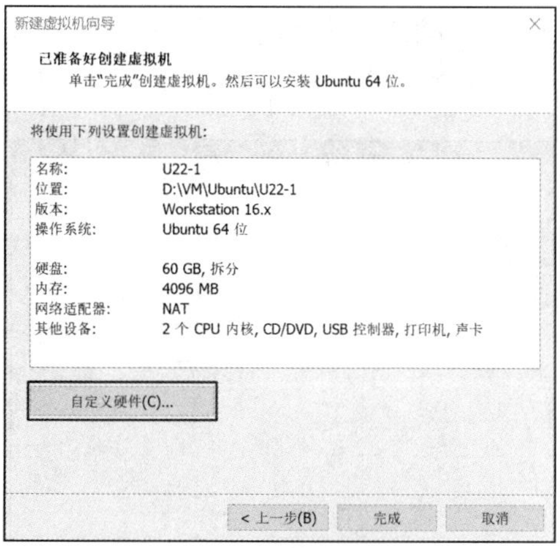

图 1-13　“已准备好创建虚拟机”界面

（8）在图 1-14 所示的界面中单击“内存”选项，将虚拟机的内存可用量设置为 4GB（最低应不低于 1GB）。单击“处理器”选项，根据宿主机的性能设置处理器数量，以及每个处理器的内核数量，并开启虚拟化 CPU 性能计数器功能，如图 1-15 所示。

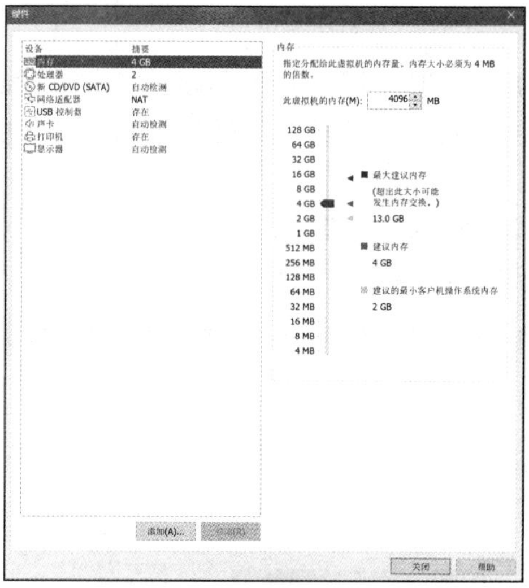

图 1-14　设置虚拟机的内存可用量界面

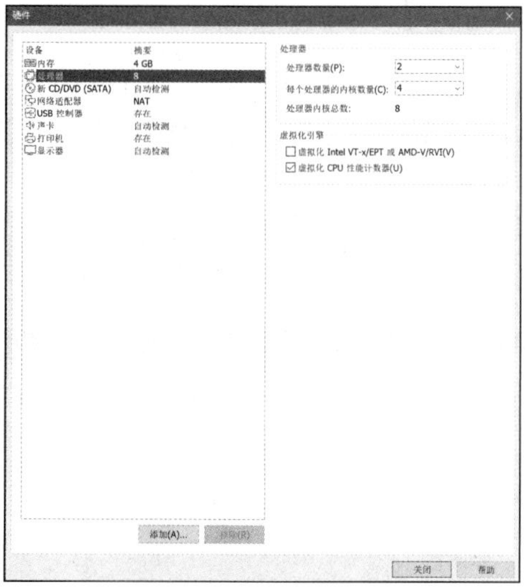

图 1-15　设置虚拟机的处理器参数界面

（9）单击“新 CD/DVD(SATA)”选项，此时应在“使用 ISO 映像文件”中选择下载好的 Ubuntu 22 .04.1 LTS 的映像文件，如图 1-16 所示。

（10）单击“网络适配器”选项，选中“NAT 模式”单选按钮，如图 1-17 所示。虚拟机软件为用户提供了 3 种可选的网络连接模式，分别为桥接模式、NAT（Network Address Translation，网络地址转换）模式与仅主机模式。

- **桥接模式：**相当于在物理主机与虚拟机网卡之间架设了一座“桥梁”，从而可以通过物理主机的网卡访问外网。在实际使用中，桥接模式的虚拟机网卡对应的网卡为 VMnet0。
- **NAT 模式：**让虚拟机的网络服务发挥路由器的作用，使得通过虚拟机软件模拟的主机可以通过物理主机访问外网。在实际使用中，NAT 模式的虚拟机网卡对应的网卡是 VMnet8。

- **仅主机模式：**仅让虚拟机内的主机与物理主机通信，不能访问外网。在实际使用中，仅主机模式的虚拟机网卡对应的网卡是 VMnet1。

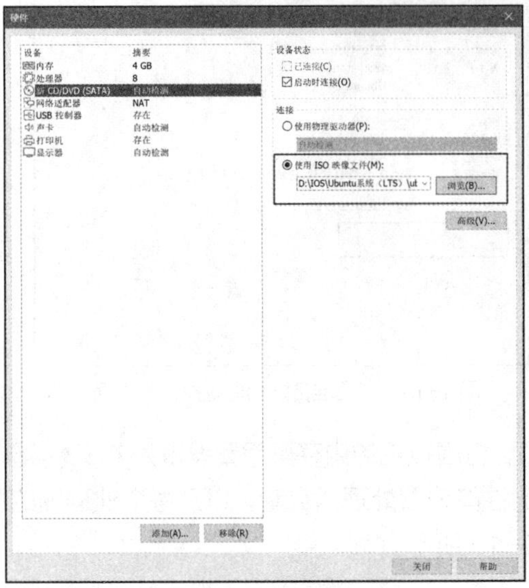

图 1-16　设置虚拟机的光驱设备界面

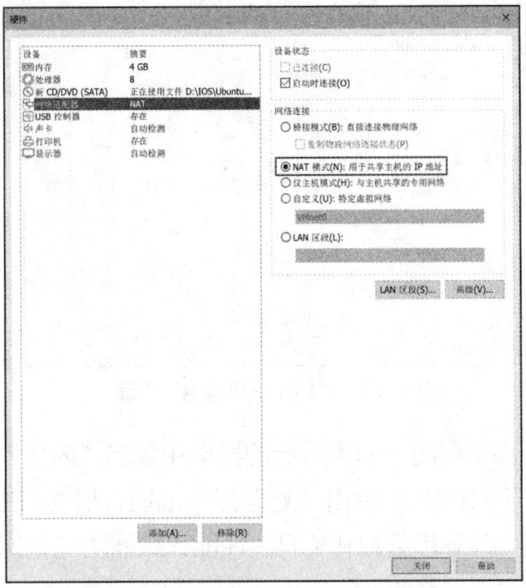

图 1-17　设置虚拟机的网络适配器界面

（11）把 USB 控制器、声卡、打印机等不需要的设备移除。移除声卡可以避免在输入错误时发出提示声音，确保自己在今后实践中的思绪不被打断。最后保留的硬件设备信息如图 1-18 所示，单击“关闭”→“完成”按钮。

（12）在新建的虚拟机上单击鼠标右键，选择“设置”命令，在打开的“虚拟机设置”对话框中单击“选项”标签，单击“高级”，根据实际情况选择固件类型，如图 1-19 所示。

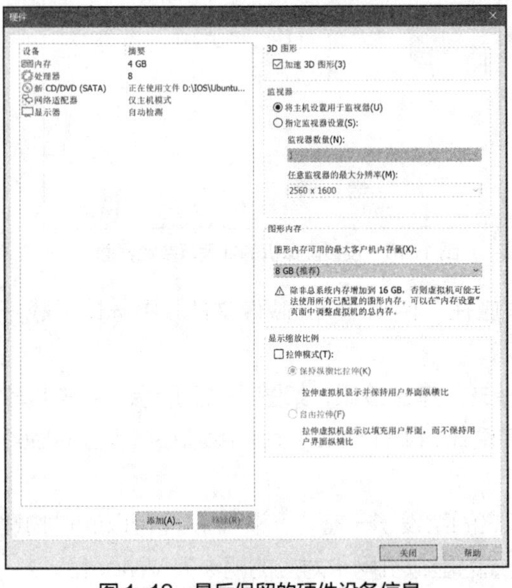

图 1-18　最后保留的硬件设备信息

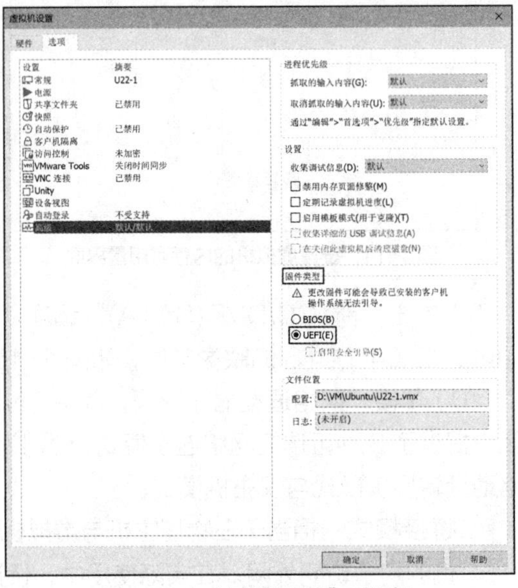

图 1-19　“虚拟机设置”对话框

（13）单击“确定”按钮，顺利完成虚拟机的配置。当看到图 1-20 所示的界面时，说明虚拟机已经配置成功了。

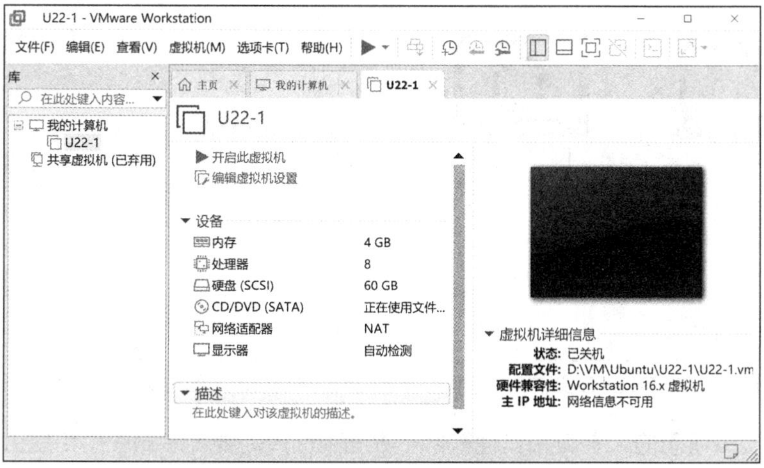

图 1-20　虚拟机配置成功的界面

小知识　① UEFI 启动需要一个独立的分区，它将系统启动文件和操作系统隔离，可以更好地保护系统的启动。

② UEFI 启动方式支持的硬盘容量更大。传统的基本输入/输出系统（Basic Input/Output System，BIOS）启动由于受主引导记录（Master Boot Record，MBR）的限制，默认无法引导 2.1TB 以上大小的硬盘。随着硬盘价格的不断降低，2.1TB 以上大小的硬盘会逐渐普及，因此 UEFI 启动将是今后主流的启动方式。

③ 本书主要采用 UEFI 启动，但在某些关键点会同时讲解两种启动方式，请读者学习时注意。

任务 1-2　安装 Ubuntu 22.04 LTS 系统

安装 Ubuntu 22.04 LTS 系统时，计算机的中央处理器（Central Processing Unit，CPU）需要支持虚拟化技术（Virtualization Technology，VT）。VT 是让单台计算机分隔出多个独立资源区，并让每个资源区按照需要模拟系统的一项技术，其本质就是通过中间层实现系统资源的管理和再分配，让系统资源的利用率最大化。如果开启虚拟机后依然提示“CPU 不支持 VT”等报错信息，则重启计算机并进入 BIOS，在其中把 VT 功能开启即可。

（1）在虚拟机管理界面中单击“开启此虚拟机”按钮后，首先进入 Ubuntu 22.04 LTS 安装欢迎界面，如图 1-21 所示。Ubuntu 默认的语言设置为英语，可以根据屏幕提示选择其他语言。在语言选择界面选择“中文(简体)”后，Ubuntu 安装向导转换为简体中文提示。单击“试用 Ubuntu”按钮会立即打开 Ubuntu 操作系统，但是该系统的所有更改都不会保存，且功能有限。这里单击“安装 Ubuntu”按钮，将 Ubuntu 安装到硬盘上。

（2）在“键盘布局”界面选择“Chinese”选项，单击“继续”按钮，如图 1-22 所示。

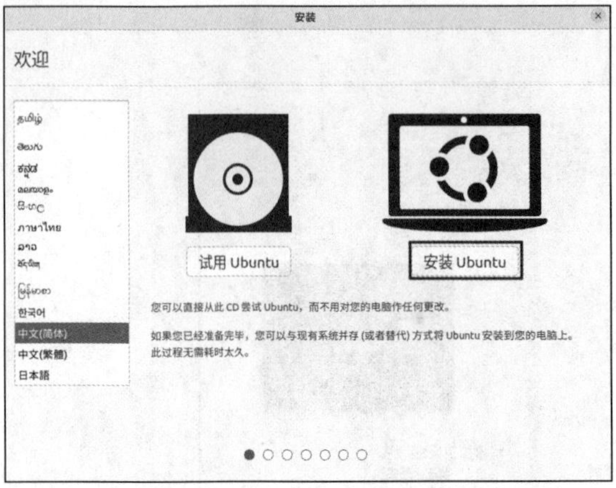

图 1-21　Ubuntu 22.04 LTS 安装欢迎界面

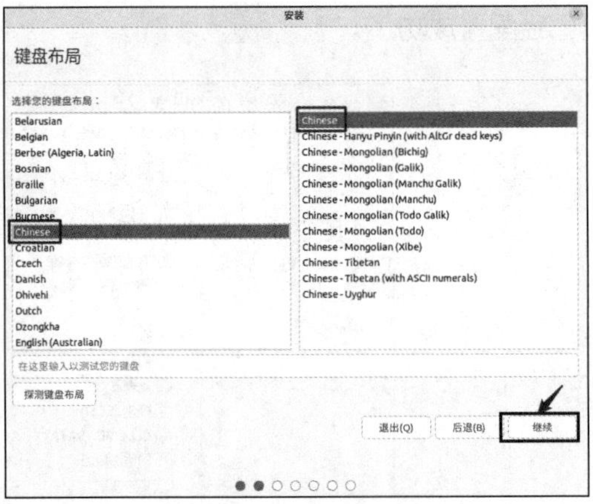

图 1-22　选择键盘布局

（3）在图 1-23 所示的“更新和其他软件”界面中选择需要安装的应用和是否安装更新。如果计算机没有连接互联网，则“安装 Ubuntu 时下载更新”将不能选择。

（4）单击“继续”按钮，出现图 1-24 所示的“安装类型”界面。用户可以清除整个磁盘并安装 Ubuntu，或手动创建和调整分区，或为 Ubuntu 选择多个分区的类型。选择“其他选项”后单击“继续”按钮。

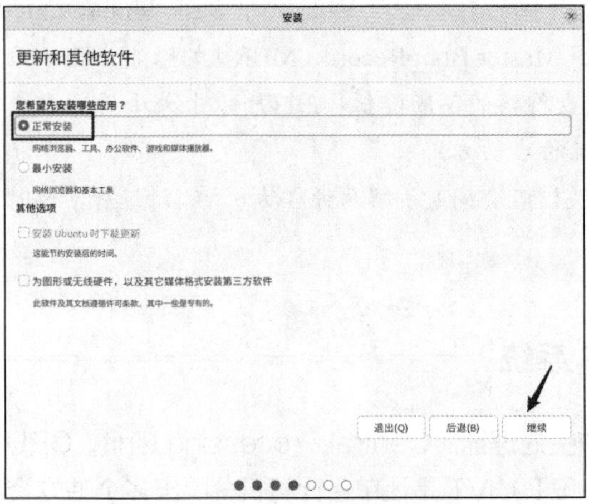

图 1-23　“更新和其他软件”界面

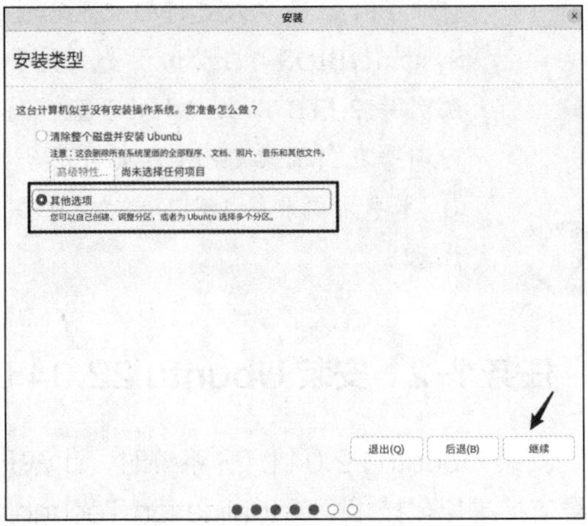

图 1-24　“安装类型”界面

（5）在图 1-25 所示的新建分区界面中开始配置分区。如果单击“新建分区表”按钮，并在“要在此设备上创建新的空分区表吗？”对话框中单击“继续”按钮，则对整个设备进行分区，创建分区表，现有的所有分区都将被删除。不过，稍后依然可以通过图 1-25 所示界面中的“还原”按钮撤销此动作。

磁盘分区允许用户将一个磁盘划分成几个单独的部分，每一部分都有自己的盘符。在分区之前，首先应规划分区。以 60GB 硬盘为例，做如下分区规划。

- 根分区（/）大小为 10GB。
- 启动分区（/boot）大小为 1GB。
- EFI 启动分区（/boot/efi）大小为 500MB。

- /home 分区大小为 8GB。
- 交换分区（swap）大小为 8GB。
- /usr 分区大小为 8GB。
- /var 分区大小为 8GB。
- /tmp 分区大小为 1GB。
- 预留约 15GB 不进行分区。

（6）在此单击“新建分区表”→“继续”按钮，出现图 1-26 所示的“安装类型”界面。下面进行具体分区操作。

图 1-25 安装类型-新建分区（1）

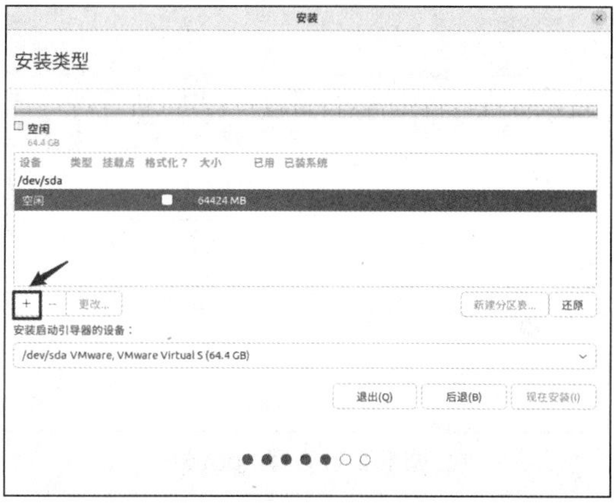

图 1-26 安装类型-新建分区（2）

① 创建根分区。选中刚刚建立的“空闲”设备，单击“+”按钮，弹出“创建分区”对话框，如图 1-27 所示。设置“大小”为 10240MB，“新分区的类型”为“主分区”，“新分区的位置”为“空间起始位置”，在“用于”下拉列表中选择默认的“Ext4 日志文件系统”，在“挂载点”下拉列表中选择“/”（也可以直接输入挂载点），然后单击“OK”按钮。

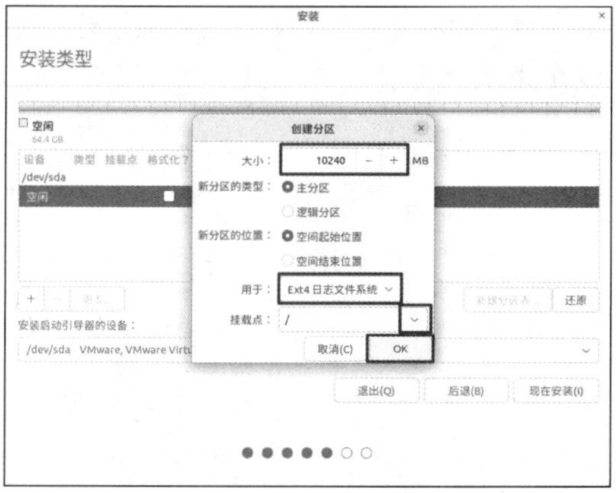

图 1-27 创建根分区

注意 ① 分区前必须选中要进行分区的设备。
② 单击图 1-26 所示的“- ”按钮，可以删除选中的分区。

② 创建/boot 分区。选中“空闲”设备，单击“+”按钮，创建/boot 分区。设置“大小”为 1024MB，“新分区的类型”为“主分区”，“新分区的位置”为“空间起始位置”，在“用于”下拉列表中选择默认的“Ext4 日志文件系统”，在“挂载点”下拉列表中选择“/boot”，然后单击“OK”按钮，如图 1-28 所示。

③ 创建/boot/efi 分区。用与上面类似的方法创建/boot/efi 分区，设置“大小”为 500MB，“新分区的类型”为“主分区”，“新分区的位置”为“空间起始位置”，在“挂载点”下拉列表中选择“/boot/efi”，其他设置与②相同，如图 1-29 所示。

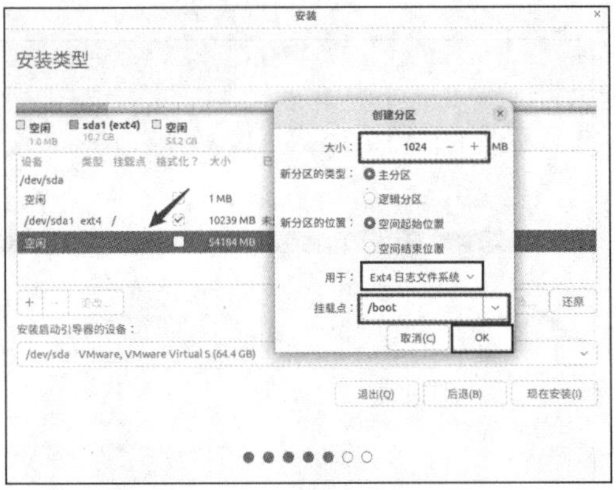

图 1-28 创建/boot 分区

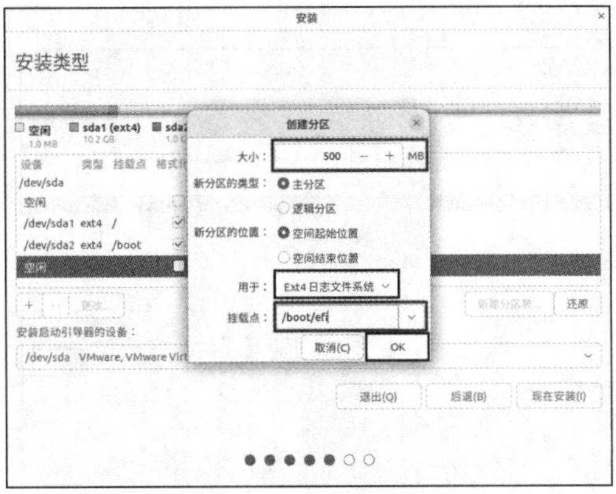

图 1-29 创建/boot/efi 分区

④ 创建 swap 分区。选中“空闲”设备，单击“+”按钮，创建 swap 分区。设置“大小”为 8192MB，“新分区的类型”为“逻辑分区”，“新分区的位置”为“空间起始位置”，在“用于”下拉列表中选择“交换空间”，然后单击“OK”按钮，如图 1-30 所示。交换空间的大小一般设置为物理内存大小的两倍即可。例如，计算机物理内存大小为 4GB，那么设置的交换空间大小为 8GB。

说明 什么是 swap 分区？简单地说，swap 分区就是虚拟内存分区，它类似于 Windows 的 PageFile.sys 页面交换文件，即当计算机的物理内存不够时，利用硬盘上的指定空间作为“后备军”来动态扩充内存的大小。

⑤ 用与上面类似的方法，创建/home 分区（大小为 8GB）、/usr 分区（大小为 8GB）、/var 分区（大小为 8GB）、/tmp 分区（大小为 1GB）。“新分区的类型”全部设置为“逻辑分区”，“新分区的位置”全部选择“空间起始位置”，在“用于”下拉列表中全部选择“Ext4 日志文件系统”，分区设置完成分区后的结果界面如图 1-31 所示。

特别注意 ① 不可与根分区分开的目录是/dev、/etc、/sbin、/bin 和/lib。系统启动时，内核只载入一个分区，那就是根分区，而内核启动时要加载/dev、/etc、/sbin、/bin 和/lib 这 5 个目录的程序，所以以上几个目录必须和根分区在一起。

② 最好独立分区的目录是/home、/usr、/var 和/tmp。出于安全和管理方便的目的，最好将以上 4 个目录独立出来。例如，在 samba 服务中，/home 目录可以配置磁盘配额；在 postfix 服务中，/var 目录可以配置磁盘配额。

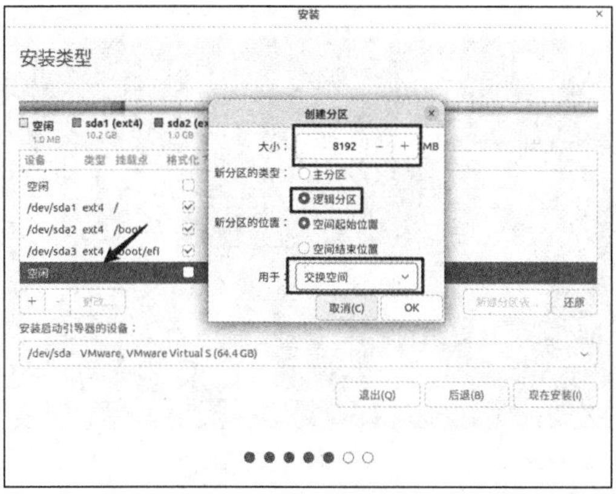

图 1-30　创建 swap 分区

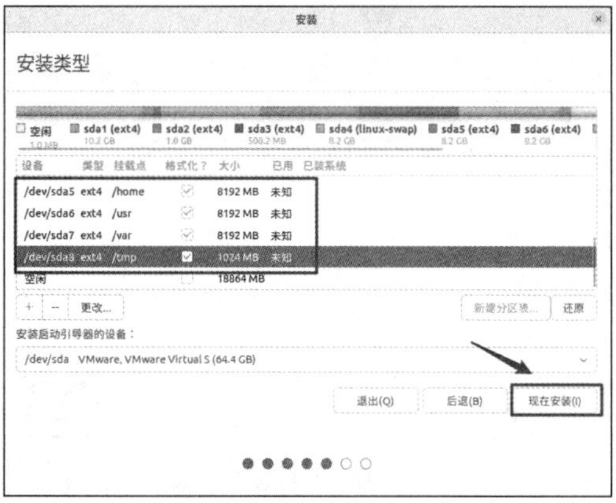

图 1-31　完成分区后的结果界面

⑥ 在图 1-31 所示界面中单击“现在安装”按钮，出现图 1-32 所示的“将改动写入磁盘吗？”对话框。单击“继续”按钮确定将改动写入磁盘。

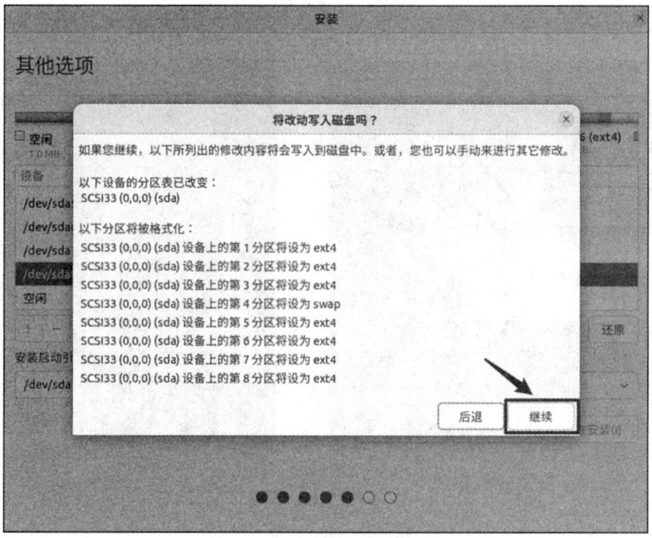

图 1-32　“将改动写入磁盘吗？”对话框

本例中，/home 使用了独立分区/dev/sda5。分区号与分区顺序有关。

（7）在时区选择界面给出的默认时区是北京时间（东八区），位置为上海（Shanghai）。

（8）在图 1-32 所示的对话框中单击“继续”按钮，出现图 1-33 所示的“您是谁？”对话框，需要在该对话框中添加 Ubuntu 的使用者姓名、计算机名、用户名和密码等信息。Ubuntu 22.04 LTS 要求的密码长度不少于 6 位，如果密码长度不足，则提示“密码强度过弱”。若坚持用弱强度的密码，则需要单击两次“继续”按钮才可以完成设置。这里需要说明，在虚拟机中做实验的时候，密码无所谓强弱，但在生产环境中一定要使密码足够复杂，否则系统可能面临严重的安全问题。

（9）完成 Ubuntu 的使用者姓名、计算机名、用户名和密码等信息的设置后，单击“继续”按钮，正式开始系统的安装过程。Ubuntu 开始复制文件并进行系统安装，在安装过程中，安装向导界面将介绍 Ubuntu 22.04 LTS 的新特性，同时下方有进度条提示，如图 1-34 所示。

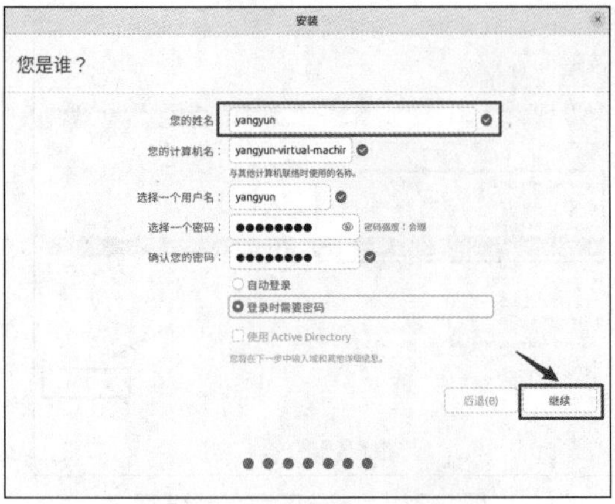

图 1-33　“您是谁？”对话框

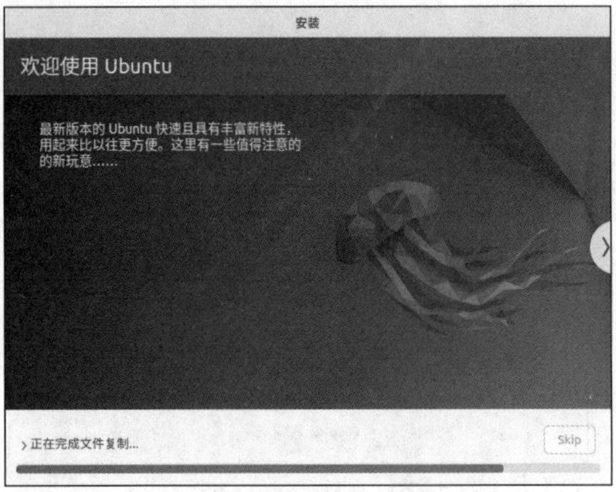

图 1-34　Ubuntu 的安装过程

（10）Ubuntu 系统安装时间一般为 5～20min，安装完成后单击“现在重启”按钮，如图 1-35 所示。

（11）重启系统后将看到登录界面，如图 1-36 所示。

图 1-35　Ubuntu 系统安装完成

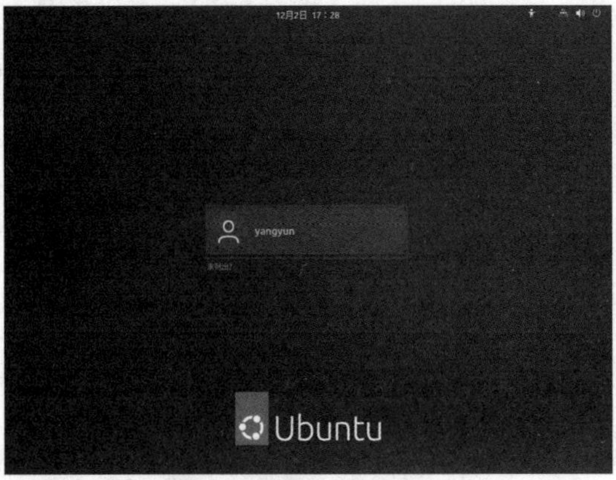

图 1-36　登录界面

（12）单击用户名“yangyun”，出现密码输入文本框。输入安装时设置的与该用户名对应的密码，如图 1-37 所示，按“Enter”键进入系统。

（13）登录成功，系统将弹出一系列设置选项，如图 1-38 所示，全部保持默认设置，单击“前进”按钮，最后会出现“准备就绪，开始用吧！”界面，如图 1-39 所示，单击“完成”按钮即可进入系统主界面。

（14）进入系统后，显示图 1-40 所示的 Ubuntu 22.04.1 LTS 主界面。Ubuntu 22.04.1 LTS 默认采用的桌面是 GNOME，其左侧边栏显示常用的应用程序，类似于 Windows 的任务栏及快捷启动项。

（15）Ubuntu 桌面左下角的▦图标类似于 Windows 的“开始”菜单，单击后可以看到所有的应用程序，如图 1-41 所示，常用的游戏、文本编辑器、设置、软件和更新等都可以在这里找到。至此，Ubuntu 系统安装成功。

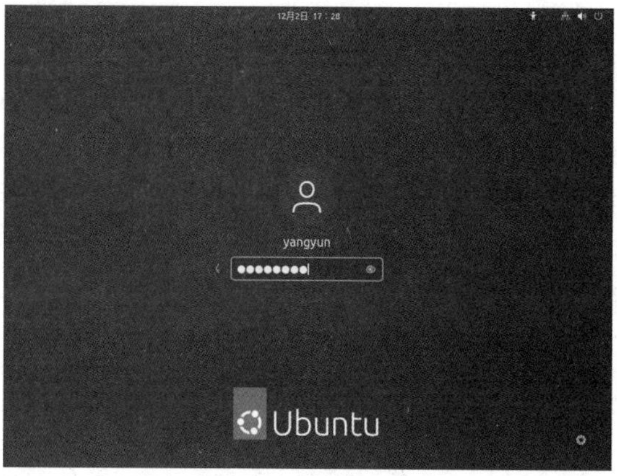

图 1-37　输入密码

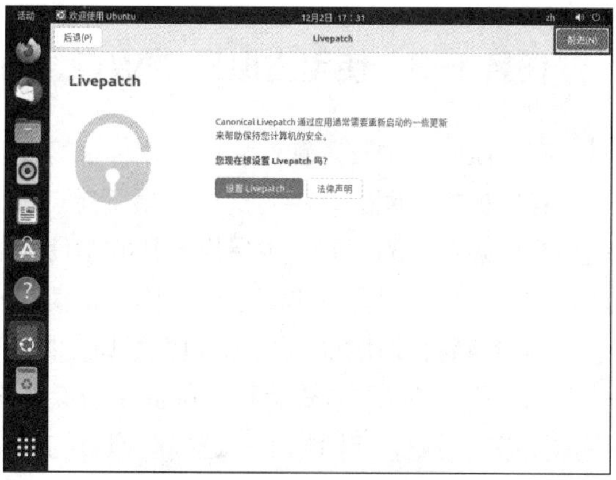

图 1-38　系统设置

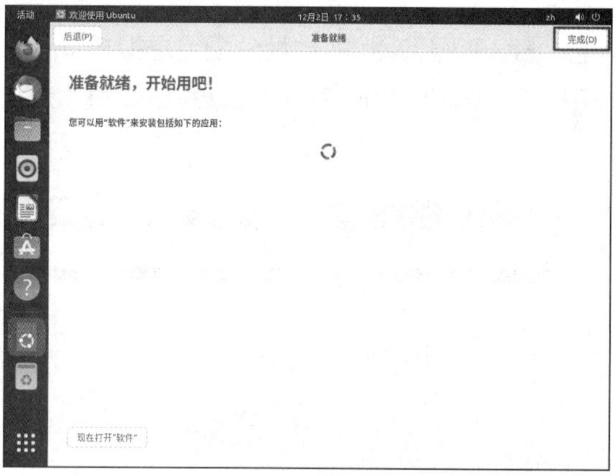

图 1-39　完成系统设置

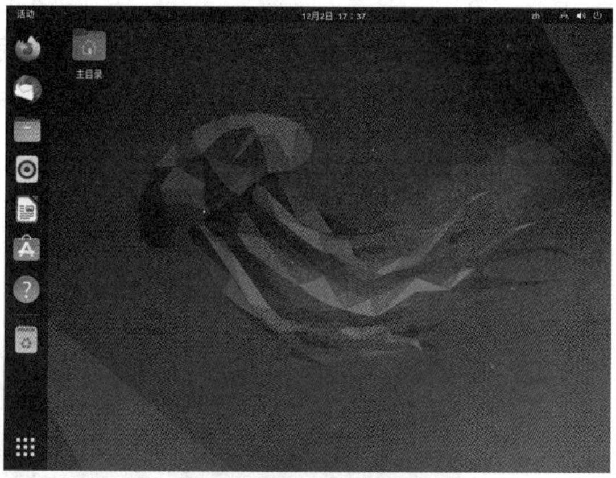

图 1-40　Ubuntu 22.04.1LTS 主界面

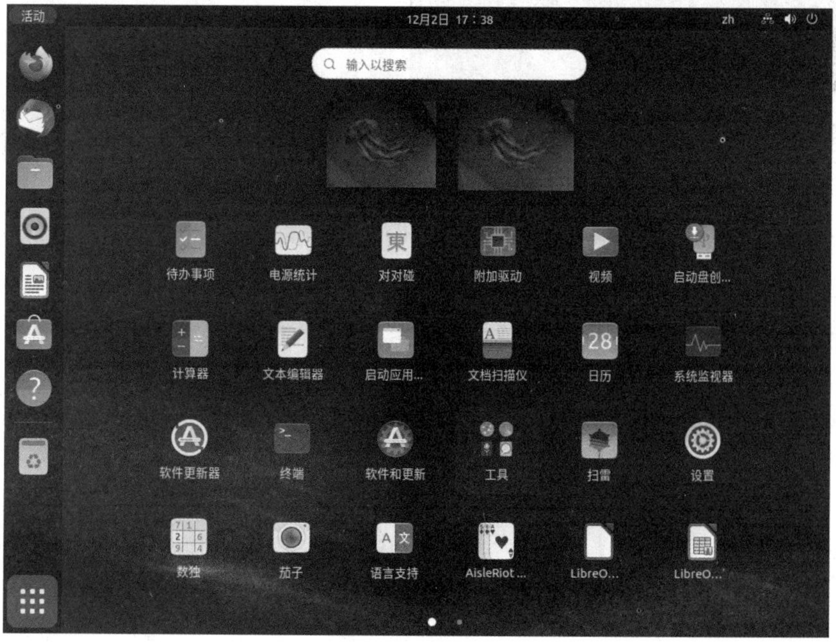

图 1-41　应用程序

任务 1-3　使用虚拟机“NAT”网卡连接互联网

在 Ubuntu 中安装软件和更新软件都需要连接互联网，因此，虚拟机需要连接互联网。

在虚拟机上网的几种方式中，最简单、最方便的就是使用“NAT”方式上网，这是 VMware 虚拟机“内置”的功能，也是推荐初学者使用的方法。不管主机是通过拨号上网、无线网卡上网、还是单位上网，只要主机能上网，虚拟机使用“NAT”（即 VMnet8）虚拟网卡，并且在虚拟机中设置为“自动获得地址”，虚拟机就可以上网。

（1）使用 NAT 方式上网，前提是虚拟机的 NAT 模式的 DHCP 功能已经启用！若没有启用，则需要进行设置，步骤如下：选择虚拟机的“编辑”→“虚拟网络编辑器”命令，如图 1-42 所示，打开图 1-43 所示的“虚拟网络编辑器”对话框，选中名称为“VMnet8”的网卡选项，单击“更改设置”按钮，弹出“你要允许此应用对你的设备进行更改吗？”对话框，单击“是”按钮，重新选中名称为“VMnet8”的网卡选项，勾选“使用本地 DHCP 服务器 IP 地址分配给虚拟机”复选框，其他设置保持默认，设置完成后单击“应用”按钮，然后单击“确定”按钮，完成设置，效果如图 1-44 所示。

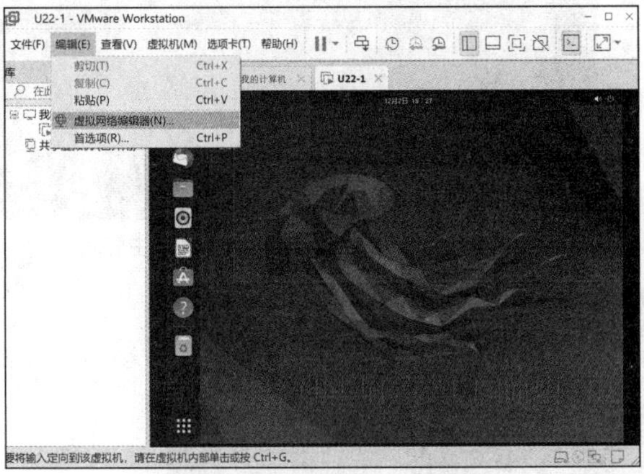

图 1-42　打开虚拟网络编辑器

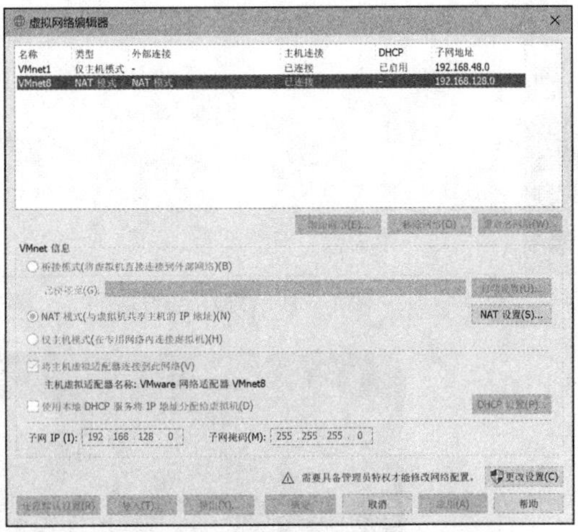

图 1-43　“虚拟网络编辑器”对话框

（2）将虚拟机中的虚拟网络编辑器设置完成，接下来回到系统中，单击系统右上角的图标，在弹出的快捷菜单中选择“有线设置”，如图 1-45 所示。

（3）在弹出的网络设置界面中单击有线设置中的滑块，开启有线网络，然后单击小齿轮按钮打开“有线”对话框，在其中进行有线网络的设置。在“IPv4”选项卡中，“IPv4 方式”“DNS”“路由”都选择自动模式，然后单击“应用”按钮，如图 1-46 所示。

（4）网络设置完成，可以在桌面的右上角看到图标，它表示网络连接成功，可以在“有线”对话框的“详细信息”选项卡中查询连接的信息，如图 1-47 所示。

（5）网络连接成功后，可以打开自带的火狐浏览器进行网络功能测试，如图 1-48 所示。

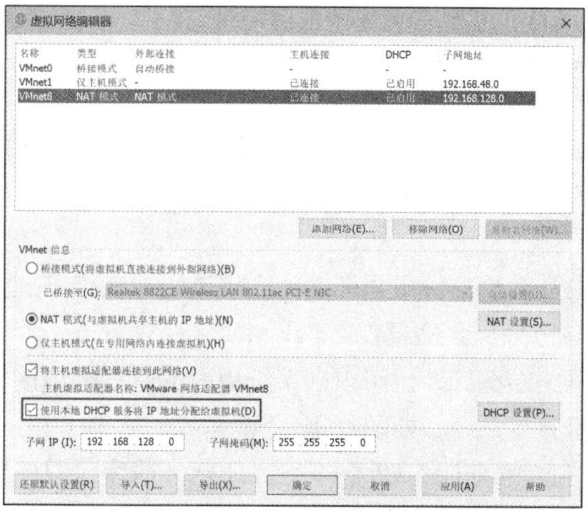

图 1-44　虚拟网络编辑器设置完成效果

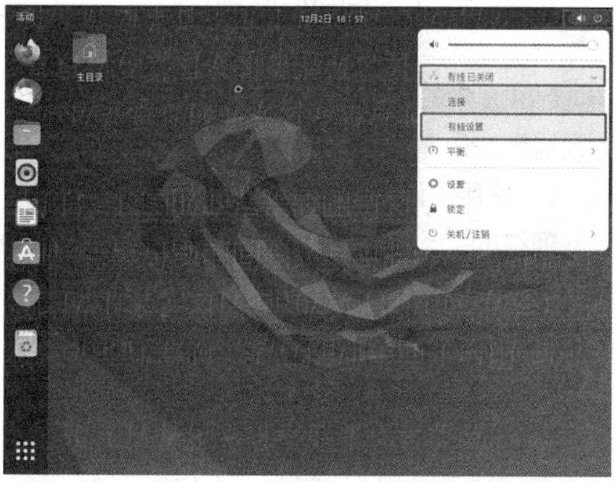

图 1-45　选择“有线设置”

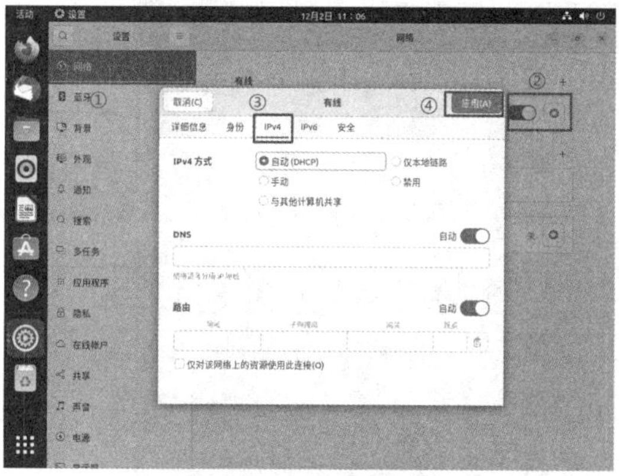

图 1-46　网络设置

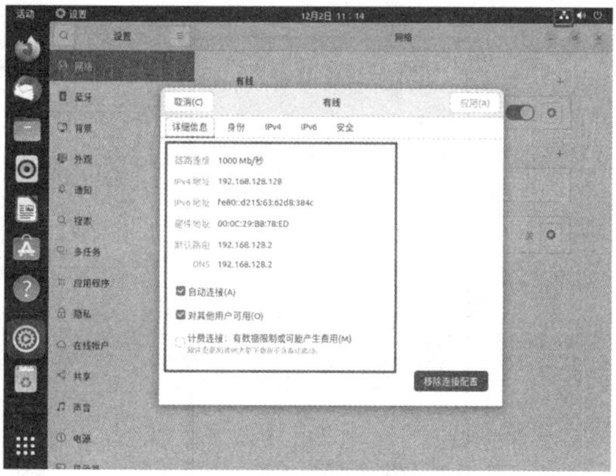

图 1-47　有线网络详细信息

图 1-48　网络功能测试

任务 1-4 启动 shell

Linux 中的 shell 又称为命令行，在命令行终端窗口中，用户输入命令，操作系统执行命令并将结果显示在屏幕上。

1. 使用 Linux 操作系统的终端窗口

现在的 Ubuntu 22.04 默认采用图形界面的自由计算机软件桌面环境（GNOME）操作方式，要想使用 shell 功能，就必须像在 Windows 中那样打开一个终端窗口。

（1）普通用户可以按“Ctrl+Alt+T”组合键打开终端窗口，也可以在系统桌面的空白处直接单击鼠标右键，在弹出的快捷菜单中选择“在终端中打开”命令，如图 1-49 所示。

（2）执行以上步骤后，可以打开一个白字黑底的终端窗口，如图 1-50 所示。这里可以使用 Ubuntu 22.04 支持的所有命令行的命令。但要注意，该终端窗口是一个“虚拟终端”。

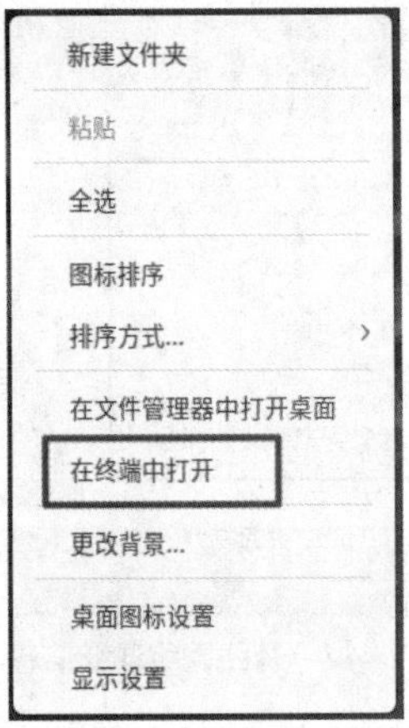

图 1-49 打开终端窗口

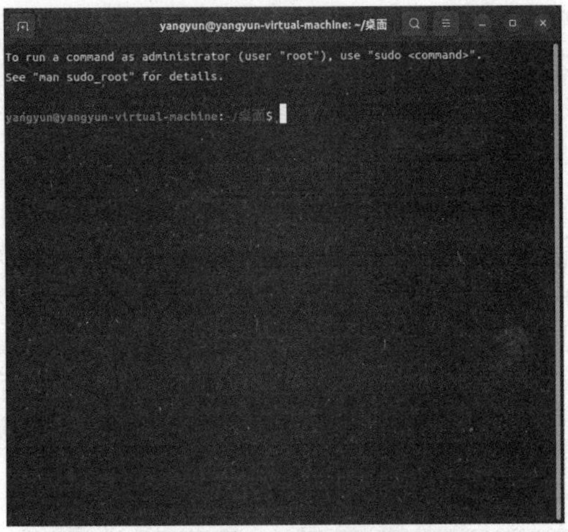

图 1-50 打开一个白字黑底的终端窗口

（3）除了允许用户在桌面环境下打开虚拟终端窗口外，Ubuntu 还提供了 4 个纯文本的终端界面（tty3～tty6）让用户使用。这几个终端界面可以通过“Ctrl+Alt+（F3～F6）”组合键来切换，切换之后会进入纯文本的界面。tty4 纯文本终端界面如图 1-51 所示。

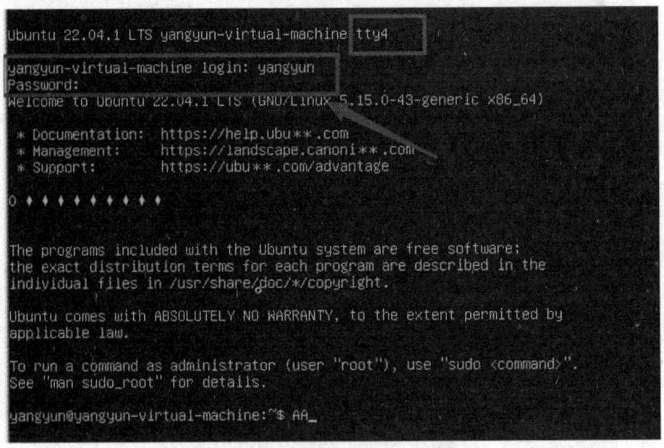

图 1-51 tty4 纯文本终端界面

特别提示：在纯文本终端界面按“Ctrl+Alt+F2”组合键可以回到图形窗口。

2. Debian 和 Ubuntu 的 root 用户

对于绝大多数的 Linux 发行版而言，安装的最后一步会设置两个用户及口令，这两个用户分别是 root 用户（也称为“超级用户”）和用于登录系统的普通用户。而对于 Debian 和 Ubuntu 而言，事情显得有点古怪——只有一个普通用户，而没有 root 用户！实际上，这个在安装过程中设置的普通用户账号在某种程度上充当了 root 用户账号。平时，这个账号安分守己地做自己分内的事情，没有任何特殊权限。在需要 root 用户权限时，则使用 sudo 命令来运行相关程序，这种运行方式类似于 Windows 中的“以管理员身份运行”模式。

那么读者就会有这样一个疑问：如果再建立一个用户，那么这个用户是不是也能够使用 sudo “为所欲为”呢？答案是否定的。sudo 通过/etc/sudoers 文件来确定用户是否可以执行相关命令，而这个文件默认需要有 root 用户权限才能修改。

为了后面学习方便，使用“**hostnamectl set-hostname 计算机名**”命令更改计算机名称为 U22-1。也可以使用 sudo 的-s 选项将自己提升为 root 用户，使用-s 选项的 sudo 命令相当于 su。例如，在终端下输入：

```
yangyun@yangyun-virtual-machine:~/桌面$ sudo -s
[sudo] yangyun 的密码:
root@yangyun-virtual-machine:/home/yangyun/桌面# hostnamectl set-hostname U22-1
root@yangyun-virtual-machine:/home/yangyun/桌面# exit
exit
yangyun@yangyun-virtual-machine:~/桌面$
```

普通用户的 shell 提示符以“$”结尾，root 用户的 shell 提示符以“#”结尾。最后可以使用 exit 命令回到先前的用户状态。重启终端后更改的计算机名生效。

3. 退出系统

在终端窗口执行“shutdown -P now”，或者单击桌面右上角的“关机”按钮，在弹出的菜单中选择“关机”，可以退出系统。

任务 1-5 系统快照管理和克隆系统

安装成功后，请一定要使用虚拟机的快照功能进行快照备份，这样一旦需要，可立即恢复到系统的初始状态。需要单独对系统进行备份操作时，可以使用克隆系统功能。

1. 系统快照管理

VMware 快照可保存虚拟机在特定时刻的状态和数据，包括虚拟机的电源状态（如打开电源、关闭电源、挂起），以及组成虚拟机的所有文件（磁盘、内存和其他设备，如虚拟网络接口等）。虚拟机提供了多个用于创建和管理快照及快照链的操作。通过这些操作，用户可以创建快照、还原到链中的任意快照以及移除快照。

请读者注意，对于重要实训节点，需要进行快照备份，以便后续可以恢复到适当断点。

（1）拍摄快照。打开 VMware 虚拟机主界面，在虚拟机的“库”界面中选中需要进行快照备份的系统，在虚拟机菜单栏中选择“虚拟机”→“快照”→“拍摄快照”命令，或者在系统上单击鼠标右键进行同样的操作，如图 1-52 所示。在“拍摄快照”对话框中的文本框中输入快照的名称和描述，单击“拍摄快照”按钮完成快照备份操作，如图 1-53 所示。

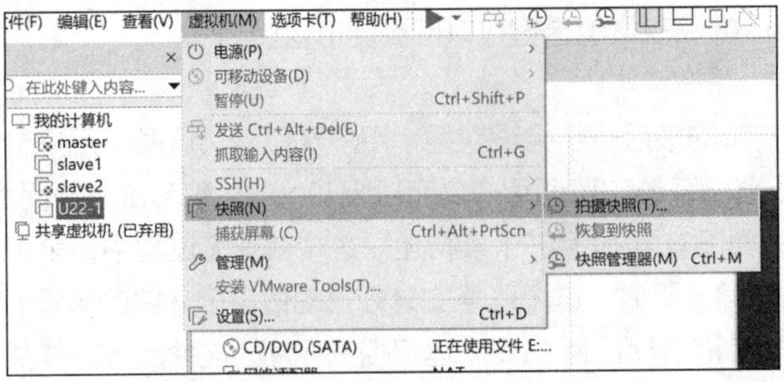

图 1-52　拍摄快照

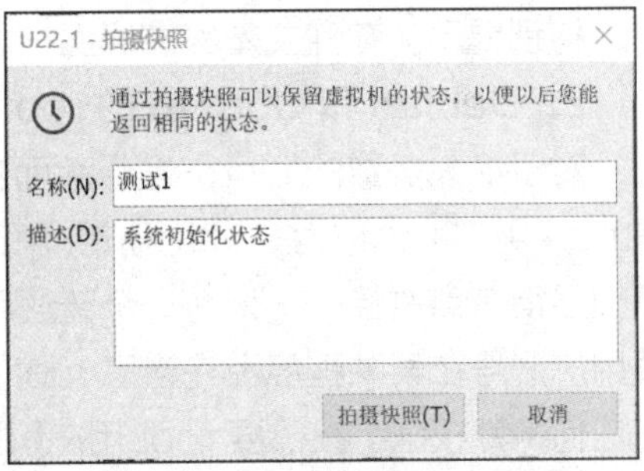

图 1-53　“拍摄快照”对话框

（2）使用快照管理器。完成快照拍摄之后，在虚拟机菜单栏中选择“虚拟机”→“快照”→“快照管理器”命令，在“快照管理器”对话框中会显示已经创建的快照和当前位置，默认选择当前位置，如图 1-54 所示，此时可以对当前位置进行拍摄快照或者克隆操作。

（3）使用快照。在快照管理器中选中已经拍摄好的快照节点，如图 1-55 所示，可以看见建立快照的信息并发现“转到”按钮呈可单击状态，接下来单击“转到”按钮，弹出提示是否要恢复快照的对话框，如图 1-56 所示，单击“是”按钮可恢复到建立快照的系统状态。

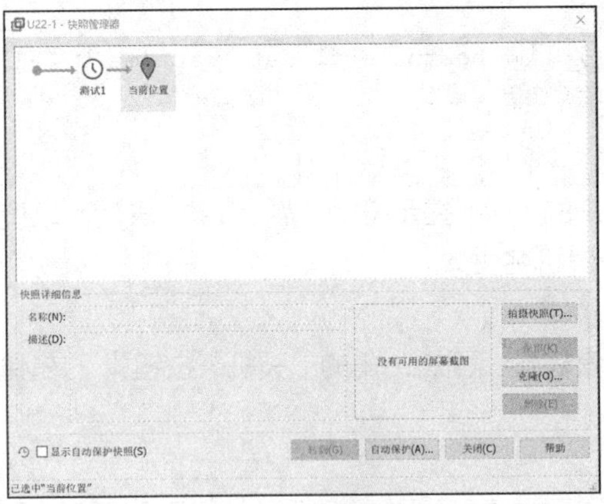

图 1-54　快照管理器

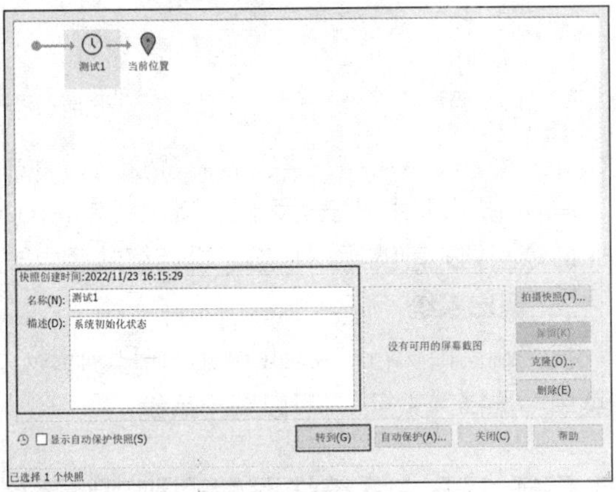

图 1-55　测试快照界面

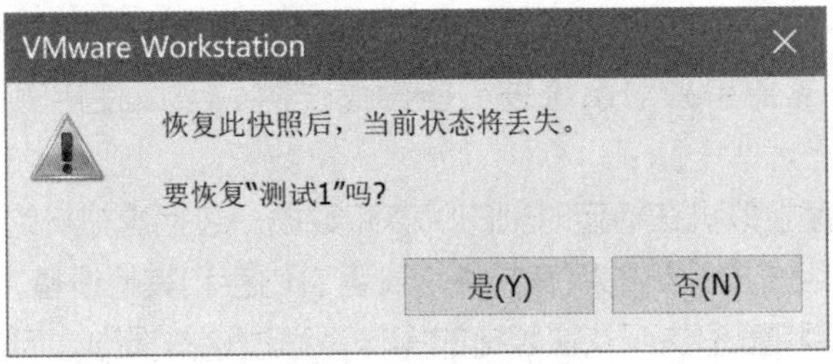

图 1-56　是否要恢复快照

2. 克隆系统

虚拟机克隆是指完整地将虚拟机系统复制一份。克隆产生的系统与原系统有相同的虚拟机配置信息和虚拟机磁盘格式（VMware Virtual Machine Disk Format，VMDK）文件的信息，虚拟机的文件名和网络适配器的介质访问控制（Medium Access Control，MAC）地址则不相同。

克隆时要求系统处于关机状态，无法对处于开启或挂起状态的系统或快照进行克隆，因为克隆时需要复制 VMDK 文件，而系统处于挂起或者开启状态时 VMDK 文件是锁定的，无法进行复制。此外，当系统处于开机状态时，可以完成对快照的克隆，但依然要求此快照必须是关机状态下制作的快照。

（1）选中需要克隆的虚拟机，然后单击鼠标右键，在弹出的快捷菜单中选择“管理”→“克隆”命令，弹出“克隆虚拟机向导”，如图 1-57 所示，单击“下一步”按钮。

（2）在“克隆源”界面保持默认设置，单击“下一页”按钮，如图 1-58 所示。

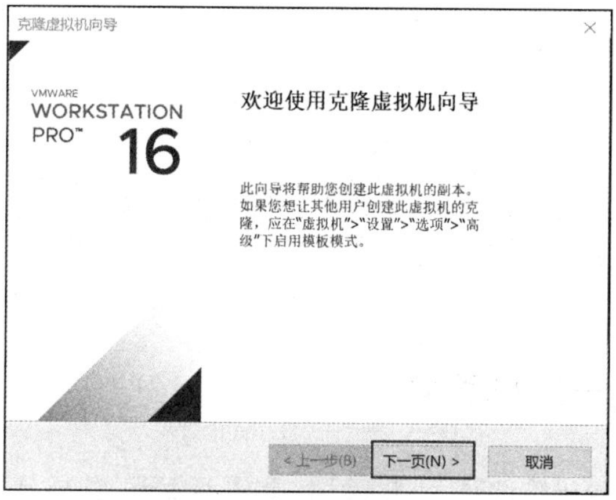

图 1-57 克隆虚拟机向导

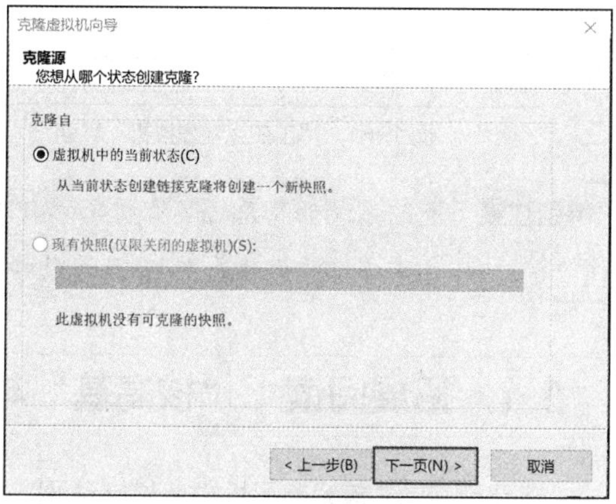

图 1-58 “克隆源”界面

（3）在“克隆类型”界面中有两种克隆方法，这里选中“创建完整克隆”单选按钮，然后单击“下一页”按钮，如图 1-59 所示。

（4）在“新虚拟机名称”界面设置新虚拟机的名称和位置，如图 1-60 所示，单击“完成”按钮。

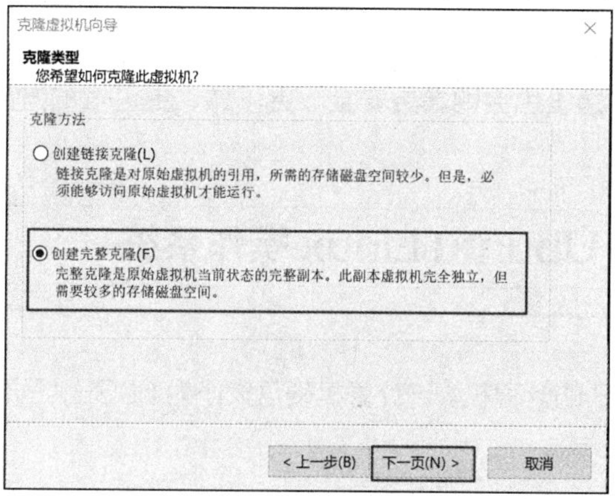

图 1-59 “克隆类型”界面

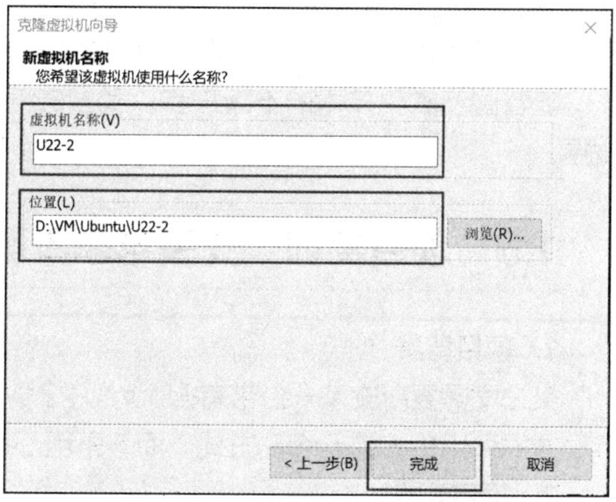

图 1-60 设置新虚拟机的名称和位置

（5）在图 1-61 所示的“正在克隆虚拟机”界面中可以发现克隆虚拟机速度较快，完成后单击“关闭”按钮退出向导，此时在虚拟机的“库”界面中会出现一个刚刚克隆的名为“U22-2”的虚拟机，如图 1-62 所示。

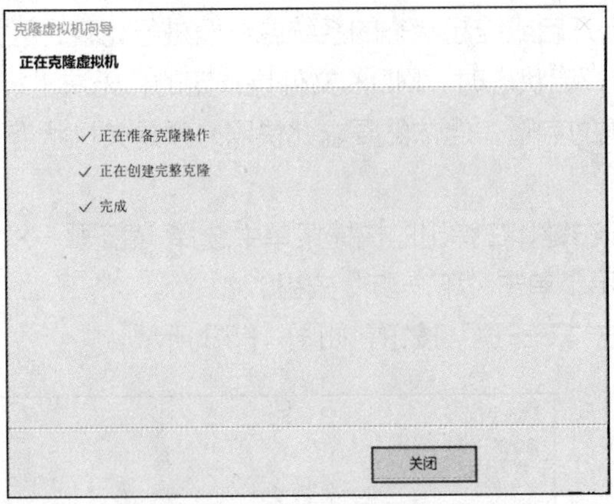

图 1-61 “正在克隆虚拟机”界面

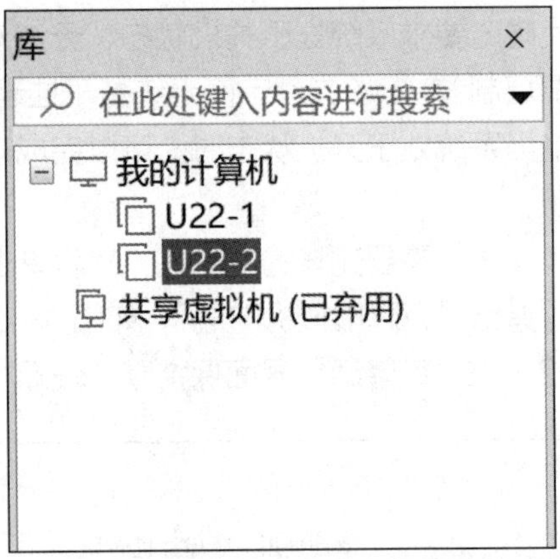

图 1-62 新增虚拟机界面

特别注意 克隆系统和原系统具有相同的 IP 地址和主机名，因此不能同时使用，如需同时使用，则需要修改克隆系统的 IP 地址和主机名。

1.4 拓展阅读 “核高基”与国产操作系统

“核高基”是“核心电子器件、高端通用芯片及基础软件产品”的简称，是国务院于 2006 年发布的《国家中长期科学和技术发展规划纲要（2006—2020 年）》中和载人航天与探月工程等并列的 16 个重大专项之一。近年来，一批国产基础软件的领军企业的强势发展给我国软件市场增添了些许信心，而“核高基”犹如助推器，给国产基础软件提供了更强劲的发展支持力量。

自 2008 年 10 月 21 日起，微软公司对盗版 Windows 和 Office 用户进行“黑屏”警告性提示。自“黑屏事件”发生之后，我国大量的计算机用户将目光转移到 Linux 操作系统和国产办公软件上，Linux 操作系统和国产办公软件的下载量一时间以几倍的速度增长，Linux 操作系统和国产办公软件的发展也引起了大家的关注。

随着国产软件技术的不断进步，我国的信息化建设也会朝着更安全、更可靠、更可信的方向发展。

1.5 项目实训 安装与基本配置 Ubuntu Linux 操作系统

1. 项目背景

某公司需要新安装一台带有 Ubuntu 22.04 LTS 的计算机。该计算机硬盘大小为 60GB，固件启动方式采用传统的 BIOS 方式，而不采用 UEFI 方式。

2. 项目要求

（1）规划好两台计算机（Server01 和 Client1）的 IP 地址、主机名、虚拟机网络连接方式等内容。

（2）在 Server01 上安装完整的 Ubuntu 22.04 LTS。

（3）硬盘大小为 60GB，按以下要求完成分区创建。

- /boot 分区大小为 600MB。
- swap 分区大小为 8GB。
- /大小为 10GB。
- /usr 分区大小为 8GB。
- /home 分区大小为 8GB。
- /var 分区大小为 8GB。
- /tmp 分区大小为 6GB。
- 预留约 11GB 不进行分区。

（4）简单设置新安装的 Ubuntu 22.04 LTS 的网络环境。

（5）制作快照。

（6）使用虚拟机的“克隆”功能新生成一台 Ubuntu 22.04 LTS 计算机，主机名为 Client1，并设置该主机的 IP 地址等参数。（克隆生成的主机系统要避免与原主机产生冲突。）

（7）使用 ping 命令测试这两台 Linux 主机的连通性。

3. 深度思考

思考以下几个问题。

（1）分区规划为什么必须慎之又慎?

（2）第一个系统的虚拟内存至少设置为多大？为什么?

4. 做一做

完成项目实训，检查学习效果。

1.6 练习题

一、填空题

1. GNU 的含义是________。

2. Linux 一般由 3 个部分组成：________、________、________。

3. 目前被称为纯种的 UNIX 的就是________及________这两套操作系统。

4. ________是 Linux 发布所基于的软件模式，它是使用 GNU 项目制定的通用公共许可证实现的。通用公共许可证的英文是________。

5. 斯托尔曼成立了自由软件基金会，它的英文是________。

6. POSIX 是________的缩写，其重点在于规范核心与应用程序之间的接口，是由美国电气电子工程师学会（Institute of Electrical and Electronics Engineers，IEEE）发布的一项标准。

7. 当前 Linux 常见的应用可分为________与________两个方面。

8. Linux 的版本分为________和________两种。

9. 安装 Linux 最少需要两个分区，分别是________和________。

10. Linux 默认的系统管理员账号是________。

11. UEFI 是____________________的缩写，其中文含义是____________________。

12. Ubuntu Linux 是由南非的____________________创办的基于________的操作系统。

13. Ubuntu 目前稳定的 LTS 版本是 Ubuntu 22.04 LTS，其发布日期为______________，

代号为______________，意为___________。这是一个具有_______年更新保证的 LTS 版本，特别适用于企业的_______、_______和_______。

14．传统的 BIOS 启动由于受_______的限制，默认无法引导_______TB 以上大小的硬盘。

15．如果选择的固件类型为“UEFI”，则 Linux 操作系统必须至少建立 4 个分区：_______、_______、_______和_______。

二、选择题

1．Linux 最早是由计算机爱好者（　　）开发的。

A．Richard Petersen　　B．Linus Benedict Torvalds

C．Rob Pick　　D．Linux Sarwar

2．下列选项中，（　　）是自由软件。

A．Windows 10　　B．UNIX　　C．Linux　　D. Windows Server 2016

3．下列选项中，（　　）不是 Linux 的特点。

A．多任务　　B．单用户　　C．设备独立性　　D．开放性

4．Linux 的内核 2.3.20 版本是（　　）的版本。

A．不稳定　　B．稳定　　C．第三次修订　　D．第二次修订

5．Linux 安装过程中的硬盘分区工具是（　　）。

A．PQmagic　　B．FDISK　　C．FIPS　　D．Disk Druid

6．Linux 的根分区可以设置成（　　）。

A．FAT16　　B．FAT32　　C．XFS　　D．NTFS

三、简答题

1．简述 Linux 的体系结构。

2．使用虚拟机安装 Linux 操作系统时，为什么要选择“稍后安装操作系统”，而不是选择“安装程序光盘映像文件”？

3．安装 Ubuntu 系统的基本磁盘分区有哪些？

4．Ubuntu 系统支持的文件类型有哪些？

5．Ubuntu 22.04 LTS 采用了 systemd 作为初始化进程服务，那么如何查看某个服务的运行状态？

6．为什么克隆后的系统不能和原系统同时使用，二者如何才能同时使用？

1.7 实践习题

用虚拟机和 ISO 映像文件安装与配置 Ubuntu 22.04 LTS，并尝试在安装过程中对 IPv4 地址进行配置。

项目2 Linux常用命令与vim

02

项目导入

在文本模式和终端模式下，我们经常使用 Linux 命令来查看系统的状态和监视系统的操作，如对文件和目录进行浏览、操作等。在 Linux 较早的版本中，由于不支持图形化操作，用户基本上都是使用命令行方式对系统进行操作的，因此掌握常用的 Linux 命令是必要的。

系统管理员的一项重要工作是修改与设定某些重要软件的配置文件，因此系统管理员要学会使用一种以上文字接口的文本编辑器。所有的 Linux 发行版都内置了 vim。vim 不但可以用不同颜色显示文本内容，还能够进行对诸如 shell script、C 等程序的编辑。因此，可以将 vim 视为一种程序编辑器。

掌握 Linux 常用命令和 vim 编辑器的使用方法是学好 Linux 的必备基础。

职业能力目标

- 熟悉 Linux 操作系统的基础命令。
- 熟练使用文件目录类命令。
- 熟练使用系统信息类命令。
- 熟练使用进程管理类命令及其他常用命令。
- 掌握 vim 编辑器的使用方法。

素养目标

- 明确职业技术岗位所需的职业规范和精神，树立社会主义核心价值观。
- “大学之道，在明明德，在亲民，在止于至善。”“‘高山仰止，景行行止。’虽不能至，然心向往之。”了解计算机的主奠基人——华罗庚，知悉读大学的真正含义。

2.1 项目知识准备

Linux 命令是对 Linux 操作系统进行管理的命令。对于 Linux 操作系统来说，无论是中央处理器、内存、磁盘驱动器、键盘、鼠标，还是用户等，都是文件。Linux 命令是 Linux 正常运行的核心，与 DOS 命令类似。掌握常用的 Linux 命令对于管理 Linux 操作系统来说是非常必要的。

2.1.1 了解 Linux 命令的特点

在 Linux 操作系统中，命令是指可以帮助用户完成相应任务的一个或一组程序。Linux 中常用的命令分为两种：内建命令和外部命令（系统命令）。一般来说，内建命令在系统启动时就会被加载到内存中，执行速度更快；外部命令一般存储在硬盘中，只有在执行时才会被加载到内存中，虽然执行速度较慢，但功能更强大，扩展也更方便。Linux 命令有如下特点。

（1）Linux 的命令区分大小写。

（2）在命令行中，可以按“Tab”键自动补齐命令，即只输入命令的前几个字符，然后按“Tab”键即可补齐命令。按“Tab”键时，如果系统只找到一个与输入字符相匹配的目录或文件，则自动补齐；如果没有匹配项或有多个匹配项，则系统将发出警鸣声，再按“Tab”键将列出所有匹配项（如果有），以供用户选择。

例如，在命令提示符后输入“mou”，然后按“Tab”键，系统将自动补全该命令为“mount”；如果在命令提示符后只输入“mo”，然后按“Tab”键，则系统将发出警鸣声，再按“Tab”键，系统将显示所有以“mo”开头的命令。

（3）利用向上或向下方向键，可以翻查曾经执行过的命令，并可以再次执行这些命令。

（4）要在一个命令行上输入和执行多条命令，可以使用分号来分隔命令，如“cd /;ls”。

（5）要断开一个长命令，可以使用“\”。它可以将一个较长的命令分成多行表达，增强命令的可读性。使用后，shell 将自动显示提示符“>”，表示正在输入一个长命令，此时可继续在新的命令行上输入命令的后续部分。

2.1.2 命令的使用说明

在介绍 Linux 命令的特点之后，下面介绍如何使用命令。

1. 命令提示符

通常情况下，在系统桌面的空白处直接单击鼠标右键，在弹出的快捷菜单中选择“在终端中打开”命令，打开终端窗口，如图 2-1 所示。

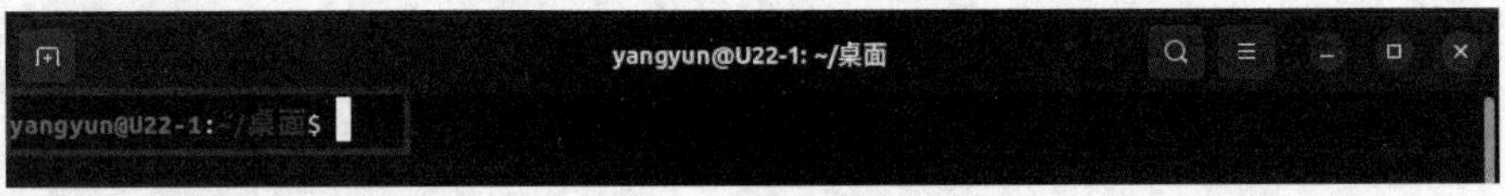

图 2-1 终端窗口

终端窗口中命令提示符显示的格式如下。

```
用户名@主机名：目录名$
```

其中：

- 用户名是指当前登录用户的用户名，如图 2-1 中的“yangyun”；
- 主机名是指系统的主机名，如图 2 -1 中的“U22-1”；
- 目录名是指当前用户所处的路径，其中，“/”表示在根目录下，即系统目录，“~”表示在用户主目录下，图 2-1 中的"~/桌面"表示在用户主目录下的"桌面"目录下；

- $是账号类型提示符，表示当前用户的类型［"$"表示用户为普通用户，"#"表示 root 用户（管理员），可以通过命令切换用户的类型］。

2. 命令格式

执行命令时，至少需要输入命令的程序名称，为了让命令执行不同的功能或生成不同的结果，还需要加上一些其他选项以及参数等信息。命令的格式如下所示。

```
命令 [选项] [参数列表]
```

其中：

- 命令是必需的；
- 选项是可选的，通过选项来控制要执行的具体功能；
- 参数也是可选的，在执行命令的过程中需要使用参数，例如，在使用"ls"命令列出目录信息时，需要在"ls"后面加上需要列出的具体路径信息，这个路径信息就是参数，如图 2-2 所示。

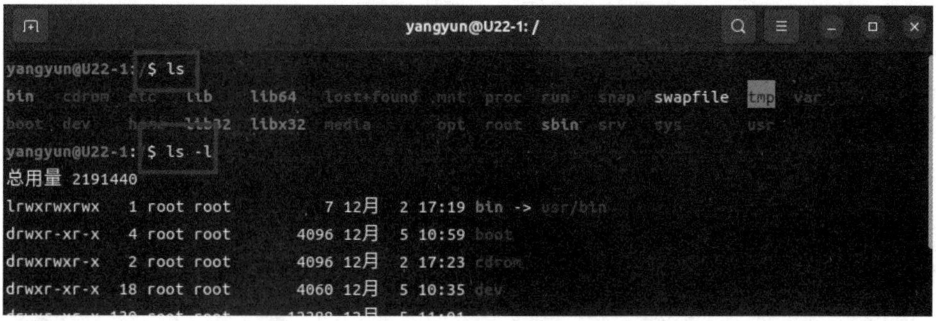

图 2-2 "ls"命令

如无特殊说明，则命令与选项、命令与参数、选项与选项、选项与参数等之间务必以空格隔开；多条命令同时输入时，需要使用";"将它们隔开；如果一条命令过长，则可以在行尾使用"\"表示命令未输入完整，以实现换行输入。

2.1.3 在终端获取命令的帮助信息

Linux 命令种类繁多，使用帮助命令是学好 Linux 命令的一种途径。

1. help 命令

（1）使用 help 命令查看**内建命令**的作用和使用方法。

【例 2-1】使用 type 查看 cd 和 ls 命令是否为内建命令（cd 是内建命令）。

```
yangyun@U22-1:~/桌面$ type cd
cd 是 shell 内建命令
yangyun@U22-1:~/桌面$ type ls
ls 是"ls --color=auto"的别名
```

【例 2-2】使用 help 查看 cd 的使用方法。

```
yangyun@U22-1:~/桌面$ help cd
cd: cd [-L|[-P [-e]] [-@]] [目录]
    改变 shell 工作目录。
```

```
改变当前目录至 DIR 目录。默认的 DIR 目录是 shell 变量 HOME
的值。

变量 CDPATH 定义了含有 DIR 的目录的搜索路径，其中不同的目录名称由冒号 (:)分隔。
一个空的目录名称表示当前目录。如果要切换到的 DIR 由斜杠 (/) 开头，则 CDPATH
不会用上变量。

如果路径找不到，并且 shell 选项 'cdable_vars' 被设定，则参数词被假定为一个
变量名。如果该变量有值，则它的值被当作 DIR 目录。

选项：
    -L 强制跟随符号链接：在处理 '..' 之后解析 DIR 中的符号链接。
    -P 使用物理目录结构而不跟随符号链接：在处理 `..' 之前解析 DIR 中的符号链接。
    -e 如果使用了 -P 参数，但不能成功确定当前工作目录时，返回非零的返回值。
    -@ 在支持拓展属性的系统上，将一个有这些属性的文件当作有文件属性的目录。
```

pwd、echo、command、exit 等命令都是内建命令。

（2）使用--help 选项查看外部命令的作用和使用方法。

外部命令一般都会自带帮助文档，使用“命令 --help”的方式可以将外部命令的帮助文档显示到屏幕上。

【例 2-3】使用--help 查看 ls 命令的作用和使用方法。

```
yangyun@U22-1:~/桌面$ ls --help
用法：ls [选项]... [文件]...
列出给定文件（默认为当前目录）的信息。
如果不指定 -cftuvSUX 中任意一个或--sort 选项，则根据字母大小排序。

必选参数对长短选项同时适用。
  -a, --all                  不隐藏任何以 . 开始的项目
  -A, --almost-all           列出除 . 及 .. 以外的任何项目
      --author               与 -l 同时使用时，列出每个文件的作者
……（后面的内容省略）
```

2. man 命令

可以使用 man（manual，操作手册）命令查阅命令的在线文档。

【例 2-4】使用 man 命令查阅 rm 命令的帮助信息。

```
yangyun@U22-1:~/桌面$ man rm
RM(1)                        User Commands                        RM(1)
NAME
      rm - remove files or directories
SYNOPSIS
      rm [OPTION]... [FILE]...
DESCRIPTION
      This manual page documents the GNU version of rm. rm removes each
      specified file. By default, it does not remove directories.
      If the -I or --interactive=once option is given, and there are more
      than three files or the -r, -R, or --recursive are given, then rm
      prompts the user for whether to proceed with the entire operation.  If
      the response is not affirmative, the entire command is aborted.
      Otherwise, if a file is unwritable, standard input is a terminal, and
```

```
       the -f or --force option is not given, or the -i or --interactive=al-
       ways option is given, rm prompts the user for whether to remove the
       file. If the response is not affirmative, the file is skipped.
OPTIONS
 Manual page rm(1) line 1 (press h for help or q to quit)
```

帮助文档较长，可以使用鼠标滚轮来进行滚屏，或按空格键翻到下一页。在 man 当前状态下直接输入“h”可以打开 man 命令的帮助文档，输入“q”可以退出 man 命令。

man 命令各部分标题的功能说明如表 2-1 所示。

表 2-1　man 命令各部分标题的功能说明

名称	功能说明	名称	功能说明
NAME	命令名称	REPORTING BUG	所有已知的 bug
SYNOPSIS	命令概要（典型用法）	COPYRIGHT	命令的版权信息
DESCRIPTION	命令的详细信息及选项作用	SEE ALSO	其他可以参考的资料信息
AUTHOR	作者信息		

2.1.4　后台运行程序

一个文本控制台或一个仿真终端在同一时刻只能执行一个程序或命令。在执行结束前，一般不能进行其他操作。此时可采用在后台运行程序的方式，释放文本控制台或仿真终端，使其仍能进行其他操作。要使程序以后台方式运行，只需在要执行的命令后添加一个“&”即可，如“top &”。

2.2　项目设计与准备

本项目的所有操作都在 U22-1 上进行，主要命令包括文件目录类命令、系统信息类命令、进程管理类命令以及其他常用命令等。

2-1
Linux 常用命令与 vim-1

2-2
Linux 常用命令与 vim-2

2.3　项目实施

下面通过实例来了解常用的 Linux 命令。先把打开的终端关闭，再重新打开，让新修改的主机名生效。

任务 2-1　熟练使用文件目录类命令

文件目录类命令是对目录和文件进行各种操作的命令。

1. 熟练使用浏览目录类命令

（1）pwd 命令

pwd 命令用于显示用户当前所处的目录。

```
yangyun@U22-1:~/桌面$ pwd
```

```
/home/yangyun/桌面
```

（2）cd 命令

cd 命令用于在不同的目录中切换。用户在登录系统后，会处于其“家目录”（$HOME）中，该目录名称一般以/home 开始，后接用户名，它也是用户的初始登录目录（root 用户的家目录名称一般以/root 开始）。如果用户想切换到其他的目录中，则可以使用 cd 命令，其后接想要切换的目录名。

【例 2-5】使用 cd 命令。

```
yangyun@U22-1:~/桌面$ pwd                //显示当前目录
/home/yangyun/桌面
yangyun@U22-1:~/桌面$ cd ..              //改变目录位置至当前目录的父目录，即/home/yangyun
yangyun@U22-1:~$ pwd                    //显示当前目录
/home/yangyun
yangyun@U22-1:~$  cd /                  //改变目录位置至根目录
yangyun@U22-1:/$ cd etc                 //改变目录位置至当前目录下的/etc 子目录
yangyun@U22-1:/etc$ cd ./ufw            //改变目录位置至当前目录下的/ufw 子目录
yangyun@U22-1:/etc/ufw$ cd ~            //改变目录位置至用户的家目录，即/home/yangyun
yangyun@U22-1:~$ pwd                    //显示当前目录
/home/yangyun
yangyun@U22-1:~$ cd ..                  //改变目录位置至当前目录的父目录，即/home
yangyun@U22-1:/home$ cd ../dev          //改变目录位置至当前目录的父目录下的/dev 子目录
yangyun@U22-1:/dev$ cd /etc/xml         //利用绝对路径表示改变目录至 /etc/xml 目录
yangyun@U22-1:/etc/xml$ cd              //改变目录位置至用户的家目录
yangyun@U22-1:~$
```

说明 在 Linux 操作系统中，用“.”代表当前目录；用“..”代表当前目录的父目录；用“~”代表用户的家目录（主目录）。例如，yangyun 用户的家目录是/home/yangyun，不带任何参数的 cd 命令相当于 cd~命令，其作用是将目录切换到用户的家目录。

（3）ls 命令

ls 命令用于列出文件或目录信息。该命令的格式为：

```
ls  [选项]  [目录或文件]
```

ls 命令的常用选项及其作用如下。

- -a：显示所有文件，包括以“.”开头的隐藏文件。
- -A：显示指定目录下的所有子目录及文件，包括隐藏文件，但不显示以“.”和“..”开头的隐藏文件。
- -t：依照文件最后修改时间的顺序列出文件。
- -F：列出当前目录下的文件名及其类型。
- -R：显示指定目录下及其所有子目录下的文件名。
- -c：按文件的修改时间排序。
- -C：分成多列显示各行。
- -d：如果参数是目录，则只显示其名称，而不显示其下的各个文件；往往与-l 选项一起使用，以得到目录的详细信息。
- -l：以长格形式显示文件的详细信息。

- -g：其作用同-l 的作用，并显示文件的所有者工作组名。
- -i：在输出的第一列显示文件的 i 节点号。

【例 2-6】使用 ls 命令。

```
yangyun@U22-1:~/桌面$ ls            //列出当前目录下的文件及目录
yangyun@U22-1:~/桌面$ ls -a /etc    //列出/etc 目录下包括以“.”开头的隐藏文件在内的所有文件
yangyun@U22-1:~/桌面$ ls -t         //依照文件最后修改时间的顺序列出文件
yangyun@U22-1:~/桌面$ ls -F  /etc   //列出当前目录下的文件名及其类型
```

以“/”结尾表示目录名，以“*”结尾表示可执行文件，以“@”结尾表示符号链接。

```
yangyun@U22-1:~/桌面$ ls -l /dev   //列出/dev 下所有文件权限、所有者、文件大小、修改时间及名称
yangyun@U22-1:~/桌面$ ls -lg /dev //其作用同-l 的作用，并显示文件的所有者工作组名
yangyun@U22-1:~/桌面$ ls -R /home //显示指定目录下及其所有子目录下的文件名
```

2. 熟练使用浏览文件类命令

（1）cat 命令

cat 命令主要用于滚动显示文件内容，或将多个文件合并成一个文件。该命令的格式为：

```
cat  [选项]  文件名
```

cat 命令的常用选项如下。

- -b：对输出内容中的非空行标注行号。
- -n：对输出内容中的所有行标注行号。

通常使用 cat 命令查看文件内容，但是 cat 命令的输出内容不能分页显示，要查看超过一屏的文件内容，需要使用 more 或 less 等其他命令。如果在 cat 命令中没有指定参数，则 cat 会从标准输入（键盘）中获取内容。

例如，查看/etc/passwd 文件内容的命令为：

```
yangyun@U22-1:~/桌面$ cat  /etc/passwd
```

利用 cat 命令还可以将多个文件合并成一个文件。

【例 2-7】使用 cat 命令把 file1 和 file2 文件合并为 file3，且合并后 file2 文件的内容在 file1 文件内容的前面。

```
yangyun@U22-1:~/桌面$  echo "This is file1!" > file1      //先建立 file1 文件
yangyun@U22-1:~/桌面$  echo "This is file2!" > file2      //再建立 file2 文件
yangyun@U22-1:~/桌面$  cat file2 file1 > file3
#如果 file3 文件存在，则此命令的执行结果会覆盖 file3 文件中的原有内容
yangyun@U22-1:~/桌面$  cat file3
This is file2!
This is file1!
yangyun@U22-1:~/桌面$  cat file2 file1 >> file3
#如果 file3 文件存在，则此命令的执行结果是把 file2 和 file1 文件的内容添加到 file3 文件中原有内容的后面
yangyun@U22-1:~/桌面$  cat file3
This is file2!
This is file1!
This is file2!
This is file1!
```

（2）more 命令

在使用 cat 命令时，如果文件内容太长，则用户只能看到文件的最后一部分。这时可以使用 more 命令一页一页地分页显示文件内容。在大部分情况下，可以不加任何选项直接执行 more 命令查看文件内容。执行 more 命令后，进入 more 状态，查看文件时，按“Enter”键可以向下移动

一行，按空格键可以翻到下一页，按“Q”键可以退出 more 状态。该命令的格式为：

```
more [选项] 文件名
```

more 命令的常用选项如下。

- -num：这里的 num 代表一个数字，用来指定分页显示时每页的行数。
- +num：指定从文件的第 num 行开始显示。

【例 2-8】使用 more 命令查看文件内容。

```
yangyun@U22-1:~/桌面$ more /etc/passwd              //以分页方式查看 passwd 文件的内容
yangyun@U22-1:~/桌面$ cat /etc/passwd | more        //以分页方式查看 passwd 文件的内容
```

more 命令经常在管道中被调用，以实现各种命令输出内容的分页显示。上述的第 2 条命令就是利用 shell 的管道功能分页显示 passwd 文件的内容。

（3）less 命令

less 命令是 more 命令的改进版，它的功能比 more 命令的功能更强大。more 命令只能实现向下翻页，而 less 命令不但可以实现向下、向上翻页，还可以实现上、下、左、右移动。执行 less 命令后，进入 less 状态，查看文件时，按“Enter”键可以向下移动一行，按空格键可以翻到下一页，按“B”键可以翻到上一页，也可以按方向键向上、下、左、右移动，按“Q”键可以退出 less 状态。

less 命令还支持在文本文件中进行快速查找。在 less 状态下，先按“/”键，再输入要查找的单词或字符。less 命令就会在文本文件中进行快速查找，并把找到的第一个搜索目标高亮显示。如果希望继续查找，就再次按“/”键，然后按“Enter”键即可。

less 命令的用法与 more 命令的用法基本相同，例如：

```
yangyun@U22-1:~/桌面$ less /etc/passwd    //以分页方式查看 passwd 文件的内容
```

（4）head 命令

head 命令用于显示文件内容的开头部分，默认情况下，只显示文件内容的前 10 行。该命令的格式为：

```
head [选项] 文件名
```

head 命令的常用选项如下。

- -n num：显示指定文件内容的前 num 行。
- -c num：显示指定文件内容的前 num 个字符。

【例 2-9】使用 head 命令查看文件。

```
yangyun@U22-1:~/桌面$ head -n 20 /etc/passwd    //显示 passwd 文件内容的前 20 行
yangyun@U22-1:~/桌面$ head -n -43 /etc/passwd
//passwd 文件倒数第 43 行后面的内容都不显示
```

说明　若-n num 中的 num 为负值，则表示倒数第|num|行后面的内容都不显示。例如，num 为-3 时，表示文件倒数第 3 行后面的内容都不显示，其余内容都显示。

（5）tail 命令

tail 命令用于显示文件内容的末尾部分，默认情况下，只显示文件内容的末尾 10 行。该命令的格式为：

```
tail [选项] 文件名
```

tail 命令的常用选项如下。

- -n num：显示指定文件内容的末尾 num 行。

- -c num：显示指定文件内容的末尾 num 个字符。
- -n +num：从第 num 行开始显示指定文件的内容。

【例 2-10】使用 tail 命令查看文件。

```
yangyun@U22-1:~/桌面$ tail  -n  20  /etc/passwd     #显示 passwd 文件内容的末尾 20 行
yangyun@U22-1:~/桌面$ tail  -n  +45  /etc/passwd    #从第 45 行开始显示 passwd 文件的内容
```

tail 命令“最强悍”的功能是可以持续刷新文件的内容，想要实时查看最新日志文件时，这个功能特别有用。此时命令的格式为：

```
tail -f 文件名
```

【例 2-11】使用 tail -f 命令查看文件。

```
yangyun@U22-1:~/桌面$  tail -f /var/log/messages
Feb  4 19:16:31 U22-1 systemd[1]: Stopped User Runtime Directory /run/user/125.
Feb  4 19:16:31 U22-1 systemd[1]: Removed slice User Slice of UID 125.
Feb 4 19:16:34 U22-1 dbus-daemon[905]: [system] Failed to activate service 'org.bluez':
timed out (service_start_timeout=25000ms)
……
Feb  4 19:17:18 U20-1 systemd[1785]: Started Virtual filesystem metadata service.
```

特别注意：如果你的计算机没有/var/log/messages 日志文件，则按如下操作方法来使日志文件正常工作。

① 用 vim 打开/etc/rsyslog.d/50-default.conf 文件，在其中增加如下一行内容。

```
*.info;mail.none;authpriv.none;cron.none /var/log/messages
```

② 重启系统。

3. 熟练使用目录操作类命令

（1）mkdir 命令

mkdir 命令用于创建一个目录。该命令的格式为：

```
mkdir  [选项]  目录名
```

上述目录名可以为相对路径，也可以为绝对路径。

mkdir 命令的常用选项如下。

-p：在创建目录时，如果父目录不存在，则同时创建该目录及该目录的父目录。

【例 2-12】使用 mkdir 命令创建目录。

```
yangyun@U22-1:~/桌面$ mkdir dir1    #在当前目录下创建 dir1 子目录
yangyun@U22-1:~/桌面$ mkdir -p dir2/subdir2
#在当前目录下的 dir2 目录中创建 subdir2 子目录，如果 dir2 目录不存在，则同时创建
```

（2）rmdir 命令

rmdir 命令用于删除空目录。该命令的格式为：

```
rmdir  [选项]  目录名
```

上述目录名可以为相对路径，也可以为绝对路径。但使用该命令删除的目录必须为空目录。

rmdir 命令的常用选项如下。

-p：在删除目录时，一同删除父目录，但父目录中必须没有其他目录及文件。

【例 2-13】使用 rmdir 删除目录。

```
yangyun@U23-1:~/桌面$ rmdir dir1    #在当前目录下删除 dir1 空子目录
yangyun@U23-1:~/桌面$ rmdir -p dir2/subdir2
#删除当前目录中的 dir2/subdir2 空子目录，删除时，如果 dir2 目录中无其他目录及文件，则一同删除
```

4. 熟练使用 cp 命令

（1）cp 命令的使用方法

cp 命令主要用于文件或目录的复制。该命令的格式为：

```
cp [选项] 源文件或目录  目标文件或目录
```

cp 命令的常用选项如下。

- -a：尽可能将文件状态、权限等属性按照原状予以复制。
- -f：如果目标文件或目录存在，则先删除它们再进行复制（覆盖），并且不提示用户。
- -i：如果目标文件或目录存在，则提示用户是否覆盖已有的文件。
- -R（-r）：递归复制目录，即包含目录下的各级子目录。
- -p：文件属性一起复制，而非使用预设属性。

（2）使用 cp 命令的范例

cp 命令是非常重要的，以不同身份执行该命令会有不同的结果产生，尤其是加上-a、-p 选项，对于不同身份的用户来说，执行该命令产生的结果的差异非常大。在下面的练习中，有的用户身份为 root，有的用户身份为普通用户（在这里使用 yangyun 这个用户），练习时请特别注意身份的差别。请观察下面的复制练习。另外，/tmp 是在安装时建立的独立分区，如果安装时没有建立，则请自行建立。

【例 2-14】用 root 身份，将家目录下的.bashrc 复制到/tmp 下，并更名为 bashrc。

```
yangyun@U22-1:~/桌面$  sudo -s
[sudo] yangyun 的密码:
root@U22-1:/home/yangyun/桌面#  cp ~/.bashrc /tmp/bashrc
root@U22-1:/home/yangyun/桌面#  cp -i ~/.bashrc /tmp/bashrc
cp: 是否覆盖'/tmp/bashrc'?  n 为不覆盖，y 为覆盖
# 重复两次，由于/tmp 下已经存在 bashrc，加上-i 选项后，
# 在覆盖前会询问用户是否确定覆盖。可以按“N”键或者“Y”键来进行二次确认
```

【例 2-15】变换目录到/tmp，并将/var/log/wtmp 复制到/tmp，观察其目录属性。

```
root@U22-1:/home/yangyun/桌面#  cd  /tmp
root@U22-1:/tmp# cp /var/log/wtmp  . <==复制到当前目录，最后的“.”不要忘记
root@U22-1:/tmp#  ls  -l  /var/log/wtmp wtmp
-rw-rw-r-- 1 root utmp 20352 2月   4 19:16 /var/log/wtmp
-rw-r--r-- 1 root root 20352 2月   4 19:56 wtmp
# 注意上面的特殊字体，在不加任何选项复制的情况下，文件的某些属性/权限会改变
# 这是个很重要的特性，连文件建立的时间也会改变，应当引起注意
```

如果想要将文件的所有属性都一起复制该怎么办？可以加上-a，如下所示。

```
root@U22-1:/tmp# cp  -a  /var/log/wtmp  wtmp_2
root@U22-1:/tmp# ls  -l  /var/log/wtmp  wtmp_2
-rw-rw-r-- 1 root utmp 20352 2月   4 19:16 /var/log/wtmp
-rw-rw-r-- 1 root utmp 20352 2月   4 19:16 wtmp_2
```

cp 命令的功能很多，由于我们常常会进行一些数据的复制，因此常常会用到该命令。一般来说，如果复制别人的数据（当然，你必须有读取权限），我们总是希望复制到的数据最后是自己的。所以，在预设的条件中，cp 命令的源文件与目标文件的权限是不同的，目标文件的所有者通常会是命令执行者。

例如，在例 2-15 中，由于使用的是 root 身份，因此复制过来的文件所有者与组就变为 root。由

于 cp 命令具有这个特性，因此我们在进行备份时，需要特别注意某些特殊权限文件。例如，密码文件（/etc/shadow）以及一些配置文件就不能直接使用 cp 命令复制，而必须加上-a 或-p 等选项。若加上-p 选项，则表示除复制文件的内容外，还把文件的修改时间和访问权限也复制到新文件中。

> **注意** 想要复制文件给其他用户，也必须注意文件的权限（包含读、写、执行以及文件所有者等），否则其他用户无法对你给的文件进行修改。

【例 2-16】复制/etc 目录下的所有内容到/tmp 文件夹。

```
root@U22-1:/tmp# cp  /etc  /tmp
cp: 未指定 -r; 略过目录'/etc'  # 如果是目录，则不能直接复制，要加上-r 选项
root@U22-1:/tmp# cp  -r  /etc  /tmp
# 再次强调：-r 可以复制目录，但是文件与目录的权限可能会被改变
# 所以在备份时，常常利用 cp   -a  命令保持复制前后的对象权限一致
```

【例 2-17】只有~/.bashrc 与/tmp/bashrc 有差异时，才进行复制。

```
root@U22-1:/tmp# cp  -u  ~/.bashrc  /tmp/bashrc
# -u 的特性是只有在目标文件与源文件有差异时，才会复制
# 所以-u 常用于“备份”工作中
```

> **思考** 你能否使用 yangyun 身份完整地复制/var/log/wtmp 文件到/tmp 中，并将其更名为 bobby_wtmp 呢？

参考答案：

```
root@U22-1:/tmp# su yangyun                        #使用 su 命令转到普通用户 yangyun
yangyun@U22-1:~$ cp  -a  /var/log/wtmp  /tmp/bobby_wtmp
yangyun@U22-1:~$ ls  -l  /var/log/wtmp   /tmp/bobby_wtmp
-rw-rw-r--. 1 yangyun yangyun 7680 8月  19 17:09 /tmp/bobby_wtmp
-rw-rw-r--. 1 root     utmp   7680 8月  19 17:09 /var/log/wtmp
```

5. 熟练使用文件操作类命令

（1）mv 命令

mv 命令主要用于文件或目录的移动或改名。该命令的格式为：

```
mv  [选项]  源文件或目录   目标文件或目录
```

mv 命令的常用选项如下。

- -i：如果目标文件或目录存在，则提示用户是否覆盖目标文件或目录。
- -f：无论目标文件或目录是否存在，均直接覆盖目标文件或目录，不提示用户。

【例 2-18】以 root 身份移动文件。

```
yangyun@U22-1:~/桌面$ sudo -s            #转到 root 用户
root@U22-1:/home/yangyun/桌面# cd
root@U22-1:~# mv /tmp/wtmp /usr/
#将当前目录下的/tmp/wtmp 文件移动到/usr/目录下，文件名不变
root@U22-1:~# mv /usr/wtmp /tt
#将/usr/wtmp 文件移动到根目录下，移动后的文件名为 tt
root@U22-1:~# exit
yangyun@U22-1:~/桌面$
```

（2）rm 命令

rm 命令主要用于文件或目录的删除。该命令的格式为：

```
rm  [选项]  文件名或目录名
```

rm 命令的常用选项如下。

- -i：删除文件或目录时提示用户。
- -f：删除文件或目录时不提示用户。
- -R：递归删除目录，即删除目录的同时，删除目录下的所有文件和各级子目录。

【例 2-19】使用 rm 命令删除文件。

```
#删除当前目录下的所有文件，但不删除子目录和隐藏文件
yangyun@U22-1:~/桌面$  mkdir dir1;cd dir1            #“;”用于分隔连续执行的命令
yangyun@U22-1:~/桌面/dir1$ touch aa.txt  bb.txt; mkdir subdir11;ll
yangyun@U22-1:~/桌面/dir1$ rm *                       #只能删除文件
#删除当前目录下的子目录 subdir11，包含其下的所有文件和各级子目录，并且提示用户进行确认
yangyun@U22-1:~/桌面/dir1$ rm -iR subdir11
```

（3）touch 命令

touch 命令用于建立文件或更新文件的存取日期和修改日期。该命令的格式为：

```
touch  [选项]  文件名
```

touch 命令的常用选项如下。

- -d yyyymmdd：把文件的存取或修改时间改为 yyyy 年 mm 月 dd 日。
- -a：只把文件的存取时间改为当前时间。
- -m：只把文件的修改时间改为当前时间。

【例 2-20】使用 touch 命令创建文件。

```
yangyun@U22-1:~/桌面/dir1$ cd
yangyun@U22-1:~$  touch aa
//如果当前目录下存在 aa 文件，则把 aa 文件的存取时间和修改时间改为当前时间
//如果当前目录下不存在 aa 文件，则新建 aa 文件
yangyun@U22-1:~$  touch -d 20220808 aa   //将 aa 文件的存取时间和修改时间改为 2022 年 8 月 8 日
```

（4）whereis 命令

whereis 命令用于查找命令的可执行文件所在的位置。该命令的格式为：

```
whereis  [选项]  命令名称
```

whereis 命令的常用选项如下。

- -b：只查找二进制文件。
- -m：只查找命令的联机帮助手册部分。
- -s：只查找源码文件。

【例 2-21】使用 whereis 命令查找文件位置。

```
//查找命令 apt 的可执行文件所在的位置
yangyun@U22-1:~$  whereis apt
apt: /usr/bin/apt /usr/lib/apt /etc/apt /usr/share/man/man8/apt.8.gz
```

（5）whatis 命令

whatis 命令用于获取命令简介。它可从某个命令的使用手册中获取一行简单的介绍性文件，帮助用户迅速了解该命令的具体功能。该命令的格式为：

```
whatis  命令名称
```

【例 2-22】使用 whatis 命令获取命令简介。

```
yangyun@U22-1:~$ whatis ls
ls (1)               - list directory contents
```

（6）find 命令

find 命令用于查找文件，该命令的功能非常强大。该命令的格式为：

```
find  [路径]   [匹配表达式]
```

find 命令的匹配表达式主要有以下几种类型。

- -name filename：查找指定名称的文件。
- -user username：查找属于指定用户的文件。
- -group grpname：查找属于指定组的文件。
- -print：显示查找结果。
- -size *n*：查找包含 *n* 块的文件，一块的大小为 512B。"+*n*" 表示查找块数多于 *n* 的文件；"-*n*" 表示查找块数少于 *n* 的文件；"*n*c" 表示查找包含 *n* 个字符的文件。
- -inum *n*：查找索引节点号为 *n* 的文件。
- -type：查找指定类型的文件。文件类型包括 b（块设备文件）、c（字符设备文件）、d（目录）、p（管道文件）、l（符号链接文件）、f（普通文件）等。
- -atime *n*：查找 *n* 天前被访问过的文件。"+n" 表示查找超过 *n* 天前被访问的文件；"-n" 表示查找未超过 *n* 天前被访问的文件。
- -mtime n：类似于-atime n，但查找的是文件内容被修改的时间。
- -ctime n：类似于-atime n，但查找的是文件索引节点被修改的时间。
- -perm mode：查找与给定权限匹配的文件，必须以八进制的形式给出访问权限。
- -newer file：查找比指定文件更新（即最后修改时间离现在较近）的文件。
- -exec command {} \;：对匹配指定条件的文件执行 command 命令。
- -ok command {} \;：作用与-exec command {} \;相同，但执行 command 命令时需请求用户确认。

【例 2-23】使用 find 命令查找文件。

```
yangyun@U22-1:~$ find  .  -type  f  -exec  ls  -l  {}  \;
//在当前目录下查找普通文件，并以长格形式显示
yangyun@U22-1:~$ find  /etc/ufw  -type  f  -exec  ls  -l  {}  \;
//在/etc/ufw 目录下查找普通文件，并以长格形式显示
yangyun@U22-1:~$ sudo find  /tmp  -type  f  -mtime 5  -exec  rm  {}  \;
//在/tmp 目录中查找修改时间为 5 天以前的普通文件，并将其删除。保证/tmp 目录存在
yangyun@U22-1:~$ find  /etc  -name  "*.conf"
//在/etc 目录下查找文件名以".conf"结尾的文件
yangyun@U22-1:~$ find  /etc/ufw  -type  d  -perm 755  -exec  ls {}  \;
//在/etc/ufw 目录下查找权限为 755 的目录并显示
```

注意　由于 find 命令在执行过程中将消耗大量资源，因此建议以后台方式执行该命令。

（7）grep 命令

grep 命令用于查找文件中包含指定字符串的行。该命令的格式为：

```
grep [选项] 要查找的字符串 文件名
```

grep 命令的常用选项如下。

- -v：列出不匹配的行。
- -c：对匹配的行计数。
- -l：只显示包含匹配模式的文件名。
- -h：抑制包含匹配模式的文件名的显示。
- -n：每个匹配行只按照相对的行号显示。
- -i：对匹配模式不区分大小写。

在 grep 命令中，字符“^”表示行的开始，字符“$”表示行的结尾。如果要查找的字符串中带有空格，则可以用单引号或双引号标注。

例如：

```
yangyun@U22-1:~$ grep -2 root /etc/passwd
//在passwd文件中查找包含字符串“root”的行，如果找到，则显示该行及该行前后各两行的内容
yangyun@U22-1:~$ grep "^root$" /etc/passwd
//在passwd文件中搜索只包含“root”这4个字符的行
```

提示 grep 命令和 find 命令的差别在于，grep 命令是在文件中查找满足条件的行，而 find 命令是在指定目录下根据文件的相关信息查找满足指定条件的文件。

【例 2-24】可以利用 grep 命令的-v 选项，过滤带“#”的注释行和空白行。下面的例子将 manpath.config 中的空白行和注释行删除，将简化后的配置文件存放到当前目录下，并更改文件名为 man_db.bak。

```
yangyun@U22-1:~$ grep -v "^#" /etc/manpath.config | grep -v "^$">man_db.bak
yangyun@U22-1:~$ cat man_db.bak
```

（8）dd 命令

dd 命令用于按照指定大小和数量的数据块来复制文件或转换文件。该命令的格式为：

```
dd [选项]
```

dd 命令是一个比较重要而且具有特色的命令，它能够让用户按照指定大小和数量的数据块来复制文件。当然，如果需要，还可以在复制过程中转换其中的数据。Linux 操作系统中有一个名为/dev/zero 的设备文件，因为这个文件不会占用系统存储空间，却可以提供无穷无尽的数据，所以可以使用它作为 dd 命令的输入文件来生成一个指定大小的文件。dd 命令的选项及其作用如表 2-2 所示。

表 2-2 dd 命令的选项及其作用

选　项	作　用
if	从指定文件中读取数据（文件可以是文件名，也可以是设备名）
of	向文件中写入数据（文件可以是文件名，也可以是设备名）
bs	设置每个数据块的大小
count	设置要复制数据块的数量

例如，我们可以用 dd 命令从/dev/zero 设备文件中取出两个大小为 560MB 的数据块，然后将其保存为名为 file1 的文件。理解该命令的使用方法后，就能创建任意大小的文件了（进行配额实训

时很有用）。

```
yangyun@U22-1:~$ dd if=/dev/zero of=file1 count=2 bs=560M
记录了 2+0 的读入
记录了 2+0 的写出
1174405120 字节（1.2 GB, 1.1 GiB）已复制, 8.91617 s, 132 MB/s
yangyun@U22-1:~$ rm file1
```

dd 命令的功能也绝不仅限于复制文件这么简单。如果想把光驱设备中的光盘制作成 ISO 映像文件，则在 Windows 操作系统中需要借助第三方软件，但在 Linux 操作系统中可以先直接使用 dd 命令对光盘进行压制，将它变成可立即使用的 ISO 映像文件，然后用 rm 命令删除 dd 命令产生的 Ubuntu-server-20-x86_64.iso 临时文件。

```
yangyun@U22-1:~$ dd if=/dev/cdrom of=Ubuntu-server-20-x86_64.iso
7311360+0 records in
7311360+0 records out
3743416320 bytes (3.7 GB) copied, 370.758 s, 10.1 MB/s
yangyun@U22-1:~$ rm Ubuntu-server-20-x86_64.iso
```

（9）diff 命令

diff 命令用于比较两个文件内容的不同。该命令的格式为：

```
diff  [参数]  源文件   目标文件
```

diff 命令的常用选项如下。

- -a：将所有的文件当作文本文件处理。
- -b：忽略空格造成的不同。
- -B：忽略空行造成的不同。
- -q：只报告什么地方不同，不报告具体的不同信息。
- -i：忽略大小写的变化。

【例 2-25】使用 diff 命令比较两个文件内容的不同（aa、bb、aa.txt、bb.txt 文件在/home/yangyun 目录下使用 Vi 提前建立好）。

```
yangyun@U22-1:~$ diff  aa.txt  bb.txt  //比较 aa.txt 文件和 bb.txt 文件内容的不同
```

（10）ln 命令

ln 命令用于建立两个文件之间的链接关系。该命令的格式为：

```
ln  [参数]  源文件或目录   链接名
```

ln 命令的常用选项如下。

-s：建立符号链接（软链接），不加该选项时建立的链接为硬链接。

两个文件之间的链接关系有两种。一种称为硬链接，链接关系为硬链接的两个文件的文件名指向的是硬盘上的同一块存储空间，对两个文件中的任何一个文件的内容进行修改都会影响到另一个文件。它可以由 ln 命令不加任何选项建立。

利用 ll 命令查看家目录下 aa 文件的信息，利用 cat 命令查看 aa 文件内容。

```
yangyun@U22-1:~$ ll aa
-rw-r--r--  1 yangyun yangyun 0  1月 31 15:06 aa
yangyun@U22-1:~$ cat aa
this is aa
```

由上面命令的执行结果可以看出 aa 文件的链接数为 1，文件内容为“this is aa”。

使用 ln 命令建立 aa 文件的硬链接 bb：

```
yangyun@U22-1:~$ ln aa bb
```

上述命令产生了新文件 bb，它和 aa 文件建立起了硬链接关系。

```
yangyun@U22-1:~$ ll aa bb
-rw-r--r--  2 yangyun yangyun 11  1月 31 15:44 aa
-rw-r--r--  2 yangyun yangyun 11  1月 31 15:44 bb
yangyun@U22-1:~$ cat bb
this is aa
```

可以看出，aa 和 bb 的大小相同，内容相同。再看详细信息的第 2 列，原来 aa 文件的链接数为 1，说明这块存储空间只有 aa 文件指向，而建立起 aa 和 bb 的硬链接关系后，这块硬盘空间就有 aa 和 bb 两个文件同时指向，所以 aa 和 bb 的链接数都变为 2。

此时，如果修改 aa 或 bb 任意一个文件的内容，则另一个文件的内容也将随之变化。如果删除其中一个文件（不管是哪一个），就是删除了该文件和硬盘空间的指向关系，该硬盘空间不会释放，另一个文件的内容也不会发生改变，但是该文件的链接数会减少一个。

说明：只能对文件建立硬链接，不能对目录建立硬链接。

另一种链接方式称为符号链接，是指用一个文件指向另外一个文件的文件名。符号链接类似于 Windows 系统中的快捷方式。符号链接由 ln -s 命令建立。

首先利用 ll 命令查看 aa 文件的信息。

```
yangyun@U22-1:~$ ll aa
-rw-r--r--  1 yangyun yangyun 11  1月 31 15:44 aa
```

创建 aa 文件的符号链接 cc，创建完成后查看 aa 文件和 cc 文件的链接数的变化。

```
yangyun@U22-1:~$ ln -s aa cc
yangyun@U22-1:~$ ll aa cc
-rw-r--r--  1 yangyun yangyun 11  1月 31 15:44 aa
lrwxrwxrwx  1 yangyun yangyun  2  1月 31 16:02 cc -> aa
```

可以看出，cc 文件是指向 aa 文件的一个符号链接，而指向存储 aa 文件内容的那块硬盘空间中的文件仍然只有 aa 一个，cc 文件只是指向了 aa 文件名而已。所以 aa 文件的链接数仍为 1。

在利用 cat 命令查看 cc 文件的内容时，发现 cc 是一个符号链接文件，根据 cc 记录的文件名找到 aa 文件，然后将 aa 文件的内容显示出来。

此时如果删除了 cc 文件，则对 aa 文件无任何影响，但如果删除了 aa 文件，那么 cc 文件会因无法找到 aa 文件而毫无用处。

说明：可以对文件或目录建立符号链接。

（11）gzip 和 gunzip 命令

gzip 命令用于对文件进行压缩，生成的压缩文件以“.gz”结尾；而 gunzip 命令是对以“.gz”结尾的文件进行解压。这两个命令的格式为：

```
gzip  -v    文件名
gunzip  -v  文件名
```

-v 选项表示显示被压缩文件的压缩比或解压时的信息。

【例 2-26】在 root 家目录下，对文件进行压缩与解压。

```
yangyun@U22-1:~$ cd
yangyun@U22-1:~$ gzip -v initial-setup-ks.cfg
initial-setup-ks.cfg:      53.4% -- replaced with initial-setup-ks.cfg.gz
yangyun@U22-1:~$ gunzip -v initial-setup-ks.cfg.gz
initial-setup-ks.cfg.gz:   53.4% -- replaced with initial-setup-ks.cfg
```

（12）tar 命令

tar 命令是用于文件打包和解包的命令行工具。tar 命令可以把一系列的文件归档到一个大文件中，也可以把档案文件解开以恢复数据。tar 命令是 Linux 系统中常用的备份工具之一。该命令的格式为：

```
tar [参数]  档案文件  文件列表
```

tar 命令的常用选项如下。

- -c：生成档案文件。
- -v：列出归档、解档的详细过程。
- -f：指定档案文件名称。
- -r：将文件追加到档案文件末尾。
- -z：以 gzip 格式压缩或解压文件。
- -j：以 bzip2 格式压缩或解压文件。
- -d：比较档案文件与当前目录中的文件。
- -x：解开档案文件。

【例 2-27】使用 tar 命令对文件进行解压（提前用 touch 命令在“/”目录下建立测试文件）。

```
yangyun@U22-1:~$ tar -cvf yy.tar aa tt          //将当前目录下的 aa 和 tt 文件归档为
yy.tar
yangyun@U22-1:~$ tar -xvf yy.tar                //从 yy.tar 档案文件中恢复数据
yangyun@U22-1:~$ tar -czvf yy.tar.gz  aa tt    //将当前目录下的 aa 和 tt 文件归档并压
缩为 yy.tar.gz
yangyun@U22-1:~$ tar -xzvf yy.tar.gz            //将 yy.tar.gz 文件解压并恢复数据
yangyun@U22-1:~$ tar -czvf etc.tar.gz /etc     //把/etc 目录打包并压缩
yangyun@U22-1:~$ mkdir /root/etc
yangyun@U22-1:~$ tar xzvf etc.tar.gz -C /root/etc   //将打包后的压缩包文件解压到
/root/etc
```

任务 2-2 熟练使用系统信息类命令

系统信息类命令是对系统的各种信息进行显示和设置的命令。

（1）dmesg 命令

dmesg 命令用实例名称和物理名称来标识连接到系统上的设备。dmesg 命令也用于显示系统诊断信息、操作系统版本号、物理内存大小以及其他信息。

【例 2-28】使用 dmesg 命令。

```
yangyun@U22-1:~$ dmesg | more
```

提示 系统启动时，屏幕上会显示系统 CPU、内存、网卡等硬件的信息。但通常显示过程较短，如果用户没来得及看清，则可以在系统启动后用 dmesg 命令查看。

（2）free 命令

free 命令主要用于查看系统内存、虚拟内存的大小及占用情况。

【例 2-29】使用 free 命令。

```
yangyun@U22-1:~$  free
            total       used       free      shared  buff/cache   available
Mem:       1843832    1253956     166480     16976      423396      414636
Swap:      3905532      25344    3880188
```

（3）timedatectl 命令

timedatectl 命令作为 systemd 系统和服务管理器的一部分，代替旧的、传统的、基于 Linux 分布式系统的 sysvinit 守护进程的 date 命令。

timedatectl 命令可以查询和更改系统时钟和设置，可以使用此命令来设置或更改系统的当前时间、日期和时区，或实现与远程网络时间协议（Network Time Protocol，NTP）服务器的自动系统时钟的同步。

① 显示系统的当前时间、日期、时区等信息。

```
yangyun@U22-1:~$  timedatectl status
               Local time: 五 2022-02-04 21:21:58 CST
           Universal time: 五 2022-02-04 13:21:58 UTC
                 RTC time: 五 2022-02-04 13:21:58
                Time zone: Asia/Shanghai (CST, +0800)
System clock synchronized: yes
              NTP service: active
          RTC in local TZ: no
```

RTC（Real-Time Clock，实时时钟），即硬件时钟。

② 设置当前时区。

```
yangyun@U22-1:~$  timedatectl | grep Time                        //查看当前时区
yangyun@U22-1:~$  timedatectl list-timezones                     //查看所有可用时区
yangyun@U22-1:~$  timedatectl set-timezone Asia/Shanghai         //修改当前时区
```

③ 设置日期和时间。

```
yangyun@U22-1:~$  timedatectl set-time  10:43:30    //只设置时间
Failed to set time: NTP unit is active
```

这个错误是启动了时间同步造成的，改正错误的办法是关闭该 NTP 单元。

```
yangyun@U22-1:~$  clear                                  //清屏
yangyun@U22-1:~$  timedatectl set-ntp no                 //关闭时间同步
yangyun@U22-1:~$  timedatectl set-time 10:58:30          //仅设置时间，格式为时:分:秒
yangyun@U22-1:~$  timedatectl set-time 2022-02-04        //仅设置日期，格式为年-月-日
yangyun@U22-1:~$  timedatectl                            //查看设置结果
yangyun@U22-1:~$  timedatectl set-time "2022-02-04 11:01:40" //设置日期和时间
yangyun@U22-1:~$  timedatectl                                //查看设置结果
```

（4）cal 命令

cal 命令用于显示指定月份或年份的日历，可以带两个参数，其中，年份、月份用数字表示；只有一个参数时表示年份，年份的范围为 1～9999；不带任何参数的 cal 命令用于显示当前月份的日历。

【例 2-30】使用 cal 命令。

```
yangyun@U22-1:~$ cal 7 2022
七月 2022
日  一  二  三  四  五  六
                    1   2
 3  4   5   6   7   8   9
10 11  12  13  14  15  16
17 18  19  20  21  22  23
24 25  26  27  28  29  30
31
```

任务 2-3　熟练使用进程管理类命令

进程管理类命令是对进程进行各种显示操作和设置的命令。

（1）ps 命令

ps 命令主要用于查看系统的进程。该命令的格式为：

```
ps  [选项]
```

ps 命令的常用选项如下。

- -a：显示当前控制终端的进程（包含其他用户的）。
- -u：显示进程的用户名和启动时间等信息。
- -w：宽行输出，不截取输出中的命令行。
- -l：按长格形式显示输出。
- -x：显示没有控制终端的进程。
- -e：显示所有的进程。
- -t *n*：显示第 *n* 个终端的进程。

【例 2-31】使用 ps 命令。

```
yangyun@U22-1:~$  ps -au
USER         PID %CPU %MEM    VSZ   RSS TTY      STAT START   TIME COMMAND
yangyun     1907  0.0  0.1 172804  6716 tty2     Ssl+ 20:43   0:00 /usr/lib/gdm
yangyun     1909  0.9  1.6 281904 66296 tty2     Sl+  20:43   0:29 /usr/lib/xor
yangyun     1924  0.0  0.3 199572 15364 tty2     Sl+  20:43   0:00 /usr/libexec
yangyun     3040  0.0  0.1  19676  5652 pts/0    Ss   20:44   0:00 bash
yangyun     8426  0.0  0.0  20148  3300 pts/0    R+   21:33   0:00 ps -au
```

提示　ps 命令通常和重定向、管道等命令一起使用，用于查找所需的进程。输出内容第一行的中文解释是：进程的所有者、进程 ID、CPU 占用率、内存占用率、虚拟内存使用量（单位是 KB）、占用的固定内存量（单位是 KB）、所在终端进程状态、被启动的时间、实际使用 CPU 的时间、命令名称与参数等。

（2）pidof 命令

pidof 命令用于查询某个指定服务程序进程的进程号（Process Identifier，PID）。该命令的格式为：

```
pidof [选项] [服务进程名称]
```

每个进程的 PID 是唯一的，因此可以通过 PID 来区分不同的进程。例如，可以使用如下命令来查询本机上 acpid（电源管理接口）服务程序进程的 PID。

【例 2-32】使用 pidof 命令。

```
yangyun@U22-1:~$ pidof acpid
930
```

（3）kill 命令

前台进程在运行时，可以按“Ctrl+C”组合键来终止它的运行，但后台进程无法使用这种方法终止，此时可以使用 kill 命令向后台进程发送强制终止信号，以达到目的。

【例 2-33】使用 kill 命令。

```
yangyun@U22-1:~$  KILL  -1
 1) SIGHUP        2) SIGINT       3) SIGQUIT      4) SIGILL       5) SIGTRAP
 6) SIGABRT       7) SIGBUS       8) SIGFPE       9) SIGKILL     10) SIGUSR1
11) SIGSEGV      12) SIGUSR2     13) SIGPIPE     14) SIGALRM     15) SIGTERM
16) SIGSTKFLT    17) SIGCHLD     18) SIGCONT     19) SIGSTOP     20) SIGTSTP
21) SIGTTIN      22) SIGTTOU     23) SIGURG      24) SIGXCPU     25) SIGXFSZ
26) SIGVTALRM    27) SIGPROF     28) SIGWINCH    29) SIGIO       30) SIGPWR
```

上述命令用于显示 kill 命令能够发送的信号种类。每个信号都有一个对应的数值，例如，SIGKILL 信号对应的数值为 9。kill 命令的格式为：

```
kill  [选项]  进程1  进程2 ……
```

该命令的选项-s 后一般接信号的类型。

【例 2-34】使用 kill 命令查看信号对应的数值。

```
yangyun@U22-1:~$ ps
PID TTY          TIME CMD
   3040 pts/0    00:00:00 bash
   8501 pts/0    00:00:00 ps
yangyun@U22-1:~$  kill -s SIGKILL 3040  //或者 kill  -9 3040
//上述命令用于结束 bash 进程，会关闭终端
```

（4）killall 命令

killall 命令用于终止某个指定名称的服务程序对应的全部进程。该命令的格式为：

```
killall [选项] [进程名称]
```

通常来讲，复杂软件的服务程序会有多个进程协同为用户提供服务，逐个结束这些进程的步骤会比较复杂，此时可以使用 killall 命令来批量结束某个服务程序带有的全部进程。下面以 sshd 服务程序为例，使用 killall 命令结束其全部进程。

【例 2-35】使用 killall 命令。

```
yangyun@U22-1:~/桌面$  pidof acpid
930
yangyun@U22-1:~/桌面$  sudo killall -9 acpid        //需要 root 用户权限
yangyun@U22-1:~/桌面$  pidof acpid
yangyun@U22-1:~/桌面$  systemctl start acpid        //重新启动电源管理接口服务
```

注意 如果在命令行终端中执行一条命令后想立即停止它，则只需按“Ctrl + C”组合键（生产环境中比较常用的一个组合键），即可立即终止该命令的进程。如果有些命令在执行时不断地在屏幕上输出信息，影响后续命令的输入，则可以在执行命令时在其末尾添加一个“&”，这样命令将在系统后台执行。

（5）nice 命令

nice 命令用于在执行程序之前，改变进程优先级，并以调整过的优先级运行命令。如果没有给出命令，就显示当前的优先级。优先级范围为-20～19，值越小优先级越高，默认为 0。

Linux 操作系统有两个和进程有关的优先级 PRI 和 NI，用“ps -l”命令可以看到这两个优先级。PRI 值是进程实际的优先级，它是由操作系统动态计算的。这个优先级的计算和 NI 值有关。NI 值可以被用户更改，NI 值越大，优先级越低。普通用户只能增大 NI 值，只有超级用户才可以减小 NI 值。NI 值被改变后，会影响 PRI 值。优先级高的进程被优先运行，进程的默认 NI 值为 0。nice 命令的格式如下。

```
nice -n 程序名 //以指定的优先级运行程序
```

其中，*n* 表示 NI 值，它为正值代表 NI 值增加，它为负值代表 NI 值减小。

【例 2-36】使用 nice 命令。

```
yangyun@U22-1:~/桌面$ sudo nice --2 ps -l             //需要 root 用户权限
```

（6）renice 命令

renice 命令是根据进程的 PID 来改变进程优先级的。renice 命令的格式为：

```
renice n  进程号
```

其中，*n* 表示修改后的 NI 值。

【例 2-37】使用 renice 命令。

```
yangyun@U22-1:~/桌面$ ps -l
F S   UID     PID    PPID  C PRI  NI ADDR SZ WCHAN  TTY          TIME CMD
0 S  1000    8541    8530  0  80   0 -   4812 do_wai pts/0    00:00:00 bash
0 R  1000    8577    8541  0  80   0 -   5017 -      pts/0    00:00:00 ps
yangyun@U22-1:~/桌面$ sudo  renice -6 8541           //需要 root 用户权限
yangyun@U22-1:~/桌面$ ps -l
```

（7）top 命令

和 ps 命令查看系统进程的作用不同，top 命令可以实时监控进程的状况。top 命令的执行界面每 5s 自动刷新一次，也可以用“top -d 20”命令，使得 top 命令的执行界面每 20s 刷新一次。

【例 2-38】使用 top 命令，其执行界面的部分内容如下。

```
yangyun@U22-1:~/桌面$ top
top - 19:47:03 up 10:50,  3 users,  load average: 0.10, 0.07, 0.02
Tasks:  90 total,   1 running,  89 sleeping,   0 stopped,   0 zombie
Cpu(s):  1.0% us,  3.1% sy,  0.0% ni, 95.8% id,  0.0% wa,  0.0% hi,  1.0% si
Mem:    126212k total,   124520k used,     1692k free,    10116k buffers
Swap:   257032k total,    25796k used,   231236k free,    34312k cached

  PID  USER   PR   NI   VIRT   RES   SHR   S  %CPU  %MEM  TIME+     COMMAND
2946  root   14   -1   39812  12m   3504   S  1.3    9.8   14:25.46  X
3067  root   25   10   39744  14m   9172   S  1.0   11.8   10:58.34  rhn-applet-gui
2449  root   16    0    6156 3328   1460   S  0.3    3.6   0:20.26   hald
```

```
3086   root  15   0  23412 7576  6252  S  0.3   6.0   0:18.88   mixer_applet2
1446   root  16   0   8728 2508  2064  S  0.3   2.0   0:10.04   sshd
2455   root  16   0   2908  948   756  R  0.3   0.8   0:00.06   top
1      root  16   0   2004  560   480  S  0.0   0.4   0:02.01   init
```

top 命令执行结果的前 5 行的含义如下。

第 1 行：正常运行时间行。该行显示系统当前时间、系统已经正常运行的时间、系统当前用户数等。

第 2 行：进程统计数行。该行显示当前的进程总数、正在运行的进程数、睡眠的进程数、暂停的进程数、僵死的进程数。

第 3 行：CPU 统计行。该行显示用户进程、系统进程、修改过 NI 值的进程、空闲进程各自使用 CPU 的百分比。

第 4 行：内存统计行。该行显示内存总量、已用内存、空闲内存、缓冲区的内存总量。

第 5 行：交换分区和缓冲分区统计行。该行显示交换分区总量、已使用的交换分区、空闲交换分区、高速缓冲区总量。

在 top 命令的执行界面下按“Q”键可以退出，按“H”键可以显示 top 命令下的帮助信息。

（8）jobs、bg、fg 命令

jobs 命令用于查看在后台运行的进程。

【例 2-39】使用 jobs 命令查看在后台运行的进程。

```
yangyun@U22-1:~/桌面$  find / -name  h* //立即按“Ctrl + Z”组合键将当前命令暂停
[1]+  已停止                 find / -name h*
yangyun@U22-1:~/桌面$  jobs
[1]+  已停止                 find / -name h*
```

bg 命令用于把进程放到后台运行。例如：

```
yangyun@U22-1:~/桌面$  bg %1
```

fg 命令用于把在后台运行的进程调到前台。例如：

```
yangyun@U22-1:~/桌面$  fg %1
```

任务 2-4　熟练使用其他常用命令

除了上面介绍的命令，还有一些命令也经常用到。

（1）clear 命令

clear 命令用于清除命令行终端的内容（清屏）。

（2）uname 命令

uname 命令用于显示系统信息。

【例 2-40】使用 uname 命令。

```
yangyun@U22-1:~/桌面$  uname -a
Linux U20-1 5.13.0-28-generic #31~20.04.1-Ubuntu SMP Wed Jan 19 14:08:10 UTC 2022
x86_64 x86_64 x86_64 GNU/Linux
```

（3）shutdown 命令

shutdown 命令用于在指定时间关闭系统。该命令的格式为：

```
shutdown  [选项]  时间  [警告信息]
```

shutdown 命令的常用选项如下。

- -r：系统关闭后重新启动。
- -h：停止系统。

时间可以采用以下几种形式。

- now：表示立即关闭系统。
- hh:mm：指定绝对时间，hh 表示小时，mm 表示分钟。
- +*m*：表示 *m* 分钟以后关闭系统。

【例 2-41】使用 shutdown 命令。

```
yangyun@U22-1:~/桌面$  shutdown -h now    //立即关闭系统
```

（4）halt 命令

halt 命令用于立即停止系统，但该命令无法自动关闭电源，需要手动关闭电源。

（5）reboot 命令

reboot 命令用于立即重启系统，相当于“shutdown　-r　now”命令。

（6）poweroff 命令

poweroff 命令用于立即停止系统，并关闭电源，相当于“shutdown -h now”命令。

（7）who 命令

who 命令用于查看当前登录主机的用户终端信息。该命令的格式为：

```
who [选项]
```

使用 who 命令可以快速显示出所有登录本机用户的名称，以及他们开启的终端信息。执行 who 命令后的结果如下。

```
yangyun@U22-1:~/桌面$  who
yangyun  :0          2022-02-03 22:29 (:0)
```

（8）last 命令

last 命令用于查看本机所有的登录记录。该命令的格式为：

```
last [选项]
```

使用 last 命令虽然可以查看本机的登录记录，但是，由于这些信息都是以日志文件的形式保存在系统中的，“黑客”可以很容易地对信息进行篡改。因此，不能单纯以日志文件中的登录信息来判定是否遭到“黑客”攻击。

```
yangyun@U22-1:~/桌面$  last
yangyun  :0          :0               Thu Feb  3 22:29   gone - no logout
reboot   system boot  5.13.0-28-generi Thu Feb  3 22:28   still running
yangyun  :0          :0               Thu Feb  3 22:27 - down   (00:00)
reboot   system boot  5.13.0-28-generi Thu Feb  3 22:27 - 22:28  (00:01)
yangyun  :0          :0               Thu Feb  3 22:25 - down   (00:00)
reboot   system boot  5.13.0-28-generi Thu Feb  3 22:25 - 22:26  (00:01)
yangyun  tty1                         Thu Feb  3 22:22 - down   (00:02)
（省略部分登录信息）
```

（9）echo 命令

echo 命令用于在命令行终端输出字符串或变量提取后的值。该命令的格式为：

```
echo [字符串 | $变量]
```

【例 2-42】把指定字符串“long60.cn”输出到命令行终端的命令为：

```
yangyun@U22-1:~/桌面$  echo long60.cn
```

该命令执行后会在命令行终端显示如下信息。

```
long60.cn
```

下面使用“$变量”的方式提取变量 SHELL 的值，并将其输出到命令行终端。

```
yangyun@U22-1:~/桌面$  echo $SHELL
/bin/bash                                      //显示当前的 bash
```

任务 2-5 熟练使用 vim 编辑器

可视化接口（visual interface，vi）也称为可视化界面，它为用户提供了一个全屏幕的窗口编辑器，窗口中一次可以显示一屏的编辑内容，并且内容可以上下滚动。vi 是所有 UNIX 和 Linux 操作系统中的标准编辑器，类似于 Windows 系统中的记事本。对于 UNIX 和 Linux 操作系统的任何版本而言，vi 编辑器都是完全相同的。vi 也是 Linux 中最基本的文本编辑器之一。

vim（visual interface improved）可以看作 vi 的改进升级版。vi 和 vim 都是 Linux 操作系统中的编辑器，不同的是，vim 比较高级。vi 用于文本编辑，而 vim 更适用于面向开发者的云端开发平台。vim 可以执行输出、删除、查找、替换、块操作等文本操作，而且用户可以根据需要对其进行定制。这些是其他编辑程序没有的功能。vim 只是一个文本编辑程序，并不是一个排版程序，不可以对字体、格式、段落等其他属性进行编排。vim 是全屏幕文本编辑器，没有菜单，只有命令。

1. 启动与退出 vim

在命令提示符后输入 vim 和想要编辑（或建立）的文件名并执行，便可进入 vim。例如：

```
yangyun@U22-1:~/桌面$  vim myfile
```

如果只输入 vim，而不输入文件名，则也可以进入 vim。vim 编辑环境如图 2-3 所示。

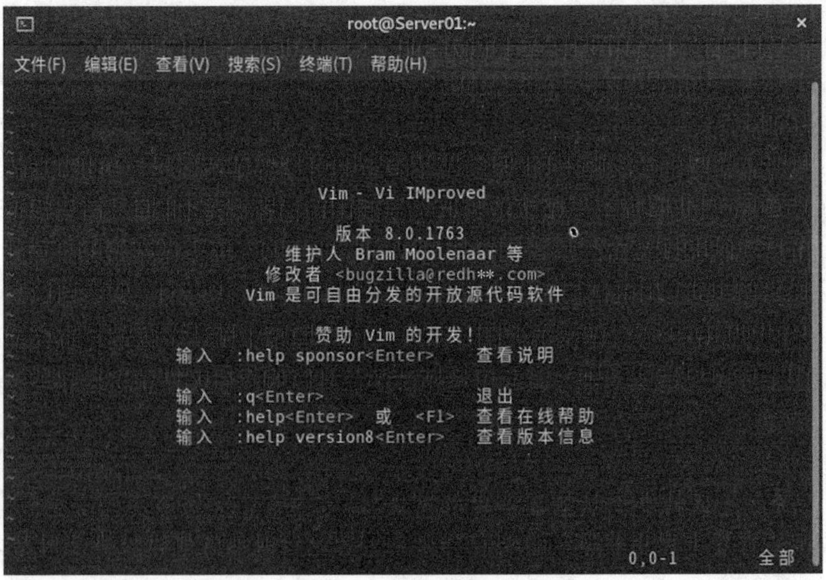

图 2-3 vim 编辑环境

在命令模式下（初次进入 vim 不进行任何操作就处于命令模式下）输入:q、:q!、:wq 或:x（注意添加“:”）并按“Enter”键，会退出 vim。其中:wq 命令和:x 命令用于存盘退出，而:q 命令用于直接退出。如果文件有新的变化，则 vim 会提示保存文件，而:q 命令也会失效。这时可以用:w 命令保存文件后用:q 命令退出，或用:wq 命令或:x 命令退出。如果不想保存改变后的文件，就需要用:q!命令（这样将不保存文件直接退出 vim）。例如：

```
:w                      //保存
:w   filename           //另存为 filename
:wq                     //保存后退出
:wq  filename           //以 filename 为文件名保存后退出
:q!                     //不保存退出
:x                      //保存后退出，功能和:wq 命令的相同
```

2. 熟练掌握 vim 的基本工作模式

vim 有 3 种基本工作模式：命令模式、输入模式和末行模式。用 vim 打开一个文件后不进行任何操作便处于命令模式下。利用文本插入命令，如 i、a、o 等，可以进入输入模式，按“Esc”键可以从输入模式退回命令模式。在命令模式中按“:”键可以进入末行模式，当执行完命令时或按“Esc”键可以回到命令模式。3 种基本工作模式的转换如图 2-4 所示。

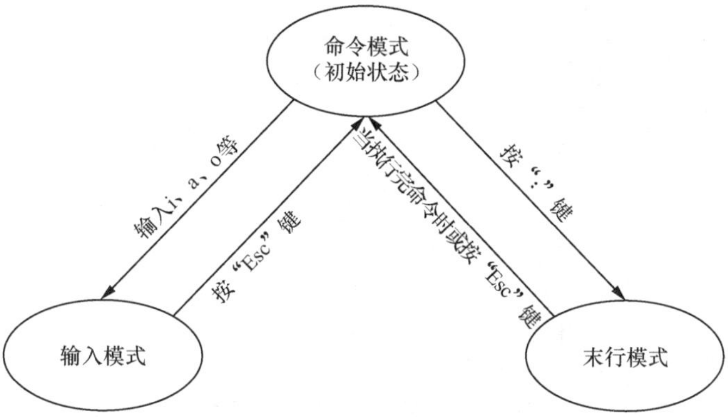

图 2-4　3 种基本工作模式的转换

（1）命令模式

进入 vim 之后，首先进入的就是命令模式。进入命令模式后，vim 等待的是命令输入而不是文本输入。也就是说，这时输入的字母都将作为命令解释。

进入命令模式后，光标停在屏幕第一行行首，用“_”表示，其余各行的行首均有一个“~”，表示该行为空行。最后一行是状态行，显示当前正在编辑的文件的文件名、行数和字符数。如果显示的是[New File]，则表示该文件是一个新建的文件。

如果输入的是“vim [文件名]”命令，且该文件已在系统中存在，则在屏幕上显示该文件的内容，并且光标停在第一行的行首，在状态行显示该文件的文件名、行数和字符数。

（2）输入模式

在命令模式下输入文本插入命令可以进入输入模式，如输入插入命令 i、附加命令 a、打开命令 o、修改命令 c 或替换命令 s 等。在输入模式下，用户输入的任何字符都被 vim 当作文件内容保存起来，并将其显示在屏幕上。在文本输入过程中（输入模式下），若想回到命令模式，则按“Esc”键即可。

（3）末行模式

在命令模式下，用户按“:”键可进入末行模式。此时 vim 会在显示窗口的最后一行（通常也是屏幕的最后一行）显示一个“:”作为末行模式的提示符，等待用户输入命令。多数文件管理命令都是在此模式下执行的。末行命令执行完成后，vim 自动回到命令模式。

若在末行模式下输入命令的过程中改变了主意，则可在按“BackSpace”键将输入的命令全部删除之后，再按“BackSpace”键，使 vim 回到命令模式。

3. 使用 vim

（1）命令模式下的命令说明

命令模式下的“光标移动”“查找与替换”“删除、复制与粘贴”等的说明分别如表 2-3～表 2-5 所示。

表 2-3　命令模式下的“光标移动”的说明

命　令	光标移动
h 或向左方向键（←）	光标向左移动一个字符
j 或向下方向键（↓）	光标向下移动一个字符
l 或向右方向键（→）	光标向右移动一个字符
Ctrl + f	屏幕向下移动一页，相当于“PageDown”键（常用）
Ctrl + b	屏幕向上移动一页，相当于“PageUp”键（常用）
Ctrl + d	屏幕向下移动半页
Ctrl + u	屏幕向上移动半页
+	光标移动到非空格符的下一列
-	光标移动到非空格符的上一列
n<Space>	*n* 表示数字，如 20。输入数字后再按空格键，光标会在同一行向右移动 *n* 个字符。例如，输入 20 并按空格键，光标会在同一行向右移动 20 个字符
0（数字）或功能键“Home”	光标移动到这一行的最前面的字符处（常用）
$ 或功能键“End”	光标移动到这一行的最后面的字符处（常用）
H	光标移动到屏幕最上方那一行的第一个字符处
M	光标移动到屏幕中央那一行的第一个字符处
L	光标移动到屏幕最下方那一行的第一个字符处
G	光标移动到这个文件的最后一行（常用）
*n*G	*n* 为数字。光标移动到这个文件的第 *n* 行。例如，输入 20 并按“G”键，光标会移动到这个文件的第 20 行（可配合:set nu）
gg	光标移动到这个文件的第一行；相当于输入 1，并按“G”键（常用）
n<Enter>	*n* 为数字。光标向下移动 *n* 行（常用）

说明　可以看到，在键盘上，h、j、k、l 是排列在一起的，因此可以使用这 4 个按键来移动光标。如果想要进行多次移动，例如，向下移动 30 行，则可以输入 30，并按“J”键或按“↓”键，即输入想要移动的次数（数字）后，按相应的键。

表 2-4　命令模式下的“查找与替换”的说明

命　令	查找与替换
/word	自光标位置开始向下寻找一个名称为 word 的字符串。例如，要在文件内查找 myweb 字符串，执行/myweb 即可（常用）
?word	自光标位置开始向上寻找一个名称为 word 的字符串
n	n 代表英文按键，代表重复前一个查找动作。例如，如果刚刚执行/myweb 命令向下查找 myweb 字符串，则按“n”键后，会向下继续查找下一个 myweb 字符串。如果执行?myweb 命令，那么按“n”键会向上继续查找 myweb 字符串
N	N 代表英文按键。与 n 刚好相反，它代表反向进行前一个查找动作。例如，执行/myweb 命令后，按“N”键表示向上查找 myweb 字符串
:n1,n2 s/word1/word2/g	n1 与 n2 为数字。该命令表示在第 n1～n2 行寻找 word1 字符串，并将该字符串替换为 word2。例如，在第 100～200 行查找 myweb 字符串并将其替换为 MYWEB，则输入:100,200 s/myweb/ MYWEB/g（常用）
:1,$ s/word1/word2/g	从第一行到最后一行寻找 word1 字符串，并将该字符串替换为 word2（常用）
:1,$ s/word1/word2/gc	从第一行到最后一行寻找 word1 字符串，并将该字符串替换为 word2，且在取代前显示提示字符，让用户确认是否需要替换（常用）

注意：使用/word 命令配合 n 及 N 是非常有帮助的，这可以让你重复找到一些查找的关键词。

表 2-5　命令模式下的“删除、复制与粘贴”的说明

命　令	删除、复制与粘贴
x，X	在一行字符当中，x 为向后删除一个字符（相当于“Del”键），X 为向前删除一个字符（相当于“BackSpace”键）（常用）
*n*x	*n* 为数字，表示连续向后删除 *n* 个字符。例如，要连续向后删除 10 个字符，执行 10x 即可
dd	删除光标所在的那一整列（常用）
*n*dd	*n* 为数字。该命令用于删除从光标所在位置开始的向下 *n* 行。例如，20dd 表示删除从光标所在位置开始的向下 20 行（常用）
d1G	删除从光标所在位置到第一行的所有数据
dG	删除从光标所在位置到最后一行的所有数据
d$	删除从光标所在位置到该行行尾的所有数据
d0	数字 0，删除光标所在行的第一个字符到光标之间的全部字符
yy	复制光标所在行（常用）
*n*yy	*n* 为数字。该命令用于复制光标所在位置向下 *n* 行。例如，20yy 表示复制光标所在位置向下 20 行（常用）
y1G	复制从光标所在行到第一行的所有数据
yG	复制从光标所在行到最后一行的所有数据
y0	复制从光标所在位置的前一个字符到该行行首的所有数据
y$	复制从光标所在位置到该行行尾的所有数据
p，P	p 表示将已复制的数据在光标所在位置的下一行粘贴，P 或者 Shift+P 表示粘贴在光标所在位置的上一行。例如，目前光标在第 20 行，且已经复制了 10 行数据，按“p”键后，这 10 行数据会粘贴在原来的第 20 行数据之后，即从第 21 行开始粘贴。但如果按“P”键，则会在光标所在位置的上一行粘贴，即原本的第 20 行会变成第 30 行（常用）
J	将光标所在行与下一行的数据结合成一行
c	重复删除多个数据。例如，向下删除 10 行，输入 10cj 即可

续表

命　令	删除、复制与粘贴
u	撤销上一个动作（常用）
Ctrl+r	反撤销上一个动作（常用）
.	小数点，表示重复前一个动作。想要重复删除、粘贴等动作，按“.”键即可（常用）

说明 “u”与“Ctrl+r”是很常用的命令！一个表示撤销，另一个表示反撤销。这两个功能命令会为编辑提供很多便利。

这些命令看似复杂，其实使用起来非常简单。例如，在命令模式下使用 5yy 命令进行复制后，再使用以下命令进行粘贴。

```
p               //在光标之后粘贴
Shift+p         //在光标之前粘贴
```

在进行查找和替换时，若不在命令模式下，则可按“Esc”键进入命令模式，输入“/”或“?”进行查找。例如，在一个文件中查找单词 swap，首先按“Esc”键，进入命令模式，然后输入：

```
/swap
```

或

```
?swap
```

若要把光标所在行中的所有单词 the 替换成 THE，则需输入：

```
:s /the/THE/g
```

仅把第 1 行～第 10 行中的 the 替换成 THE，则需输入：

```
:1,10  s /the/THE/g
```

这些编辑命令的使用非常灵活，基本上可以说是由命令与范围构成的。需要注意的是，我们采用计算机的键盘来说明 vim 的操作，但在具体的环境中还要参考相应的资料。

（2）输入模式下的命令说明

输入模式下的命令及其说明如表 2-6 所示。

表 2-6　输入模式下的命令及其说明

命　令	说　明
i	从光标所在位置前开始插入文本
I	将光标移到当前行的行首，然后插入文本
a	用于在光标当前所在位置之后追加新文本
A	将光标移到所在行的行尾，从那里开始插入新文本
o	在光标所在行的下面插入一行，并将光标置于该行行首，等待输入
O	在光标所在行的上面插入一行，并将光标置于该行行首，等待输入
Esc	退出输入模式回到命令模式中（常用）

说明 使用上面这些命令时，在 vim 编辑器界面左下角会出现“--INSERT--”或“--REPLACE--”字样。由名称就可以知道该命令的含义。需要特别注意的是，想要在文件中输入字符，一定要在左下角看到“--INSERT--”或“--REPLACE--”时才能输入。

（3）末行模式下的命令说明

如果当前处于输入模式，则先按“Esc”键进入命令模式，在命令模式下按“:”键进入末行模式。

末行模式下保存文件、退出编辑等命令及其说明如表 2-7 所示。

表 2-7 末行模式下的命令及其说明

命 令	说 明
:w	将编辑的数据写入硬盘文件中（常用）
:w!	若文件属性为只读，则强制将数据写入该文件。但最终能否写入，还与用户对该文件拥有的权限有关
:q	退出 vim（常用）
:q!	若曾修改过文件，又不想存储，则可使用该命令强制退出 vim 而不存储文件。注意，“!”在 vim 中常常具有强制的意思
:wq	存储后退出。若为“:wq!”，则表示强制存储后退出（常用）
ZZ	大写英文字母 Z。若文件没有被更改，则不存储即退出；若文件已经被更改，则存储后退出
:w [filename]	将编辑的数据存储成 filename 文件（类似于另存为新文件）
:r [filename]	在编辑的数据中读入 filename 文件的数据，即将 filename 文件内容加到光标所在行的后面
:n1,n2 w [filename]	将 n1～n2 的内容存储成 filename 文件
:! command	暂时将 vim 退回到命令模式下，显示执行 command 命令的结果。例如，输入“:! ls /home”即可在 vim 中查看/home 下以 ls 命令输出的文件信息
:set nu	显示行号。设定之后，会在每一行的行首显示该行的行号
:set nonu	与:set nu 相反，用于取消显示行号

4. 完成案例练习

（1）本案例练习的要求（在 U22-1 上实现）

① 在/tmp 目录下建立一个名为 mytest 的目录，进入 mytest 目录。

② 将/etc/man_db.conf 复制到 mytest 目录，使用 vim 命令打开 mytest 目录下的 man_db.conf 文件。

③ 在 vim 中设定行号，将光标移动到第 58 行，向右移动 15 个字符，请问你看到的该行前面的 15 个字母的组合是什么？

④ 移动到第 1 行，向下查找“gzip”字符串，请问它在第几行？

⑤ 将第 50～100 行的“man”字符串改为大写“MAN”字符串，并且逐个询问是否需要修改，应该如何操作？如果在筛选过程中一直按“Y”键，则在最后一行出现改变了多少个“man”字符串的说明。请回答一共替换了多少个“man”字符串。

⑥ 修改完之后，如果突然后悔了，要全部复原，有哪些方法？

⑦ 复制第 65～73 行这 9 行的内容，并将其粘贴到最后一行之后。

⑧ 删除第 23～28 行的开头为“#”的批注数据，应该如何操作？

⑨ 将这个文件另存为一个名为 man.test.config 的文件。

⑩ 找到第 27 行，删除该行开头的 8 个字符，结果中出现的第一个单词是什么？在第 1 行新增一行，在该行输入“I am a student...”，然后存储并退出。

（2）参考步骤

① 输入“mkdir /tmp/mytest; cd /tmp/mytest”。

② 输入“cp /etc/man_db.conf .; vim man_db.conf”。

③ 输入“:set nu”，然后会看到界面左侧出现数字，即行号。先按“5+8+G”组合键再按“1+5+→”组合键，会看到“# on privileges.”。

④ 先输入“1G”或“gg”，再输入/gzip，“gzip”字符串应该在第 93 行。

⑤ 直接输入“:50,100 s/man/MAN/gc”即可。若一直按“Y”键，则最终会出现“在 15 行内置换 26 个字符串”的说明。

⑥ 复原的简单方法：可以一直按“U”键恢复到原始状态；也可以使用:q!命令强制不保存文件而直接退出命令模式，再载入该文件。

⑦ 先输入“65G”，然后输入“9yy”，最后一行会出现“复制 9 行”之类的说明字样。按“G”键使光标移动到最后一行，再按“p”键，会在最后一行之后粘贴上述 9 行内容。

⑧ 输入“23G→6dd”就能删除 6 行数据，此时你会发现光标所在的第 23 行变成以 MANPATH_MAP 开头了，以“#”开头的几行批注数据都被删除了。

⑨ 输入“:w man.test.config”，你会发现最后一行出现“man.test.config[New]..”的字样。

⑩ 输入“27G”之后，再输入“8x”即可删除 8 个字符，出现“MAP”字样；输入“1G”，移到第 1 行，然后按“O”键，便新增一行且处于输入模式；开始输入“I am a student...”后，按“Esc”键回到命令模式等待后续工作；最后输入“:wq”。

如果你能顺利完成以上操作，那么使用 vim 应该没有太大的问题了。请一定多练习几遍，熟练应用。

2.4 拓展阅读　中国计算机的主奠基者

在中国计算机发展的历史“长河”中，有一位做出突出贡献的科学家，他也是中国计算机的主奠基者，你知道他是谁吗?

他就是华罗庚教授——中国计算机技术的奠基人和最主要的开拓者之一。华罗庚教授在数学上的造诣和成就深受世界科学家的赞赏。在美国任访问研究员时，华罗庚教授的心里就已经开始勾画我国电子计算机事业的蓝图了!

华罗庚教授于 1950 年回国，1952 年在全国高等学校院系调整时，他从清华大学电机系物色了闵乃大、夏培肃和王传英 3 位科研人员，在他任所长的中国科学院应用数学研究所内建立了我国第一个电子计算机科研小组。1956 年在筹建中国科学院计算技术研究所时，华罗庚教授担任筹备委员会主任。

2.5 项目实训　熟练使用 Linux 基本命令

1. 项目实训目的

- 掌握 Linux 各类命令的使用方法。
- 熟悉 Linux 操作环境。

2．项目背景

现在有一台已经安装了 Linux 操作系统的主机，并且该主机已经配置了基本的传输控制协议/互联网协议（Transmission Control Protocol/Internet Protocol,TCP/IP）参数，能够通过网络连接局域网中或远程的主机。还有一台 Linux 服务器，能够提供 FTP、Telnet 和安全外壳（Secure Shell，SSH）连接。

3．项目要求

练习使用 Linux 基本命令，达到熟练应用的目的。

4．做一做

完成项目实训，检查学习效果。

2.6 练习题

一、填空题

1．在 Linux 操作系统中，命令________大小写。在命令行中，可以使用________键来自动补齐命令。

2．要在一个命令行上输入和执行多条命令，可以使用________来分隔命令。

3．断开一个长命令，可以使用________。它可以将一个较长的命令分成多行表达，增强命令的可读性。使用后，shell 将自动显示提示符________，表示正在输入一个长命令。

4．要使程序以后台方式运行，只需在要执行的命令后添加一个________即可。

二、选择题

1．（　　）命令能用来查找文件 TESTFILE 中包含 4 个字符的行。

A．grep '???? ' TESTFILE　　B．grep '.... ' TESTFILE

C．grep '^????$' TESTFILE　　D．grep '^....$ ' TESTFILE

2．（　　）命令用来显示/home 及其子目录下的文件名。

A．ls -a /home　　B．ls -R /home　　C．ls -l /home　　D．ls -d /home

3．如果忘记了 ls 命令的用法，则可以采用（　　）命令获得帮助。

A．? ls　　B．help ls　　C．man ls　　D．get ls

4．查看系统当中所有进程的命令是（　　）。

A．ps all　　B．ps aix　　C．ps auf　　D．ps aux

5．Linux 中有多个查看文件的命令，如果希望在查看文件内容的过程中通过上下移动光标来查看文件内容，则下列符合要求的命令是（　　）。

A．cat　　B．more　　C．less　　D．head

6．执行（　　）命令可以了解当前目录下还有多大空间。

A．df　　B．du　/　　C．du　.　　D．df　.

7．假如需要找出 /etc/my.conf 文件属于哪个包，可以执行（　　）命令。

A．rpm -q /etc/my.conf　　B．rpm -requires /etc/my.conf

C．rpm -qf /etc/my.conf　　D．rpm -q | grep /etc/my.conf

8．在应用程序启动时，（　　）命令用于设置进程的优先级。

A. priority　　B. nice　　C. top　　D. setpri

9.（　　）命令可以把 f1.txt 复制为 f2.txt。

A. cp f1.txt | f2.txt　　B. cat f1.txt | f2.txt

C. cat f1.txt > f2.txt　　D. copy f1.txt | f2.txt

10. 使用（　　）命令可以查看 Linux 的启动信息。

A. mesg –d　　B. dmesg　　C. cat /etc/mesg　　D. cat /var/mesg

三、简答题

1. More 命令和 less 命令有何区别?
2. Linux 操作系统下对磁盘的命名原则是什么?
3. 在网上下载一个 Linux 的应用软件，介绍其用途和基本使用方法。

2.7 实践习题

练习使用 Linux 基本命令和 vim 编辑器，达到熟练应用的目的。

学习情境二

系统管理与配置

项目 3　管理用户、组与文件目录
项目 4　配置与管理硬盘
项目 5　配置网络和防火墙
项目 6　软件包的安装与管理

故不积跬步，无以至千里；不积小流，无以成江海。
——《荀子·劝学》

项目3 管理用户、组与文件目录

03

项目导入

Linux 是多用户多任务的操作系统。作为该操作系统的网络管理员，掌握用户和组的创建与管理至关重要。项目 3 主要介绍如何利用命令行对用户和组进行创建与管理。

职业能力目标

- 了解用户和组配置文件。
- 熟练掌握 Linux 中用户账户的创建与维护、管理的方法。
- 熟练掌握 Linux 中组的创建与维护、管理的方法。
- 熟悉用户账户管理命令。

素养目标

- 了解中国国家顶级域名（CN），了解中国互联网发展中的大事和大师，激发学生的自豪感。
- “古之立大事者，不惟有超世之才，亦必有坚忍不拔之志”，鞭策学生努力学习。

3.1 项目知识准备

Linux 操作系统允许多个用户同时登录系统，使用系统资源。

3.1.1 认识文件系统

用户在硬件存储设备中执行的文件建立、写入、读取、修改、转存与控制等操作都是依靠文件系统完成的。文件系统的作用是合理规划硬盘，以满足用户正常的使用需求。

1. 文件系统

Linux 操作系统支持数十种文件系统，常见的文件系统如下。

（1）Ext4：Ext3 的改进版本，它支持的存储容量高达 1EB（1EB=1 073 741 824GB），且

有足够多的子目录。另外，Ext4 文件系统能够批量分配块（block），极大提高了读/写效率。

（2）XFS：一种高性能的日志文件系统。它的优势在发生意外宕机后尤其明显，即它可以快速恢复可能被破坏的文件，而且它拥有强大的日志功能，只需花费极低的文件权限和属性的信息就可以做到。它最大可支持的存储容量为 18EB，这几乎满足了用户使用的所有需求。

2. 文件权限和属性的记录

日常在硬盘中需要保存的数据实在太多了，因此 Linux 操作系统中有一个名为 super block 的“硬盘地图”。Linux 并不是把文件内容直接写入这个“硬盘地图”中，而是在“硬盘地图”中记录整个文件系统的信息。这样做是因为如果把所有的文件内容都写入其中，则它的体积将变得非常大，而且文件内容的查询与写入速度会变得很慢。Linux 把每个文件的权限与属性记录在索引节点（inode）中，而且每个文件占用一个独立的索引节点表格。该表格的大小默认为 128B，里面记录着如下信息。

- 该文件的访问权限（read、write、execute）。
- 该文件的所有者与所属组（owner、group）。
- 该文件的大小（size）。
- 该文件的创建或内容修改时间（ctime）。
- 该文件的最后一次访问时间（atime）。
- 该文件的修改时间（mtime）。
- 该文件的特殊权限（SUID、SGID、SBIT）。
- 该文件的真实数据地址（point）。

3. 文件实际内容的记录

文件的实际内容保存在块中（块的大小可以是 1KB、2KB 或 4KB），一个索引节点的默认大小仅为 128B（Ext3），记录一个块则消耗 4B。当文件的索引节点被写满后，Linux 操作系统会自动分配出一个块，专门用于像索引节点那样记录其他块的信息，这样把各个块的内容串到一起，就能够让用户读到完整的文件内容了。对于存储文件内容的块而言，有下面两种常见情况（以 4KB 大小的块为例进行说明）。

- 情况 1：文件很小（如 1KB），但依然会占用一个块，因此会潜在地浪费 3KB。
- 情况 2：文件较大（如 5KB），那么会占用两个块（剩下的 1KB 也要占用一个块）。

计算机系统在发展过程中产生了众多的文件系统。为了使用户在读取或写入文件时不用关心底层的硬盘结构，Linux 内核中的软件层为用户程序提供了一个虚拟文件系统（Virtual File System，VFS）接口，这样用户在操作文件时，实际上是统一对这个 VFS 进行操作。图 3-1 所示为 VFS 的架构。从中可见，实际文件系统在 VFS 下隐藏了自己的特性和细节，这样用户在日常使用时会觉得“文件系统都是一样的”，也就可以随意使用各种命令在任何文件系统中进行各种操作了（如使用 cp 命令来复制文件）。

4. 理解 Linux 文件系统结构

在 Linux 操作系统中，目录、字符设备、块设备、套接字、打印机等都被抽象成了文件：在 Linux 操作系统中，一切都是文件。既然平时和我们“打交道”的都是文件，那么应该如何找到它们呢？在 Windows 操作系统中想要找到一个文件，我们要依次进入该文件所在的磁盘分区（假设这里是 D 盘），然后进入该分区下的具体目录，最终找到这个文件。但是在 Linux 操作系统中并不存在 C、D、

E、F 等盘，Linux 操作系统中的一切文件都是从根目录（/）开始的，并按照文件系统层次化标准（Filesystem Hierarchy Standard，FHS）采用树形结构来存放文件，以及定义常见目录的用途。另外，Linux 操作系统中的文件名和目录名是严格区分大小写的。例如，root、rOOt、Root、rooT 均代表不同的目录，并且文件名中不得包含“/”。Linux 操作系统中的文件存储结构如图 3-2 所示。

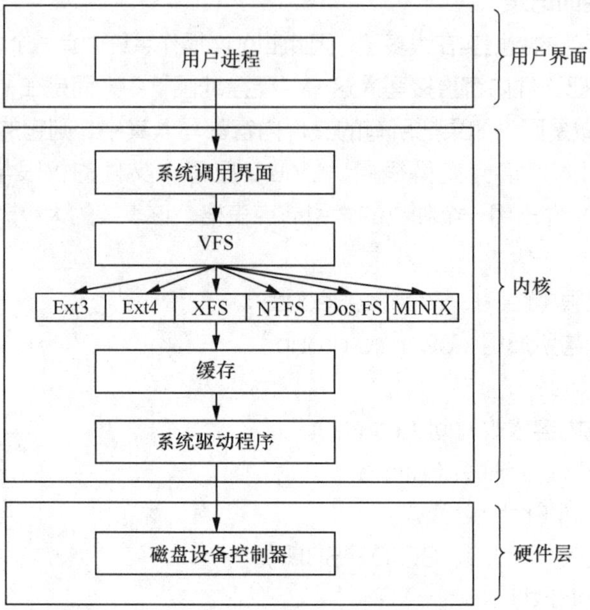

图 3-1　VFS 的架构

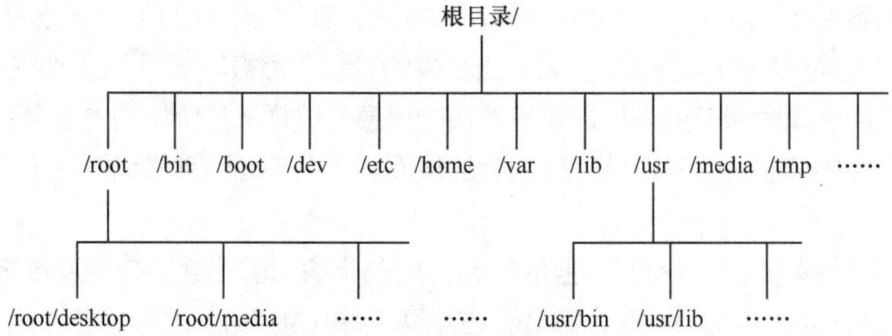

图 3-2　Linux 操作系统中的文件存储结构

Linux 操作系统中常见的目录名及相应的存放内容如表 3-1 所示。

表 3-1　Linux 操作系统中常见的目录名及相应的存放内容

目 录 名	存放内容
/	Linux 文件的最上层根目录
/boot	开机所需文件——内核、开机菜单以及所需配置文件等
/dev	以文件形式存放任何设备与接口
/etc	配置文件
/home	用户家目录

续表

目　录　名	存放内容
/bin	bin 是 Binary 的简写，存放用户的可执行程序，如 ls、cp 等，也包含其他 shell，如 bash 和 cs 等
/lib	开机时用到的函数库，以及/bin 与/sbin 下面的命令要调用的函数
/sbin	开机过程中需要的命令
/media	用于挂载设备文件的目录
/opt	放置第三方的软件
/root	系统管理员的家目录
/srv	一些网络服务的数据文件目录
/tmp	任何人均可使用的“共享”临时目录
/proc	VFS
/usr/local	用户自行安装的软件
/usr/sbin	Linux 操作系统开机时不会使用到的软件/命令/脚本
/usr/share	帮助与说明文件，也可放置共享文件
/var	主要存放经常变化的文件，如日志
/lost+found	当文件系统发生错误时，将一些丢失的文件片段存放在这里

5. 理解绝对路径与相对路径

（1）了解绝对路径与相对路径的概念

- 绝对路径：由根目录（/）开始写起的文件名或目录名，如/home/dmtsai/basher。
- 相对路径：相对于当前用户所处的路径的文件名写法，如./home/dmtsai 或../../home/dmtsai/等。

技巧　开头不是“/”的文件名使用的就是相对路径的写法。

（2）相对路径实例

相对路径是以当前用户所在路径的相对位置来表示的。例如，目前在/home 目录下，要想进入/var/log 目录，可以使用以下两种方法。

- cd　/var/log：绝对路径。
- cd　../var/log：相对路径。

（3）“.”和“..”特殊目录

因为目前在/home 下，所以要回到上一层（../），才能进入/var/log 目录。特别注意两个特殊的目录。

- .：代表当前的目录，也可以用./来表示。
- ..：代表上一层目录，也可以用../来表示。

此处的.和..是很重要的，例如，常常看到的 cd ..或./command 之类的命令表达方式就是代表上一层目录与目前所在目录的工作状态。

3.1.2 Ubuntu 管理员与 Linux 的 root 用户权限

读者在实验环境中很少遇到安全问题，为了避免因权限因素导致配置服务失败，建议使用 root 账户来完成本书练习，但是在生产环境中还是要特别注意安全问题，不要用 root 账户去做所有事情。因为一旦执行了错误的命令，可能会直接导致系统崩溃。尽管 Linux 操作系统考虑到了安全性，使得许多系统命令和服务只能由 root 用户使用，但是这也让普通用户受到了更多的权限束缚，从而无法顺利完成特定的工作任务。

1. Ubuntu 管理员

Ubuntu（包括其父版本 Debian）默认禁止用户使用 root 账户，在安装过程中不提供 root 账户设置，而只设置一个普通用户，并且让系统安装时创建的第一个用户自动成为 Ubuntu 管理员，这是 Ubuntu 的一大特色。

Ubuntu 将普通用户进一步分为两种类型：标准用户和管理员。Ubuntu 管理员是指具有管理权限的普通用户，管理员有权删除用户、安装软件和驱动程序、修改日期和时间，或者进行一些可能导致计算机不稳定的操作。标准用户不能进行这些操作，只能修改自己的个人设置。

Ubuntu 管理员主要执行系统配置管理任务，但不能等同于 Windows 系统管理员，因为其权限比普通用户高，但比 root 用户低很多。在工作中，当需要获得 root 用户权限时，管理员可以通过 sudo 命令获得 root 用户的所有权限。

2. Linux 的 root 用户权限

Linux 发行版安装完毕都会要求设置两个用户账户的密码，这两个用户账户一个是 root 账户，另一个是用于登录系统的普通账户，并且允许 root 账户直接登录系统，这样 root 账户的任何误操作都有可能带来灾难性的后果。

然而，许多系统配置和管理操作都需要 root 用户权限，如安装软件、添加或删除用户和组、添加或删除硬件和设备、启动或禁止网络服务、执行某些系统调用、关闭和重启系统等，为此 Linux 提供了特殊机制，让普通用户可以临时获得 root 用户权限。

（1）用户执行 su 命令（不带任何选项和参数）将自己的权限提升为 root 用户权限（需要提供 root 账户的密码）。

```
yangyun@U22-1:~# passwd root            //刚安装好的 Linux 系统，没有给 root 账户设置密码
[sudo] yangyun 的密码：
新的密码：
无效的密码：密码未通过字典检查 - ????????????/?????????
重新输入新的密码：                        //密码过于简单，需要重新输入
passwd：已成功更新密码
yangyun@U22-1:~$ su - root
密码：
root@U22-1:/home/yangyun#               //此时已经切换到 root 账户
root@U22-1:/home/yangyun# su yangyun    //又切换回 yangyun 账户
yangyun@U22-1:~$
```

细心的读者一定会发现，第一条 su 命令与用户名之间有一个“-”。这意味着完全切换到新的用户，即把环境变量信息也变更为新用户的相应信息，而没有保留原始的信息。强烈建议在切换用户身份时添加“-”。

另外，从 root 用户账户切换到普通用户账户是不需要密码验证的，而从普通用户账户切换到 root 用户账户就需要进行密码验证了，这也是一个必要的安全检查。

（2）使用命令行工具 sudo 临时以 root 身份运行程序，运行完毕自动返回到普通用户状态。

```
yangyun@U22-1:~$ useradd demo          //使用普通用户身份运行程序时会报错
useradd: Permission denied.
useradd: 无法锁定 /etc/passwd，请稍后再试。
yangyun@U22-1:~# sudo useradd demo     //使用 sudo 临时以 root 用户身份运行程序
[sudo] yangyun 的密码:
yangyun@U22-1:~$                       //运行完毕自动返回到普通用户状态
```

为了避免因权限因素导致文件操作失败，此项目实例应使用 root 账户来进行操作。

3.1.3 理解用户账户和组

用户账户是用户的身份标识。用户通过用户账户可以登录系统，并访问已经被授权的资源。系统依据用户账户来区分属于每个用户的文件、进程、任务，并给每个用户提供特定的工作环境（如用户的工作目录、shell 版本，以及图形化的环境配置等），使每个用户都能不受干扰地独立工作。

Linux 操作系统下的用户账户分为两种：普通用户账户和超级用户账户（root 用户账户）。普通用户账户在系统中只能进行普通工作，只能访问他们拥有的或者有权限执行的文件。超级用户账户也叫管理员账户，超级用户的任务是对普通用户和整个系统进行管理。超级用户账户对系统具有绝对的控制权，能够对系统进行一切操作，如操作不当很容易造成系统损坏。

因此即使系统只有一个用户使用，也应该在超级用户账户之外再建立一个普通用户账户，用户在进行普通工作时应以普通用户账户登录系统。

在 Linux 操作系统中，为了方便管理员的管理和用户的工作，产生了组的概念。组是具有相同特性的用户的逻辑集合，使用组有利于系统管理员按照用户的特性组织和管理用户，提高工作效率。在进行资源授权时把某种权限赋予某个组，组中的成员即可自动获得这种权限。一个用户账户可以同时是多个组的成员，其中某个组是该用户的主组（私有组），其他组为该用户的附属组（标准组）。表 3-2 所示为用户和组的基本概念。

表 3-2 用户和组的基本概念

基本概念	描 述
用户名	用于标识用户的名称，可以是字母、数字组成的字符串，区分大小写
密码	用于验证用户身份的特殊验证码
用户标识（User ID，UID）	用于表示用户的数字标识符
用户主目录	用户的私人目录，也是用户成功登录系统后默认所处的目录
登录 shell	用户登录后默认使用的 shell 程序，默认为/bin/bash
组	具有相同属性的用户属于同一个组
组标识（Group ID，GID）	用于表示组的数字标识符

root 用户的 UID 为 0；系统用户的 UID 范围为 1～999；普通用户的 UID 可以在创建时由管理员指定，如果不指定，则普通用户的 UID 默认从 1000 开始按顺序编号。在 Linux 操作系统中，

创建用户账户的同时也会创建一个与用户同名的组，该组是用户的主组。普通组的 GID 默认也从 1000 开始按顺序编号。

3.1.4　理解用户账户文件和组文件

1. 理解用户账户文件

用户账户信息和组信息分别存储在用户账户文件和组文件中。

（1）/etc/passwd 文件

准备工作：新建用户 bobby、user1、user2，将 user1 和 user2 加入 bobby 组（后文有详细解释）。

```
root@U22-1:~# useradd bobby
root@U22-1:~# useradd user1
root@U22-1:~# useradd user2
root@U22-1:~# usermod -G bobby user1
root@U22-1:~# usermod -G bobby user2
```

在 Linux 操作系统中，创建的用户账户及其相关信息（密码除外）均放在/etc/passwd 配置文件中。用 vim 编辑器（或者使用 **cat /etc/passwd**）打开 passwd 文件，其内容如下。

```
yangyun:x:1000:1000:yangyun,,,:/home/yangyun:/bin/bash
bobby:x:1001:1001::/home/bobby:/bin/sh
user1:x:1002:1002::/home/user1:/bin/sh
user2:x:1003:1003::/home/user2:/bin/sh
```

文件中的每一行代表一个用户账户的资料，可以看到第一个用户是 yangyun，然后是一些标准账户，此类账户的 shell 为/bin/sh，最后一行是由系统管理员创建的普通账户 user2。

passwd 文件的每一行用“:”分隔为 7 个字段，各个字段的内容如下。

```
用户名:加密口令:UID:GID:用户的描述信息:用户主目录:命令解释器（登录 shell）
```

passwd 文件字段说明如表 3-3 所示，其中少数字段的内容是可以为空的，但仍需使用“:”进行占位来表示该字段。

表 3-3　passwd 文件字段说明

字　段	说　明
用户名	用户账户名称，用户登录时使用的用户名
加密口令	用户口令，考虑系统的安全性，现在已经不使用该字段保存口令，而用字母“x”来填充该字段，真正的密码保存在 shadow 文件中
UID	用户标识，唯一表示某用户的数字标识符
GID	用户所属的组标识，对应 group 文件中的 GID
用户的描述信息	可选的关于用户名、用户电话号码等描述性信息
用户主目录	用户的宿主目录，用户成功登录系统后默认所处的目录
命令解释器	用户使用的 shell，默认为/bin/bash

（2）/etc/shadow 文件

由于所有用户对/etc/passwd 文件均有读取权限，所以为了增强系统的安全性，用户经过加密的口令都存放在/etc/shadow 文件中。/etc/shadow 文件只对 root 用户可读，因而大大提高了系统的安全性。/etc/shadow 文件的内容形式如下（使用 sudo **cat /etc/shadow** 命令可查看整个文件）。

```
    yangyun:$y$j9T$Dj/HLlQ28sNHbFSpPR6OC0$8NV4BuWf0jWwoQUe/2bLfLGX.1j64EdpIPufcG82rTA
:19330:0:99999:7:::
    bobby:!:19365:0:99999:7:::
    user1:!:19365:0:99999:7:::
    user2:!:19365:0:99999:7:::
```

/etc/shadow 文件保存投影加密之后的口令，以及与口令相关的一系列信息，每个用户的信息在/etc/shadow 文件中占一行，并且用“:”分隔为 9 个字段，各字段的说明如表 3-4 所示。

表 3-4　/etc/shadow 文件中各字段的说明

字　段	说　明
1	用户登录名
2	加密后的用户口令，“*”表示非登录用户，“！！”表示没有设置密码
3	自 1970 年 1 月 1 日起，到用户最近一次口令被修改的天数
4	自 1970 年 1 月 1 日起，到用户可以更改密码的天数，即口令的最短存活期
5	自 1970 年 1 月 1 日起，到用户必须更改密码的天数，即口令的最长存活期
6	口令过期前几天提醒用户更改口令
7	口令过期后几天账户被禁用
8	口令被禁用的具体日期（相对日期，从 1970 年 1 月 1 日至禁用时的天数）
9	保留字段，用于功能扩展

（3）/etc/login.defs 文件

建立用户账户时，会根据/etc/login.defs 文件的配置设置用户账户的某些选项。该配置文件的有效设置内容及中文注释如下。

```
    MAIL_DIR        /var/spool/mail          //用户邮箱目录
    MAIL_FILE      .mail
    PASS_MAX_DAYS   99999                    //账户密码最长有效天数
    PASS_MIN_DAYS   0                        //账户密码最短有效天数
    PASS_MIN_LEN    5                        //账户密码的最小长度
    PASS_WARN_AGE   7                        //账户密码过期前提前警告的天数
    UID_MIN                  1000           //用 useradd 命令创建账户时自动产生的最小 UID
    UID_MAX                 60000           //用 useradd 命令创建账户时自动产生的最大 UID
    GID_MIN                  1000           //用 groupadd 命令创建组时自动产生的最小 GID
    GID_MAX                 60000           //用 groupadd 命令创建组时自动产生的最大 GID
    USERDEL_CMD     /usr/sbin/userdel_local
    //如果定义，则在删除用户时执行，以删除相应用户的计划作业和输出作业等
    CREATE_HOME     yes                     //创建用户账户时为用户创建主目录
```

2．理解组文件

组账户的信息存放在/etc/group 文件中，而关于组管理的信息（组的加密口令、组管理员等）则存放在/etc/gshadow 文件中。

（1）/etc/group 文件

/etc/group 文件位于/etc 目录下，用于存放用户的组账户信息。对于该文件的内容，任何用户都可以读取。每个组账户在 group 文件中占一行，并且用“:”分隔为 4 个字段。每一行各字段的内容如下（使用 cat /etc/group 命令可以查看整个文件内容）。

```
组名:组口令（一般为空，用 x 占位）:GID:组成员列表
```

/etc/group 文件的内容形式如下。

```
yangyun:x:1000:
sambashare:x:135:yangyun
bobby:x:1001:user1,user2
user1:x:1002:
user2:x:1003:
```

可以看出，yangyun 的 GID 为 1000，没有其他组成员。/etc/group 文件的组成员列表中如果有多个用户账户属于同一个组，则各成员之间以“,”分隔。在/etc/group 文件中，用户的主组并不会把该用户作为成员列出，只有用户的附属组才会把该用户作为成员列出。例如，用户 bobby 的主组是 bobby，但/etc/group 文件中组 bobby 的成员列表中并没有用户 bobby，只有用户 user1 和 user2。

（2）/etc/gshadow 文件

/etc/gshadow 文件用于存放组的加密口令、组管理员等信息，该文件的内容只有 root 用户可以读取。每个组账户在/etc/gshadow 文件中占一行，并以“:”分隔为 4 个字段。每一行中各字段的内容如下（使用 cat/etc/gshadow 命令可以查看整个文件内容）。

```
组名:组的加密口令（没有就用! 占位）:组管理员:组成员列表
```

/etc/gshadow 文件的内容形式如下。

```
yangyun:!::
sambashare:!::yangyun
bobby:!::user1,user2
user1:!::
user2:!::
```

3.2 项目设计与准备

虚拟机安装完成后，需要对用户账户和组、文件权限等内容进行管理。

在进行本项目的教学与实验前，需要做好如下准备。

（1）已经安装好的 Ubuntu 22.04。

（2）VMware 16 以上虚拟机软件。

（3）设计教学或实验用的用户及权限列表。

本项目的所有实例都在虚拟机 U22-1 上完成。

3-1

管理用户组群与文件目录权限

3.3 项目实施

用户账户管理包括新建用户、设置用户账户口令和维护用户账户等内容。

任务 3-1 管理用户

1. 新建用户

在系统新建用户可以使用 useradd 或者 adduser 命令。useradd 命令的格式为:

```
useradd  [选项]  <username>
```

useradd 命令有很多选项，如表 3-5 所示。

表 3-5 useradd 命令的常用选项及其作用

选 项	作 用
-c	用户的注释性信息
-d	指定用户的主目录
-e	禁用账户的日期，格式为 YYYY-MM-DD
-f	设置账户过期多少天后用户账户被禁用。如果为 0，则账户过期后将立即被禁用；如果为-1，则账户过期后将不被禁用，即永不过期
-g	用户所属主组的组名或者 GID
-G	用户所属的附属组列表，多个组之间用“,”分隔
-m	若用户主目录不存在，则创建它
-M	不创建用户主目录
-n	不创建用户主组
-p	加密的口令
-r	创建 UID 小于 1000 的不带主目录的系统账号
-s	指定用户的登录 shell，默认为/bin/bash
-u	指定用户的 UID，它必须是唯一的，且大于 999

【例 3-1】新建用户 user3，其 UID 为 1010，指定其所属的主组为 group1（group1 的标识符为 1010），用户主目录为/home/user3，用户的登录 shell 为/bin/bash，用户的密码为 12345678，账户永不过期。

```
root@U22-1:~# groupadd -g 1010  group1     //新建组 group1，其 GID 为 1010
root@U22-1:~# useradd -u 1010 -g 1010  -d /home/user3 -s /bin/bash -p 12345678 -f -1
user3
root@U22-1:~# tail -1 /etc/passwd
user3:x:1010:1010::/home/user3:/bin/bash
root@U22-1:~# grep user3 /etc/shadow       //grep 用于查找符合条件的字符串
user3:12345678:18495:0:99999:7:::          //这种方式下生成的密码是明文，即 12345678
```

如果新建的用户已经存在，那么在执行 useradd 命令时，系统会提示该用户已经存在。

```
root@U22-1:~# useradd user3
useradd: 用户“user3”已存在
```

2. 设置用户账户口令

（1）passwd 命令

设置用户账户口令的命令是 passwd。root 用户可以为自己和其他用户设置口令，而普通用户只能为自己设置口令。passwd 命令的格式为:

```
passwd [选项] [username]
```

passwd 命令的常用选项及其作用如表 3-6 所示。

表 3-6 passwd 命令的常用选项及其作用

选项	作用
-l	锁定（停用）用户账户
-u	口令解锁
-d	将用户口令设置为空。这与未设置口令的账户不同：未设置口令的账户无法登录系统，而口令为空的账户可以
-f	强制要求用户下次登录时修改口令
-n	指定口令的最短存活期
-x	指定口令的最长存活期
-w	指定口令到期前提醒用户修改口令的天数
-i	指定口令过期后多少天停用账户
-S	显示账户口令的简短状态信息

【例 3-2】假设当前用户为 root，则下面的两条命令分别用于实现 root 用户修改自己的口令和 root 用户修改 user1 用户的口令。

```
root@U22-1:~# passwd           //root 用户修改自己的口令，直接输入 passwd 命令
root@U22-1:~# passwd user1     //root 用户修改 user1 用户的口令
```

需要注意的是，普通用户修改口令时，passwd 命令会首先询问原来的口令，只有验证通过才可以修改。而 root 用户为用户指定口令时，不需要知道原来的口令。为了系统安全，用户应使用由字母、数字和特殊符号组成的复杂口令，且口令长度应至少为 8 个字符。

如果密码复杂度不够，则系统会提示“无效的密码：密码未通过字典检查-它基于字典单词”。这时有两种处理方法：一种方法是再次输入刚才输入的简单密码，系统也会接收；另一种方法是更改为符合要求的密码，例如，使用 P@ssw02d 这种包含大小写字母、数字、特殊符号等字符的 8 位字符组合。

（2）chage 命令

chage 命令用于更改用户密码过期信息。chage 命令的常用选项及其作用如表 3-7 所示。

表 3-7 chage 命令的常用选项及其作用

选项	作用
-l	列出账户口令属性的各个数值
-m	指定口令的最短存活期
-M	指定口令的最长存活期
-W	指定口令到期前提醒用户修改口令的天数
-i	指定口令过期后多少天停用账户
-E	指定用户账户到期作废的日期
-d	设置口令上一次修改的日期

【例 3-3】设置 user1 用户的口令的最短存活期为 6 天，最长存活期为 60 天，口令到期前 5 天提醒用户修改口令。设置完成后查看各属性值。

```
root@U22-1:~# chage -m 6 -M 60 -W 5 user1
root@U22-1:~# chage -l user1
最近一次密码修改时间                    :  1月 08, 2023
密码过期时间                            :  3月 09, 2023
密码失效时间                            :  从不
账户过期时间                            :  从不
两次改变密码之间相距的最小天数          : 6
两次改变密码之间相距的最大天数          : 60
在密码过期之前警告的天数                : 5
```

3. 维护用户账户

（1）修改用户账户

usermod 命令用于修改用户账户的属性。该命令的格式为：

```
usermod [选项] 用户名
```

前文曾反复强调，Linux 操作系统中的一切都是文件，因此在系统中创建用户的过程也就是修改配置文件的过程。用户的信息保存在/etc/passwd 文件中，可以直接用 vim 编辑器来修改其中的用户参数项目，也可以用 usermod 命令修改已经创建的用户信息，诸如用户的 UID、基本/扩展用户组、默认终端等。usermod 命令的常用选项及其作用如表 3-8 所示。

表 3-8　usermod 命令的常用选项及其作用

选　项	作　用
-c	填写用户账户的备注信息
-d -m	选项-m 与选项-d 连用，可重新指定用户的家目录，并自动把旧的数据转移过去
-e	账户的到期时间，格式为 YYYY-MM-DD
-g	变更所属用户组
-G	变更扩展用户组
-L	锁定用户，禁止其登录系统
-U	解锁用户，允许其登录系统
-s	变更默认终端
-u	修改用户的 UID

大家不要被这么多选项难倒。我们先来看用户 user1 的默认信息。

```
root@U22-1:~# id user1
uid=1002(user1) gid=1002(user1) 组=1002(user1),1001(bobby)
```

将用户 user1 加入 root 用户组，这样扩展组列表中会出现 root 用户组的字样，而基本组不会受到影响。

```
root@U22-1:~# usermod -G root user1
root@U22-1:~# id user1
uid=1002(user1) gid=1002(user1) 组=1002(user1),0(root)
```

再来试试用-u 选项修改用户 user1 的 UID。除此之外，还可以用-g 选项变更所属用户组 ID，用-G 选项变更扩展用户组 ID。

```
root@U22-1:~# usermod -u 8888 user1
```

```
root@U22-1:~# id user1
uid=8888(user1) gid=1002(user1) 组=1002(user1),0(root)
```

修改用户 user1 的主目录为/var/user1，把启动 shell 修改为/bin/tcsh，修改完成后恢复到初始状态。可以通过如下操作进行修改。

```
root@U22-1:~# usermod -d /var/user1 -s /bin/tcsh user1
root@U22-1:~# tail -3 /etc/passwd
user1:x:8888:1002::/var/user1:/bin/tcsh
user2:x:1003:1003::/home/user2:/bin/bash
user3:x:1010:1010::/home/user3:/bin/bash
root@U22-1:~# usermod -d /var/user1 -s /bin/bash user1
```

（2）禁用和恢复用户账户

我们有时需要临时禁用一个用户账户而不删除它。禁用用户账户可以用 passwd 或 usermod 命令实现，也可以直接修改/etc/passwd 或/etc/shadow 文件实现。

例如，暂时禁用和恢复 user1 账户可以使用以下 3 种方法实现。

① 使用 passwd 命令（被禁用用户的密码必须是使用 passwd 命令生成的）。

使用 passwd 命令锁定 user1 账户，利用 grep 命令查看锁定后的情况，可以看到被锁定的账户密码字段前面会加上“!”。

```
root@U22-1:~# passwd user1                    //修改 user1 密码
新的 密码:
无效的密码： 密码少于 8 个字符
重新输入新的 密码:
passwd：已成功更新密码
root@U22-1:~# grep user1 /etc/shadow        //查看用户 user1 的口令文件
user1:$y$j9T$kg13ykEiXhR8pkgMBZH16.$byfP6lYYIKEA.dJn4TJwgUU7n0IJFxWnve3m2G9Lan2:
19365:6:60:5:::
root@U22-1:~# passwd -l user1                //锁定用户 user1
passwd：密码过期信息已更改。
root@U22-1:~# grep user1 /etc/shadow        //查看锁定用户的口令文件，注意“!”
user1:!$y$j9T$kg13ykEiXhR8pkgMBZH16.$byfP6lYYIKEA.dJn4TJwgUU7n0IJFxWnve3m2G9Lan2:
19365:6:60:5:::
root@U22-1:~# passwd -u user1                //解除 user1 账户锁定，重新启用 user1 账户
```

② 使用 usermod 命令。

使用 usermod 命令锁定 user1 账户，利用 grep 命令查看锁定后的情况，可以看到被锁定的账户密码字段前面会加上“!”。

```
root@U22-1:~# grep user1 /etc/shadow        //user1 账户锁定前的口令显示
user1:$y$j9T$kg13ykEiXhR8pkgMBZH16.$byfP6lYYIKEA.dJn4TJwgUU7n0IJFxWnve3m2G9Lan2:
19365:6:60:5:::
root@U22-1:~# usermod -L user1              //锁定 user1 账户
root@U22-1:~# grep user1 /etc/shadow        //user1 账户锁定后的口令显示
user1:!$6$OgsexIrQ01J5Gjkh$MIIyxgtA1nutGfbwXid6tVD8HlDBkjagaOqu7bEjQee/QAhpLPKq5v
8OMTI0xRkY3KMhzDJvvndOkaj2R3nn//:18495:6:60:5:::
root@U22-1:~# usermod -U user1              //解除 user1 账户的锁定
```

③ 直接修改用户账户配置文件。

可将/etc/passwd 文件或/etc/shadow 文件中关于 user1 账户的 passwd 字段的第一个字符前面加上一个“*”，达到锁定账户的目的，在需要恢复时只需删除“*”即可。

如果只是禁止用户账户登录系统，则可以将其启动 shell 设置为/bin/false 或者/dev/null。

4. 删除用户账户

要删除一个账户，可以直接删除/etc/passwd 和/etc/shadow 文件中要删除的用户对应的行，或者使用 userdel 命令。userdel 命令的格式为：

```
userdel  [-r]  用户名
```

如果不加-r 选项，则 userdel 命令会在系统中所有与账户有关的文件中（如/etc/passwd、/etc/shadow、/etc/group）将用户的信息全部删除。

如果加上-r 选项，则在删除用户账户的同时，将用户主目录及其下的所有文件和目录全部删除。另外，如果用户使用 E-mail，则同时也将/var/spool/mail 目录下的用户文件删掉。

任务 3-2 管理组

管理组包括创建和删除组、为组添加用户等内容。

1. 创建和删除组

创建组和删除组的命令与创建和维护用户账户的命令相似。创建组可以使用命令 groupadd 或者 addgroup。

例如，创建一个新的组，组的名称为 testgroup，可以使用以下命令。

```
root@U22-1:~# groupadd  testgroup
```

删除一个组可以使用 groupdel 命令，例如，删除刚创建的 testgroup 组可以使用以下命令。

```
root@U22-1:~# groupdel testgroup
```

需要注意的是，如果要删除的组是某个用户的主组，则该组不能被删除。

修改组的命令是 groupmod，该命令的格式为：

```
groupmod  [选项]  组名
```

groupmod 命令的常用选项及其作用如表 3-9 所示。

表 3-9 groupmod 命令的常用选项及其作用

选项	作用
-g gid	把组的 GID 改为 gid
-n group-name	把组名改为 group-name
-o	强制接收更改的组的 GID 为重复的号码

2. 为组添加用户

当一个组中必须包含多个用户时，需要使用附属组。在附属组中增加、删除用户都可以使用 gpasswd 命令。gpasswd 命令的格式为：

```
gpasswd [选项] [用户] [组]
```

只有 root 用户和组管理员才能够使用 gpasswd 命令，gpasswd 命令的常用选项及其作用如表 3-10 所示。

例如，要把 user1 用户加入 testgroup 组，并指派 user1 为管理员，可以执行下列命令。

```
root@U22-1:~# groupadd  testgroup
root@U22-1:~# gpasswd -a user1 testgroup
root@U22-1:~# gpasswd -A user1 testgroup
```

表 3-10　gpasswd 命令的常用选项及其作用

选　项	作　用
-a	把用户加入组
-d	把用户从组中删除
-r	取消组的密码
-A	给组指派管理员

任务 3-3　使用常用的账户管理命令

使用账户管理命令可以在非图形化操作中对账户进行有效的管理。

1. vipw 命令

vipw 命令用于直接对用户账户文件/etc/passwd 进行编辑，使用的默认编辑器是 vi。在使用 vipw 命令对/etc/passwd 文件进行编辑时将自动锁定该文件，编辑结束后对该文件进行解锁，保证了文件内容、文件的属性信息的一致性。vipw 命令在功能上等同于“vi /etc/passwd”命令，但是使用它比直接使用 vi 命令安全。vipw 命令的格式为：

```
root@U22-1:~# vipw
```

2. vigr 命令

vigr 命令用于直接对组文件/etc/group 进行编辑。在使用 vigr 命令对/etc/group 文件进行编辑时将自动锁定该文件，编辑结束后对该文件进行解锁，保证了文件的一致性。vigr 命令在功能上等同于“vi /etc/group”命令，但是使用它比直接使用 vi 命令安全。vigr 命令的格式为：

```
root@U22-1:~# vigr
```

3. pwck 命令

pwck 命令用于验证用户账户文件认证信息的完整性。该命令可检测/etc/passwd 文件和/etc/shadow 文件每行中字段的格式和值是否正确。该命令的格式为：

```
root@U22-1:~# pwck
```

4. grpck 命令

grpck 命令用于验证组文件认证信息的完整性。该命令可检测/etc/group 文件和/etc/gshadow 文件每行中字段的格式和值是否正确。该命令的格式为：

```
root@U22-1:~# grpck
```

5. id 命令

id 命令用于显示一个用户的 UID 和 GID，以及用户所属的组列表。在命令行中输入“id”并直接按“Enter”键将显示当前用户的 ID 信息。该命令的格式为：

```
id  [选项] 用户名
```

例如，显示 user1 用户的 UID、GID 信息的实例如下。

```
root@U22-1:~# id  user1
uid=8888(user1) gid=1002(user1) 组=1002(user1),1011(testgroup),0(root)
```

6. whoami 命令

whoami 命令用于显示当前用户的名称。whoami 命令的作用与“id -un”命令的作用相同。

```
root@U22-1:~# su user1
user1@U22-1:/home$ whoami
```

```
user1
root@U22-1:~# exit
```

7. newgrp 命令

newgrp 命令用于转换用户的当前组到指定的主组。对于没有设置组口令的组账户而言，只有组的成员才可以使用 newgrp 命令改变主组身份到该组。如果该组设置了口令，则其他组的用户只要拥有组口令就可以将主组身份改变到该组。应用实例如下。

```
root@U22-1:~# id                    //显示当前用户的 GID
用户 id=0(root) 组 id=0(root) 组=0(root)
root@U22-1:~# newgrp group1         //改变用户的主组
root@U22-1:~# id
用户 id=0(root) 组 id=1010(group1) 组=1010(group1),0(root)
root@U22-1:~# newgrp                //newgrp 命令不指定组时，将用户的当前组转换为用户的主组
root@U22-1:~# id
用户 id=0(root) 组 id=0(root) 组=0(root),1010(group1)
```

使用 groups 命令可以列出指定用户的组。应用实例如下。

```
root@U22-1:~# whoami
root
root@U22-1:~# groups
root group1
```

任务 3-4　管理 Linux 文件权限

管理 Linux 文件权限是网络运维人员的基本任务之一。

1. 理解文件和文件权限

文件是操作系统用来存储信息的基本结构，是一组信息的集合。文件可通过文件名来唯一地标识。Linux 中的文件名最长可允许设置 255 个字符，这些字符可用 A～Z、0～9、.、_、-等符号来表示。与其他操作系统相比，Linux 最大的不同就是没有“扩展名”的概念，也就是说，文件的名称和该文件的种类并没有直接的关联。例如，sample.txt 可能是一个可执行文件，而 sample.exe 也有可能是一个文本文件；文件命名时甚至可以不使用扩展名。另一个特性是 Linux 文件名区分大小写。例如，sample.txt、Sample.txt、SAMPLE.txt、samplE.txt 在 Linux 操作系统中代表不同的文件，但在 DOS 和 Windows 操作系统中却是指同一个文件。在 Linux 操作系统中，如果文件名以“.”开始，则表示该文件为隐藏文件，需要使用 ls -a 命令才能显示。

Linux 中的每一个文件或目录都包含访问权限，访问权限决定了谁能访问，以及如何访问文件和目录。可以通过以下 3 种方式限制访问权限。

- 只允许用户自己访问。
- 允许一个预先指定的用户组中的用户访问。
- 允许系统中的任何用户访问。

同时，用户能够控制对一个给定的文件或目录的访问程度。一个文件或目录可能有读、写及执行权限。创建一个文件时，系统会自动赋予文件所有者读和写权限，这样可以允许所有者查看文件内容和修改文件。文件所有者可以将这些权限改变为任何想指定的权限。一个文件可能只有读权限，禁止任何修改。一个文件也可能只有执行权限，被允许像一个程序一样执行。

根据赋予权限的不同，3 种不同的用户（所有者、与所有者同组的用户和其他用户）能够访问

不同的目录或者文件。所有者是创建文件的用户，文件的所有者能够授予与他同组的用户，以及系统中除文件所有者所属组之外的其他用户文件访问权限。

每一个用户针对系统中的所有文件都有自身的读、写和执行权限。第 1 套权限控制访问自己的文件权限，即所有者权限。第 2 套权限控制与所有者同组的用户访问其中一个用户文件的权限。第 3 套权限控制其他所有用户访问一个用户文件的权限。这 3 套权限赋予用户（所有者、与所有者同组的用户和其他用户）不同类型的读、写及执行权限，构成了一个有 9 个字符的权限组。

我们可以用 ls -l 或者 ll 命令显示文件的详细信息，其中包括权限，如下所示。

```
root@U22-1:~# ll
总用量 36
drwx------   5 root root 4096  1月   8 16:31 ./
drwxr-xr-x 20 root root 4096 12月   4 18:28 ../
-rw-------   1 root root   24  1月   8 16:38 .bash_history
-rw-r--r--   1 root root 3106 10月 15  2021 .bashrc
drwx------   2 root root 4096  8月   9 19:51 .cache/
drwxr-xr-x   3 root root 4096  1月   8 16:31 .local/
-rw-r--r--   1 root root  161  7月   9  2019 .profile
-rw-r--r--   1 root root   66  1月   8 16:31 .selected_editor
drwx------   5 root root 4096 12月   4 21:00 snap/
```

上面列出了部分文件的详细信息，共分为 7 组。文件属性的含义如图 3-3 所示。

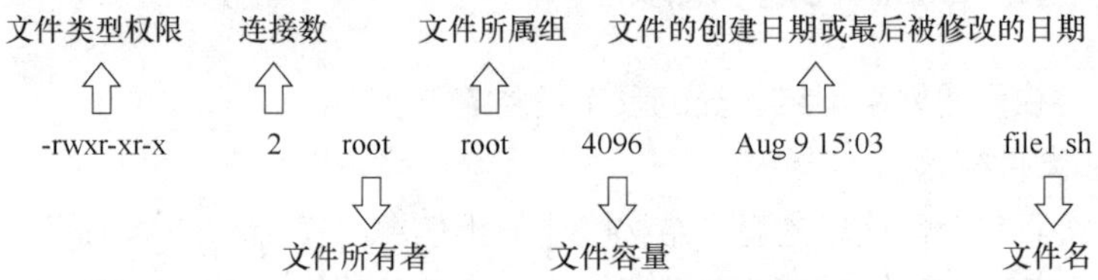

图 3-3　文件属性的含义

2. 详解文件的各种属性信息

（1）第 1 组为文件类型权限。

① 文件类型。

每一行的第一个字符一般用来区分文件的类型，一般取值为 d、-、l、b、c、s、p。具体含义如下。

- d：表示该文件是一个目录，在 Ext 文件系统中，目录也是一种特殊的文件。
- -：表示该文件是一个普通文件。
- l：表示该文件是一个符号链接文件，实际上它指向另一个文件。
- b、c：分别表示该文件为块设备和其他外围设备，是特殊类型的文件。
- s、p：分别表示这些文件关系到系统的数据结构和管道，通常很少见到。

② 文件的访问权限。

每一行的第 2～10 个字符表示文件的访问权限。这 9 个字符每 3 个为一组，左边 3 个字符表示文件所有者权限，中间 3 个字符表示与该文件所有者同组的用户的权限，右边 3 个字符表示该文件所有者所属组以外的其他用户权限。具体含义如下。

- 第 2～4 个字符表示该文件所有者的权限，有时也简称为 u（user）的权限。
- 第 5～7 个字符表示与该文件所有者同组的用户的权限。例如，此文件所有者属于“user”组群，该组群有 6 个成员，表示这 6 个成员都有此处指定的权限，简称为 g（group）的权限。

- 第 8～10 个字符表示该文件所有者所属组以外的其他用户权限，简称为 o（other）的权限。

③ 3 种文件权限。

根据权限种类的不同，这 9 个字符分为 3 种类型。

- r（read）：对文件而言，具有读取文件内容的权限；对目录而言，具有浏览目录的权限。
- w（write）：对文件而言，具有新增、修改文件内容的权限；对目录而言，具有删除、移动目录内文件的权限。
- x（execute）：对文件而言，具有执行文件的权限；对目录而言，具有进入目录的权限。若显示-，则表示不具有该项权限。

④ 举例说明。

- brwxr--r--：该文件是块设备文件，文件所有者具有读、写与执行该文件的权限，其他用户则具有读取该文件的权限。
- -rw-rw-r-x：该文件是普通文件，文件所有者与与他同组的用户具有读、写该文件的权限，而其他用户仅具有读取和执行该文件的权限。
- drwx--x--x：该文件是目录，文件所有者具有浏览目录，删除、移动目录内文件与进入目录的权限，与所有者同组的用户和其他用户能进入该目录，但无法读取任何数据。
- lrwxrwxrwx：该文件是符号链接文件，文件所有者、与所有者同组的用户和其他用户都具有读、写和执行该文件的权限。

每个用户都拥有自己的主目录，通常在/home 目录下，这些主目录的默认权限为 rwx------：执行 mkdir 命令创建的目录，其默认权限为 rwxr-xr-x。用户可以根据需要修改目录的权限。

此外，默认的权限可用 umask 命令修改，具体操作非常简单，只需执行 umask 777 命令便可屏蔽所有权限，因而之后建立的文件或目录，其权限都变成 000，以此类推。通常 root 账号搭配 umask 命令的数值为 022、027 和 077，普通用户则采用 002，这样产生的默认权限依次为 755、750、700、775。有关权限的数字表示法后面将会详细说明。

用户登录系统时，用户环境会自动执行 umask 命令来决定文件、目录的默认权限。

（2）第 2 组表示有多少文件名连接到此节点。

每个文件都会将其权限与属性记录到文件系统的节点中，不过，我们使用的目录树是用文件来记录的，因此每个文件名会连接到一个节点。这个属性记录的就是有多少不同的文件名连接到一个相同的节点。

（3）第 3 组表示这个文件（或目录）的所有者账号。

（4）第 4 组表示这个文件的所属组。

在 Linux 操作系统中，你的账号会附属于一个或多个组中。例如，class1、class2、class3 均属于 projecta 这个组，假设某个文件所属的组为 projecta，且该文件的权限为-rwxrwx---，则 class1、class2、class3 对该文件都具有读、写、执行权限（根据组权限）。但如果是不属于 projecta 的其他账号，对此文件就不具有任何权限了。

（5）第 5 组表示这个文件的容量大小，默认单位为 B。

（6）第 6 组表示这个文件的创建日期或最后被修改的日期。

这一栏的内容分别为日期（月/日）及时间。如果这个文件被修改的时间与当前时间相距太久，那么时间部分仅显示年份。想要显示完整的时间格式，则可以利用 ls 的选项，即使用 ls -l --full-time。

（7）第 7 组表示这个文件的文件名。

比较特殊的是：如果文件名以“.”开头，则代表这个文件为隐藏文件。请读者使用 ls 及 ls -a 这两个命令了解什么是隐藏文件。

3. 使用数字表示法修改权限

在建立文件时系统会自动设置权限，如果这些默认权限无法满足需要，则可以使用 chmod 命令来修改权限。通常在修改权限时可以用两种方法来表示权限类型：数字表示法和文字表示法。

chmod 命令的格式为：

```
chmod   [选项]   文件
```

所谓数字表示法，是指将读（r）、写（w）和执行（x）权限分别以数字 4、2、1 来表示，没有授予权限的部分表示为 0，然后把授予的权限相加得到最终的权限类型。表 3-11 所示为以数字表示法修改权限的例子。

表 3-11　以数字表示法修改权限的例子

原始权限	转换为数字	数字表示法
rwxrwxr-x	（421）（421）（401）	775
rwxr-xr-x	（421）（401）（401）	755
rw-rw-r--	（420）（420）（400）	664
rw-r--r--	（420）（400）（400）	644

例如，为文件/etc/file 设置权限：赋予所有者和与所有者同组的用户读和写权限，而只赋予其他用户读权限。应该将权限设为“rw-rw-r--”，而该权限的数字表示法为 664，因此可以执行如下命令来设置权限。

```
root@U22-1:~# touch /etc/file ; chmod 664 /etc/file
root@U22-1:~# ll  /etc/file
-rw-rw-r-- 1 root root 0  1月  8 16:54 /etc/file
```

再如，将.bashrc 这个文件的所有权限都设定为启用，可以使用如下命令。

```
root@U22-1:~# ls -al .bashrc
-rw-r--r-- 1 root root 3106 10月 15  2021 .bashrc
root@U22-1:~# chmod  777  .bashrc
root@U22-1:~# ls -al  .bashrc
-rwxrwxrwx 1 root root 3106 10月 15  2021 .bashrc
```

如果要将权限变成 rwxr-xr--呢？权限的数字就成为[4+2+1][4+0+1][4+0+0]=754，所以需要使用 chmod 754 filename 命令。另外，在实际的系统运行中常出现的一个问题是，我们使用 vim 编辑一个 shell 的文本批处理文件 test.sh 后，它的权限通常是 rw-rw-r--，也就是 664。如果要将该文件变成可执行文件，并且不让其他用户修改此文件，那么需要 rwxr-xr-x 这样的权限。此时要执行 chmod 755 test.sh 命令。

技巧 如果有些文件不希望被其他用户看到，则可以将文件的权限设定为 rwxr-----，即执行 chmod 740 filename 命令。

4. 使用文字表示法修改权限

（1）文字表示法

① 使用权限的文字表示法时，系统用以下 4 种字符来表示不同的用户。

- u：user，表示所有者。
- g：group，表示所属组。
- o：others，表示其他用户。
- a：all，表示以上 3 种用户。

② 使用以下 3 种字符的组合来设置操作权限。

- r：read，读。
- w：write，写。
- x：execute，执行。

③ 操作符包括以下 3 种。

- +：添加某种权限。
- -：取消某种权限。
- =：赋予给定权限并取消原来的权限。

④ 以文字表示法修改文件权限时，上例中的权限设置命令应该为：

```
root@U22-1:~# chmod u=rw,g=rw,o=r /etc/file
```

⑤ 修改目录权限和修改文件权限相同，都是使用 chmod 命令，但不同的是，要使用通配符“*”来表示目录中的所有文件。

例如，要同时将/etc/test 目录中的所有文件权限设置为所有人都可读取及写入，应该使用下面的命令。

```
root@U22-1:~# mkdir /etc/test; touch /etc/test/f1.doc
root@U22-1:~# chmod a=rw /etc/test/*
```

或者：

```
root@U22-1:~# chmod 666 /etc/test/*
```

⑥ 如果目录中包含其他子目录，则必须使用-R（Recursive）选项来同时设置所有文件及子目录的权限。

（2）使用 chmod 命令修改文件的特殊权限

例如，设置/etc/file 文件的 SUID 权限的方法如下（先了解，后面会详细介绍）。

```
root@U22-1:~# ll /etc/file
-rw-rw-r-- 1 root root 0  1月  6 16:54 /etc/file
root@U22-1:~# chmod u+s /etc/file
root@U22-1:~# ll /etc/file
-rwSrw-r-- 1 root root 0  1月  6 16:54 /etc/file
```

特殊权限也可以采用数字表示法表示。SUID、SGID 和 SBIT 权限分别为 4、2 和 1。使用 chmod 命令设置文件权限时，可以在普通权限的数字前面加上一位数字来表示特殊权限。例如：

```
root@U22-1:~# chmod 6664 /etc/file
```

```
root@U22-1:~# ll /etc/file
-rwSrwSr-- 1 root root 0  1月  6 16:54 /etc/file
```

（3）使用文字表示法的有趣实例

【例 3-4】假如我们要设定一个文件的权限为 rwxr-xr-x，所表述的含义如下。

- u（user）：具有读、写、执行权限。
- g/o（group 与 others）：具有读与执行权限。

设置命令及执行结果如下。

```
root@U22-1:~# chmod u=rwx,go=rx  .bashrc
# 注意：u=rwx,go=rx 是连在一起的，中间并没有任何空格
root@U22-1:~# ls -al .bashrc
-rwxr-xr-x 1 root root 3106 10月 15  2021 .bashrc
```

【例 3-5】假如设置 rwxr-xr--这样的权限又该如何操作呢？可以使用 chmod u=rwx, g=rx, o=r filename 来设定。此外，**如果不知道原先的文件属性，而想增加所有人均可对.bashrc 文件进行写入的权限，那么可以使用如下命令。**

```
root@U22-1:~# ls -al  .bashrc
-rwxr-xr-x 1 root root 3106 10月 15  2021 .bashrc
root@U22-1:~# chmod a+w .bashrc
root@U22-1:~# ls -al  .bashrc
-rwxrwxrwx 1 root root 3106 10月 15  2021 .bashrc
```

【例 3-6】如果要将权限取消而不改变其他已存在的权限呢？例如，要取消所有用户的执行权限可以使用如下命令。

```
root@U22-1:~# chmod a-x  .bashrc
root@U22-1:~# ls -al .bashrc
-rw-rw-rw- 1 root root 3106 10月 15  2021 .bashrc
```

> **特别提示** 在+与-的状态下，只要不是指定的项目，权限就不会变动。例如，在上面的例子中，由于仅取消 x 权限，所以其他权限保持不变。想让用户拥有执行的权限，但又不知道该文件原来的权限，可以使用 chmod a+x filename。

5. 理解权限与命令间的关系

权限对于用户来说非常重要，因为权限可以限制用户能不能读取/建立/删除/修改文件或目录。

3-2 拓展阅读

理解权限与指令间的关系

任务 3-5　修改文件与目录的默认权限与隐藏权限

文件权限包括读（r）、写（w）、执行（x）等基本权限，决定文件类型的属性包括目录（d）、普通文件（-）、连接符等。修改权限的方法（chmod）在前面已经提过。在 Linux 的 Ext2、Ext3、Ext4 文件系统下，除基本的 r、w、x 权限外，还可以设置系统隐藏属性。设置系统隐藏属性可以使用 chattr 命令，使用 lsattr 命令可以查看隐藏属性。

另外，基于安全（security）机制方面的考虑，设定文件不可修改的特性，即使是文件的所有者也不能修改，这一点非常重要。

1. 理解文件默认权限：umask

你可能会问：建立文件或目录时的默认权限是什么呢？默认权限与 umask 密切相关，umask 指定的就是用户在建立文件或目录时的默认权限值。那么如何得知或设定 umask 值呢？请看下面的命令及其执行结果。

```
root@U22-1:~# umask
0022          <==与一般权限有关的是后面 3 个数字
root@U22-1:~# umask  -S
u=rwx,g=rx,o=rx
```

查阅默认权限的方式有两种：一是直接输入 umask，可以看到数字形态的权限设定；二是加入-S（Symbolism，符号）选项，以符号类型的方式显示权限。

但是，umask 会有 4 组数字，而不只有 3 组。第一组是特殊权限用的，请参考电子资料。现在先看后面的 3 组。

目录与文件的默认权限是不一样的。我们知道，x 权限对于目录而言是非常重要的，但是普通文件不应该有执行权限，因为普通文件通常用于数据的记录。因此，预设的情况如下。

- 若用户建立文件，则预设没有 x 权限，即只有 r、w 这两个权限，也就是最大为 666，默认权限为-rw-rw-rw-。
- 若用户建立目录，则由于 x 权限与是否可以进入此目录有关，因此默认所有权限均开放，即 777，默认权限为 drwxrwxrwx。

umask 值指的是该默认值需要取消的权限（r、w、x 分别对应 4、2、1），具体如下。

- 取消写入权限时，umask 值输入 2。
- 取消读取权限时，umask 值输入 4。
- 取消读取和写入权限时，umask 值输入 6。
- 取消执行和写入权限时，umask 值输入 3。

思考 5 是什么意思？5 就是读（4）与执行（1）权限。

在上面的例子中，因为 umask 值为 022，所以 user（对应 umask 的 0）并没有被取消任何权限，不过 group（对应 umask 的 2）与 others（对应 umask 最后面的 2）的权限去掉了 2（也就是取消了 w 这个权限），那么用户的权限如下。

- 建立文件时：(-rw-rw-rw-) –（-----w--w-）=-rw-r--r--。
- 建立目录时：(drwxrwxrwx) –（d----w--w-）=drwxr-xr-x。

是这样吗？请看测试结果。

```
root@U22-1:~# umask
0022
root@U22-1:~# touch test1
root@U22-1:~# mkdir test2
root@U22-1:~# ll test*
--rw-r--r--  1 root root    0  1月  8 17:09 test1
drwxr-xr-x   2 root root 4096  1月  8 17:09 test2/
```

2. 利用 umask

假如你与同学在同一个项目组中，你们的账号属于相同的组，并且/home/class 目录是你们的公共目录。想象一下，有没有可能你所制作的文件你的同学无法编辑？如果要让你的同学能够编辑你所制作的文件，该怎么办呢？

这种情况可能经常发生。以上面的案例来说，test1 的权限是 644。也就是说，如果 umask 的值为 022，那么对于新建的文件只有用户自己具有 w 权限，同组的用户只有 r 权限，肯定无法对其进行修改。这样是无法共同编辑项目文件的。

因此，当我们需要新建文件并将该文件给同组的用户共同编辑时，umask 的组就不能去掉 2（w 权限）。这时 umask 的值应该是 002，这样才能使新建文件的权限是-rw-rw-r--。那么如何设定 umask 值呢？直接在 umask 后面输入 002 就可以了。命令运行情况如下。

```
root@U22-1:~# umask 002 ; touch test3 ; mkdir test4
root@U22-1:~# ll
-rw-rw-r--  1 root root    0  1月  8 17:11 test3
drwxrwxr-x  2 root root 4096  1月  8 17:11 test4/
```

umask 与新建文件及目录的默认权限有很大的关系。这个属性可以用在服务器上，尤其是文件服务器（file server）上，而且在创建 samba 服务器或者 FTP 服务器时，这个属性显得尤为重要。

思考 假设 umask 值为 003，在此情况下建立的文件与目录的权限又是怎样的呢？

umask 为 003，所以去掉的权限为--------wx。因此相关权限如下。

- 建立文件时：(-rw-rw-rw-) – (--------wx)=-rw-rw-r--。
- 建立目录时：(drwxrwxrwx) – (d-------wx)=drwxrwxr--。

在关于 umask 与权限的计算方式中，有的教材喜欢使用二进制的方式来进行 AND 与 NOT 的计算。不过，本书认为上面这种计算方式比较容易。

提示 在有的图书或者论坛上，喜欢使用文件默认属性 666 及目录默认属性 777 与 umask 值相减来计算文件属性，这是不对的。从上面的思考来看，如果使用默认属性相减，则文件属性变成 666–003=663，即-rw-rw--wx，这是完全不对的。想想看，原本文件就已经去除了 x 的默认属性，该属性又怎么可能突然间出现呢？所以，对这种计算一定要特别小心。

root 的 umask 值默认是 022，这是基于安全的考虑。对于普通用户而言，通常 umask 值为 002，即保留同组的写权限。关于预设 umask 可以参考/etc/bashrc 文件的内容。

3. 设置文件隐藏属性

（1）chattr 命令

功能说明：改变文件属性。

该命令的格式为：

```
chattr [-RV][-v<版本编号>][+/-/=<属性>][文件或目录...]
```

该命令可改变存放在 Ext4 文件系统上的文件或目录属性，这些属性共有以下 8 种。

- a：系统只允许在这个文件之后追加数据，不允许任何进程覆盖或截断这个文件；如果目录具有这个属性，则系统将只允许在这个目录下建立和修改文件，而不允许删除任何文件。

- b：不更新文件或目录的最后存取时间。
- c：将文件或目录压缩后存放。
- d：将文件或目录排除在操作之外。
- i：不得任意改动文件或目录。
- s：秘密删除文件或目录，即硬盘空间被全部收回。
- S：即时更新文件或目录。
- u：预防意外删除。

chattr 的相关选项和参数如下。其中，最重要的是+i 与+a。由于以上 8 种属性是隐藏的，所以需要使用 lsattr 命令。

- -R：递归处理，将指定目录下的所有文件及子目录一并处理。
- -v<版本编号>：设置文件或目录版本。
- -V：显示命令执行过程。
- +<属性>：开启文件或目录的该项属性。
- -<属性>：关闭文件或目录的该项属性。
- =<属性>：指定文件或目录的该项属性。

【例 3-7】请尝试在/tmp 目录下建立文件，加入 i 属性，并尝试删除。

```
root@U22-1:~# cd /tmp
root@U22-1:/tmp# touch attrtest          <==建立一个空文件
root@U22-1:/tmp# chattr +i attrtest      <==加入 i 属性
root@U22-1:/tmp# rm attrtest             <==尝试删除，查看结果
rm: 无法删除'attrtest': 不允许的操作     <==操作不允许
# 从上面可以看出，连 root 用户也没有办法将这个文件删除！赶紧解除设定吧
```

将该文件的 i 属性取消：

```
root@U22-1:/tmp# chattr -i attrtest
```

这个命令很重要，尤其是在保证系统的数据安全方面。

此外，如果是日志文件，就需要使用+a，即可增加但不能修改与删除旧数据。

（2）lsattr 命令

功能说明：显示文件隐藏属性。

该命令的格式为：

```
lsattr [-adR]文件或目录
```

该命令的选项如下。

- -a：将隐藏文件的属性显示出来。
- -d：如果是目录，则仅列出目录本身的属性而非目录内的文件名。
- -R：连同子目录的数据也一并列出来。

例如：

```
root@U22-1:/tmp# chattr +aiS attrtest
root@U22-1:/tmp# lsattr attrtest
--S-ia--------e------- attrtest
```

使用 chattr 命令后，可以使用 lsattr 命令来查阅隐藏的属性。不过，这两个命令在使用上必须特别小心，否则会造成很大的麻烦。例如，如果将/etc/shadow 密码文件设定为具有 i 属性，则在若干天后，会发现无法新增用户。

4. 设置文件特殊权限：SUID、SGID、SBIT

在复杂多变的生产环境中，单纯设置文件的 r、w、x 权限无法满足我们对安全和灵活性的需求，因此便有了 SUID、SGID 与 SBIT 的特殊权限。这是一种对文件权限进行设置的特殊功能，可以与一般权限同时使用，以弥补一般权限不能实现的功能。

3.4 企业实战与应用——账户管理实例

1. 情境

假设需要的账户数据如表 3-12 所示，你该如何操作？

表 3-12 账户数据

账户名称	账户全名	支持次要组	是否可以登录主机	口　令
myuser1	1st user	mygroup1	可以	password
myuser2	2nd user	mygroup1	可以	password
myuser3	3rd user	无额外支持	不可以	password

2. 解决方案

```
# 先处理账户相关属性的数据
root@U22-1:~# groupadd mygroup1
root@U22-1:~# useradd -G mygroup1 -c "1st user" myuser1
root@U22-1:~# useradd -G mygroup1 -c "2nd user" myuser2
root@U22-1:~# useradd -c "3rd user" -s /sbin/nologin myuser3

# 再处理账户的口令相关属性的数据
root@U22-1:~# echo "password" | passwd --stdin myuser1
root@U22-1:~# echo "password" | passwd --stdin myuser2
root@U22-1:~# echo "password" | passwd --stdin myuser3
```

特别注意 myuser1 与 myuser2 都支持次要组，但该组不一定存在，因此需要先手动创建。再者，myuser3 是“不可以登录主机”的账户，因此需要使用/sbin/nologin 来设置，这样该账户就成为非登录账户了。

3.5 拓展阅读 中国国家顶级域名“CN”

你知道我国是在哪一年真正拥有了互联网吗？我国国家顶级域名 CN 服务器是在哪一年完成设置的呢？

1994 年 4 月 20 日，一条 64kbit/s 的国际专线从中国科学院计算机网络信息中心通过美国

Sprint 公司连入互联网，实现了我国与互联网的全功能连接。从此国际上正式承认我国是真正拥有全功能互联网的国家。此事被我国新闻界评为 1994 年我国十大科技新闻之一，被国家统计公报列为我国 1994 年重大科技成就之一。

1994 年 5 月 21 日，在钱天白教授和德国卡尔斯鲁厄大学教授的协助下，中国科学院计算机网络信息中心完成了我国国家顶级域名 CN 服务器的设置，改变了我国国家顶级域名 CN 服务器一直放在国外的历史。钱天白、钱华林分别担任我国国家顶级域名 CN 的行政联络员和技术联络员。

3.6 项目实训　管理用户和组

1. 项目实训目的

- 熟悉 Linux 用户的访问权限。
- 掌握在 Linux 操作系统中创建、修改、删除用户或用户组的方法。
- 掌握用户账户管理及安全管理。

2. 项目背景

某公司有 60 名员工，这些员工分别在 5 个部门工作，每个人的工作内容不同。需要在服务器上为每个人创建不同的账户，把相同部门的用户放在一个组中，并使每个用户都有自己的工作目录。另外，需要根据工作性质对每个部门和每个用户在服务器上的可用空间进行限制。

3. 项目要求

练习设置用户的访问权限，练习用户或用户组的创建、修改、删除。

4. 做一做

完成项目实训，检查学习效果。

3.7 练习题

一、填空题

1. Linux 操作系统是________的操作系统，它允许多个用户同时登录系统，使用系统资源。

2. Linux 操作系统下的用户账户分为两种：________和________。

3. root 用户的 UID 为________，普通用户的 UID 可以在创建时由管理员指定，如果不指定，则用户的 UID 默认从________开始按顺序编号。

4. 在 Linux 操作系统中，创建用户账户的同时也会创建一个与用户同名的组，该组是用户的________。普通组的 GID 默认也从________开始按顺序编号。

5. 一个用户账户可以同时是多个组的成员，其中某个组是该用户的________（私有组），其他组为该用户的________（标准组）。

6. 在 Linux 操作系统中，创建的用户账户及其相关信息（密码除外）均放在________配置文件中。

7. 由于所有用户对/etc/passwd 文件均有________权限，所以为了增强系统的安全性，用户经过加密的口令都存放在________文件中。

8. 组账户的信息存放在________文件中，而关于组管理的信息（组的加密口令、组管理员等）

则存放在________文件中。

9. 文件系统（file system）是磁盘上有特定格式的一片区域，操作系统利用文件系统________和________文件。

10. Ext 文件系统在 1992 年 4 月完成，称为________，是第一个专门针对 Linux 操作系统的文件系统。Linux 操作系统使用________文件系统。

11. Ext 文件系统结构的核心组成部分是________、________和________。

12. Linux 的文件系统采用阶层式的________结构，该结构中的最上层是________。

13. 默认的权限可用________命令修改，具体操作非常简单，只需执行________命令便可屏蔽所有权限，因而之后建立的文件或目录，其权限都变成________。

14. ________代表当前的目录，也可以使用"./"来表示。________代表上一层目录，也可以用"../"来表示。

15. 如果文件名以"."开头，则代表该文件为________。可以使用________命令查看隐藏文件。

16. 想要让用户拥有文件 filename 的执行权限，但又不知道该文件原来的权限是什么，应该执行________命令。

二、选择题

1.（　　）目录用于存放用户密码信息。

A. /etc　　B. /var　　C. /dev　　D. /boot

2. 创建用户的 UID 是 1200、组的 GID 是 1100、用户主目录为/home/user01 的正确命令为（　　）。

A. useradd -u:1200 -g:1100 -h:/home/user01 user01

B. useradd -u=1200 -g=1100 -d=/home/user01 user01

C. useradd -u 1200 -g 1100 -d /home/user01 user01

D. useradd –u 1200 -g 1100 -h /home/user01 user01

3. 用户登录系统后首先进入（　　）。

A. /home　　B. /root 的主目录

C. /usr　　D. 用户自己的家目录

4. 在使用了 shadow 口令的系统中，/etc/passwd 和/etc/shadow 两个文件的权限正确的是（　　）。

A. -rw-r----- , -r--------　　B. -rw-r--r-- , -r--r--r-

C. -rw-r--r-- , -r--------　　D. -rw-r--rw- , -r-----r-

5. 使用（　　）可以删除一个用户并同时删除用户的主目录。

A. rmuser –r　　B. deluser –r　　C. userdel –r　　D. usermgr -r

6. 系统管理员应该采用的安全措施有（　　）。

A. 把 root 账户的密码告诉每一位用户

B. 设置 Telnet 服务来提供远程系统维护

C. 经常检测账户数量、内存信息和磁盘信息

D. 当员工辞职后，立即删除该员工的用户账户

7. 在/etc/group 文件中有一行内容为 students::600:z3,14,w5，这表示有（　　）用户在 students 组里。

A．3　　B．4　　C．5　　D．不知道

8．命令（　　）可以用来检测用户 lisa 的信息。

A．finger lisa　　B．grep lisa /etc/passwd

C．find lisa /etc/passwd　　D．who lisa

9．存放 Linux 基本命令的目录是（　　）。

A．/bin　　B．/tmp　　C．/lib　　D．/root

10．对于普通用户创建的新目录而言，（　　）是默认的访问权限。

A．rwxr-xr-x　　B．rw-rwxrw-　　C．rwxrwrxr-x　　D．rwxrwxrw-

11．如果当前目录是/home/sea/china，那么“china”的父目录是（　　）目录。

A．/home/sea　　B．/home/　　C．/　　D．/sea

12．系统中有用户 user1 和 user2，他们同属于 users 组。在 user1 用户目录下有一个文件 file1，该用户拥有 644 权限，如果 user2 想修改 user1 用户目录下的 file1 文件，则应拥有（　　）权限。

A．744　　B．664　　C．646　　D．746

13．用 ls -al 命令列出下面的文件详细信息列表，则（　　）对应的是符号链接文件。

A．-rw-------　2 hel-s　users　56　Sep 09 11:05　hello

B．-rw-------　2 hel-s　users　56　Sep 09 11:05　goodbey

C．drwx-----　1 hel　users　1024　Sep 10 08:10　zhang

D．lrwx-----　1 hel　users　2024　Sep 12 08:12　cheng

14．如果 umask 值设置为 022，则默认的新建文件的权限为（　　）。

A．----w--w-　　B．-rwxr-xr-x　　C．-r-xr-x---　　D．-rw-r--r—

项目4
配置与管理硬盘

04

项目导入

Linux 操作系统的管理员应掌握配置和管理硬盘的技巧。如果 Linux 服务器中有多个用户经常存取数据，想要维护所有用户使用硬盘容量的公平，可以使用一款非常有用的工具——硬盘配额（disk quota）。另外，独立磁盘冗余阵列（Redundant Arrays of Independent Disks，RAID）及逻辑卷管理器（Logical Volume Manager，LVM）等工具都可以帮助管理与维护用户可用的硬盘容量。

职业能力目标

- 掌握 Linux 中硬盘管理工具的使用方法。
- 掌握 Linux 中软 RAID 和 LVM 的使用方法。

素养目标

- 了解国家科学技术奖中最高等级的奖项——国家最高科学技术奖，激发学生的科学精神和爱国情怀。
- “盛年不重来，一日难再晨。及时当勉励，岁月不待人。”盛世之下，青年学生要惜时如金，学好知识，报效国家。

4.1 项目知识准备

掌握硬盘和分区的基础知识是完成本次学习任务的基础。

4.1.1 硬件设备的命名规则

Linux 操作系统中的一切都是文件，硬件设备也不例外。既然是文件，就必须有文件名称。系统内核中的 udev 设备管理器会自动规范硬件设备的名称，目的是让用户通过硬件设备的名称就可以猜出硬件设备大致的属性以及分区信息等。这对于用户识别陌生的设备来说特别方便。另外，udev

设备管理器的服务会一直以守护进程的形式运行并侦听内核发出的信号来管理/dev 目录下的设备文件。Linux 操作系统中常见的硬件设备及其文件名称如表 4-1 所示。

表 4-1　常见的硬件设备及其文件名称

硬件设备	文件名称
IDE 设备	/dev/hd[a-d]
SCSI/SATA/U 盘	/dev/sd[a-p]
非易失性内存主机控制器接口规范（Non-Volatile Memory Express，NVMe）硬盘	/dev/nvme0n[1-m]，例如，/dev/nvme0n1 就是第一个 NVMe 硬盘
软驱	/dev/fd[0-1]
打印机	/dev/lp[0-15]
光驱	/dev/cdrom
鼠标	/dev/mouse

由于目前电子集成驱动器（Integrated Drive Electronics，IDE）已经很少见了，所以一般的硬盘设备的文件名称都是以“/dev/sd”开头的。而一台主机上可以有多块硬盘，因此系统采用 a～p 来代表 16 块不同的硬盘（默认从 a 开始分配），而且硬盘的分区编号也有如下规定。

- 主分区或扩展分区的编号从 1 开始，到 4 结束。
- 逻辑分区的编号从 5 开始。

> **注意**　/dev 目录中的 sda 设备之所以用 a 来代表，并不是由插槽决定的，而是由系统内核的识别顺序决定的。读者在使用互联网小型计算机系统接口（Internet Small Computer System Interface，iSCSI）时会发现，明明主板上第二个插槽是空着的，但系统却能识别到/dev/sdb 这个设备。sda3 表示存在编号为 3 的分区，而不能用于判断 sda 设备上已经存在 3 个分区。

那么/dev/sda5 这个硬件设备文件名称包含哪些信息呢？答案如图 4-1 所示。

首先，/dev 目录中保存的应当是硬件设备文件；其次，sd 表示该硬件设备是 SCSI 设备；a 表示该硬件设备是系统中同类接口中第一个被识别的设备；最后，5 表示该硬件设备的逻辑分区。一言以蔽之，/dev/sda5 表示的就是“这是系统中第一块被识别到的硬件设备中编号为 5 的逻辑分区的设备文件”。

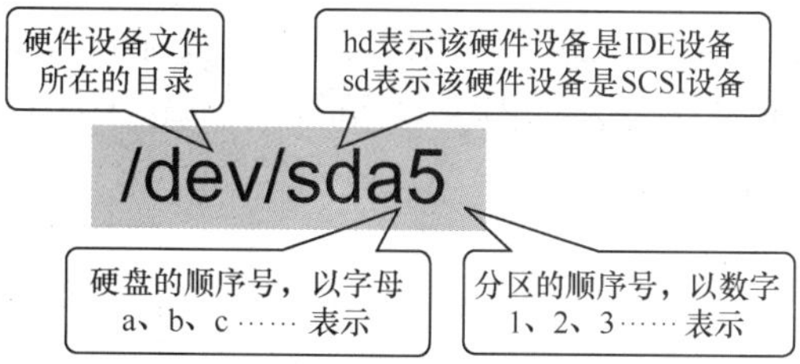

图 4-1　硬件设备文件名称包含的信息

4.1.2　MBR 硬盘与 GPT 硬盘

硬盘按分区表的格式 format 可以分为主引导记录（Master Boot Record，MBR）硬盘与全局唯一标识磁盘分区表（GUID Partition Table，GPT）硬盘这两种。

- MBR 硬盘：使用的是传统硬盘分区表格式，其硬盘分区表存储在 MBR 内（见图 4-2 左侧）。MBR 位于硬盘最前端，如果计算机启动时，使用的是传统的 BIOS［固化在计算机主板上的一个只读存储器（Read-Only Memory，ROM）芯片上的程序］，BIOS 会先读取 MBR，并将控制权交给 MBR 内的程序代码，然后由此程序代码来继续完成后续的启动工作。MBR 硬盘支持的硬盘最大容量为 2.2 TB（1TB=1024GB）。
- GPT 硬盘：使用的是新的硬盘分区表格式，其硬盘分区表存储在 GPT 内（见图 4-2 右侧）。GPT 位于硬盘的前端，而且它有主分区表与备份分区表，可提供容错功能。使用新式 UEFI BIOS 的计算机在启动时，其 BIOS 会先读取 GPT，并将控制权交给 GPT 内的程序代码，然后由此程序代码来继续完成后续的启动工作。GPT 硬盘支持的硬盘容量可以超过 2.2TB。

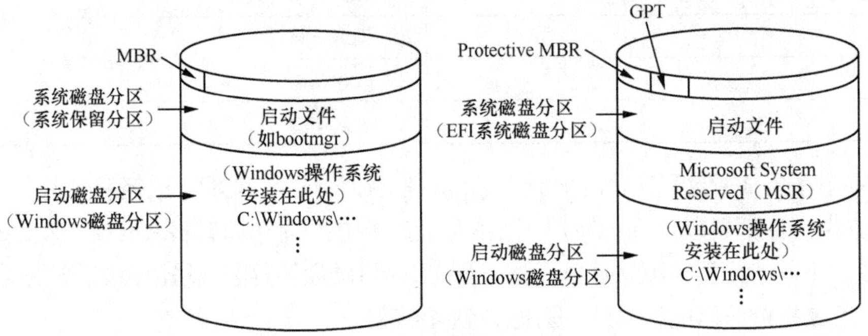

图 4-2　MBR 硬盘与 GPT 硬盘

4.1.3　硬盘分区管理

在数据存储到硬盘之前，该硬盘必须被分割成一个或数个硬盘分区（partition）。在硬盘内有一个称为硬盘分区表（partition table）的区域，它用来存储硬盘分区的相关数据，如每一个硬盘分区的起始地址、结束地址、是否为活动（active）的硬盘分区等信息。

硬盘设备是由大量的扇区组成的，每个扇区的容量为 512B，其中第一个扇区最重要。第一个扇区里面保存着 MBR 与硬盘分区表信息。就第一个扇区来讲，MBR 需要占用 446B，硬盘分区表占用 64B，结束符占用 2B。其中硬盘分区表中每记录一个分区信息就需要 16B，这样一来，最多只有 4 个分区信息可以写到第一个扇区中，这 4 个分区就是 4 个主分区。第一个扇区中的数据信息如图 4-3 所示。

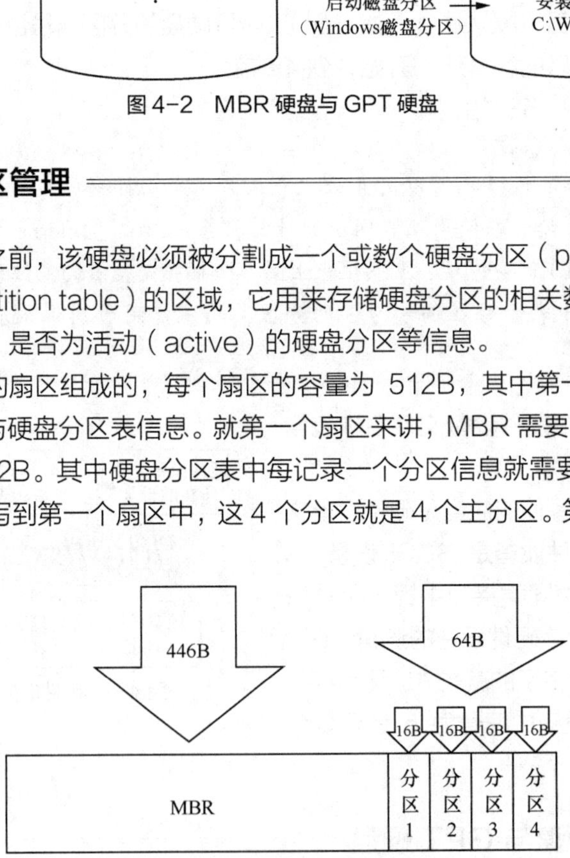

图 4-3　第一个扇区中的数据信息

第一个扇区中最多只能创建 4 个分区，为了解决分区数不够的问题，可以将第一个扇区分区表中 16B（原本要写入主分区信息）的空间拿出来指向另外一个分区（称之为扩展分区）。也就是说，扩展分区其实并不是一个真正的分区，而更像是一个占用 16B 分区表空间的指针—— 一个指向另外一个分区的指针。用户一般会选择使用 3 个主分区加 1 个扩展分区的方法，在扩展分区中创建出数个逻辑分区，从而满足多分区（大于 4 个）的需求。硬盘分区的规划如图 4-4 所示。

注意 扩展分区严格地讲不是一个实际意义上的分区，它仅是指向下一个分区的指针，这种指针结构将形成一个单向链表。

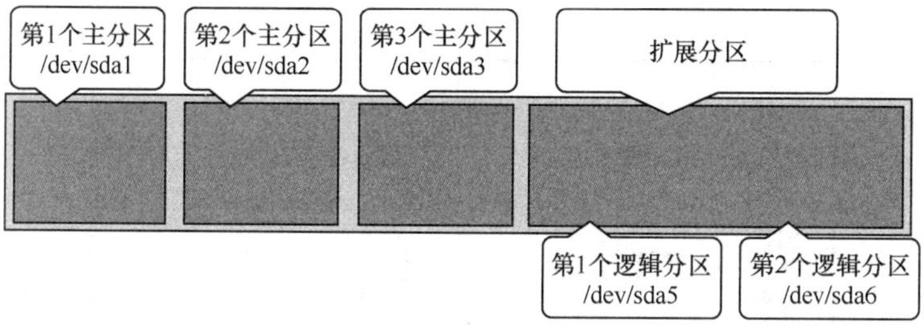

图 4-4 硬盘分区的规划

思考 /dev/sdb4 和/dev/sdb8 是什么意思？/dev/nvme0n1p7 是什么意思？

参考答案：/dev/sdb4 是第 2 个 SCSI 硬盘的扩展分区，/dev/sdb8 是第 2 个 SCSI 硬盘的扩展分区的第 4 个逻辑分区。/dev/nvme0n1p7 是第 1 个 NVMe 硬盘的扩展分区的第 3 个逻辑分区。

4.2 项目设计与准备

一般情况下，虚拟机默认安装在 SCSI 硬盘上。但是如果宿主机使用的是固态硬盘作为系统引导盘，则在安装 Ubuntu 时默认将系统安装在 NVMe 硬盘，而不是 SCSI 硬盘上。所以，在使用硬盘工具进行硬盘管理时要特别注意区分。

小知识 硬盘和磁盘是一样的吗？当然不是。硬盘是计算机最主要的存储设备。硬盘（hard disk）是由一个或者多个铝制或者玻璃制的碟片组成的。这些碟片外覆盖有铁磁性材料。

磁盘是计算机的外部存储器中类似磁带的装置。为了防止磁盘表面划伤而导致数据丢失，磁盘圆形的磁性盘片通常会封装在一个方形的密封盒子里。磁盘分为软磁盘和硬磁盘，一般情况下，硬磁盘就是指硬盘。

4.2.1 为虚拟机添加需要的硬盘

U22-1 初始系统默认被安装到了 SCSI 硬盘上。为了完成后续的实训任务，需要再额外添加 4 块 SCSI 硬盘和 2 块 NVMe 硬盘（**注意：NVMe 硬盘只有在关闭计算机的情况下才能添加**），每块硬盘的容量都为 20GB。

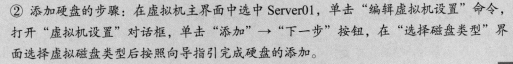

注意 ① 如果启动硬盘是 NVMe 硬盘，而后添加了 SCSI 硬盘，则一定要调整 BIOS 的启动顺序，否则系统将无法正常启动。

② 添加硬盘的步骤：在虚拟机主界面中选中 Server01，单击“编辑虚拟机设置”命令，打开“虚拟机设置”对话框，单击“添加”→“下一步”按钮，在“选择磁盘类型”界面选择虚拟磁盘类型后按照向导指引完成硬盘的添加。

添加硬盘的步骤如图 4-5 所示，“选择磁盘类型”界面如图 4-6 所示，硬盘添加完成后的虚拟机情况如图 4-7 所示。

图 4-5　添加硬盘的步骤

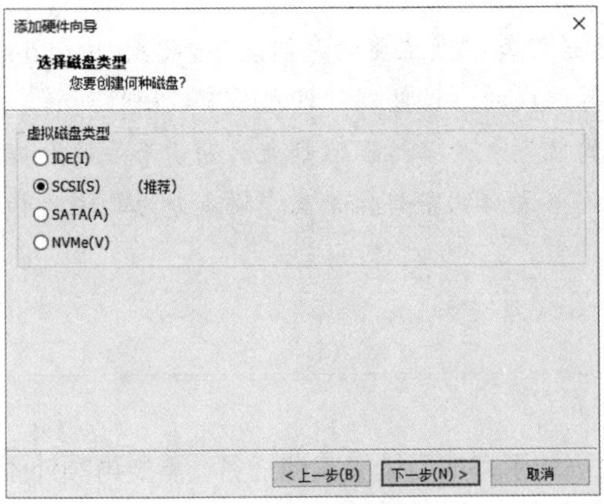

图 4-6　“选择磁盘类型”界面

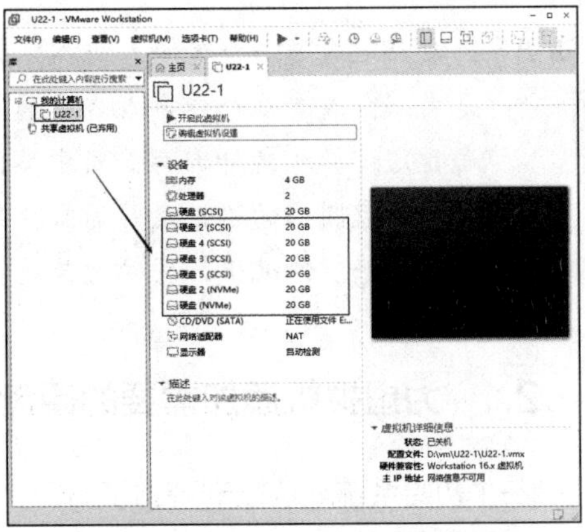

图 4-7　硬盘添加完成后的虚拟机情况

4.2.2 必要时更改启动顺序

必要时，可以更改启动顺序（一般不更改）。更改启动顺序的方法为：在关闭虚拟机的情况下，选择“虚拟机”→“电源”→“打开电源时进入固件”命令，如图 4-8 所示。

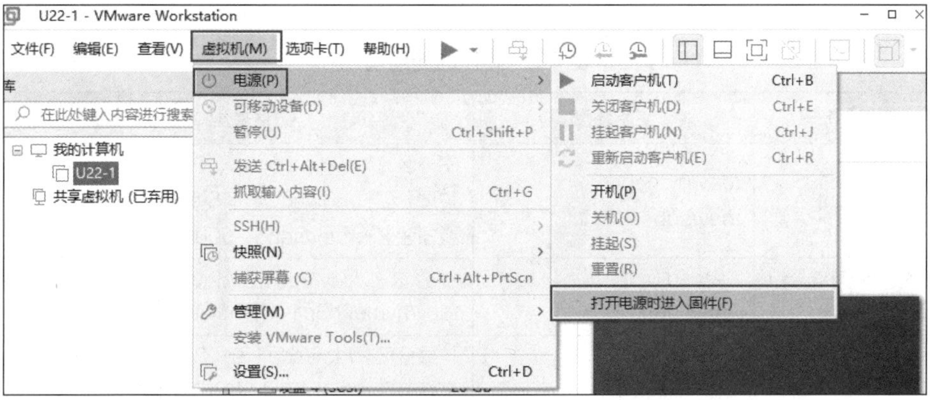

图 4-8 更改启动顺序

进入固件后的界面会因固件类型的不同而不同。

1. 虚拟机的固件类型为 BIOS

在 BIOS 界面的“Boot”选项卡中，将“Hard Drive”条目的“NVMe(B:0.0:1)”硬盘调为第一启动硬盘，如图 4-9 所示。

2. 虚拟机的固件类型为 UEFI

当虚拟机的固件类型为 UEFI 时，固件中启动硬盘的调整顺序界面如图 4-10 所示。

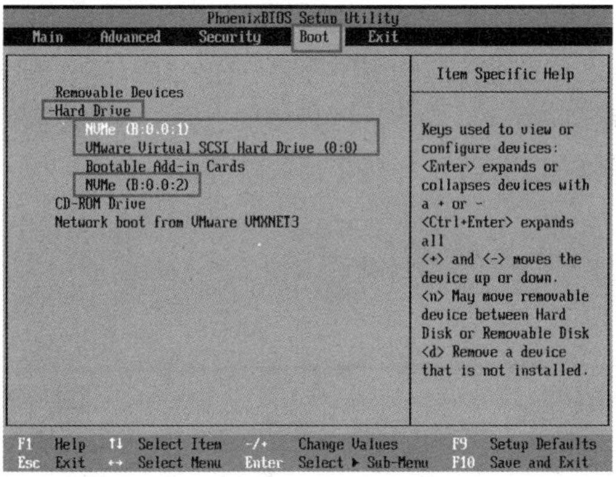

图 4-9 将“NVMe(B:0.0:1)”硬盘调为第一启动硬盘

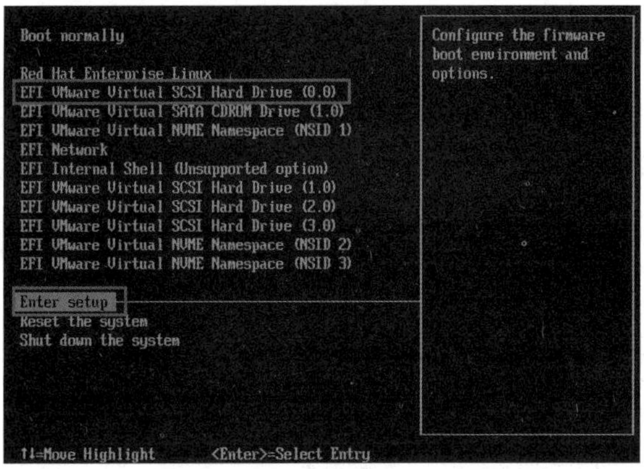

图 4-10 调整顺序界面

提示 调整顺序的步骤为选择“Enter setup”→“Configure boot options”→“Change boot order”，按“Enter”键选中条目，按“+”“-”键调整条目的前后顺序，最后存盘并退出。

4.2.3 硬盘的使用规划

本项目的所有实例都在 U22-1 上实现，添加的所有硬盘也用于为后续的实例服务。

本项目用到的硬盘和分区特别多，为了便于学习，对硬盘的使用进行规划。硬盘的使用规划如表 4-2 所示。

表 4-2 硬盘的使用规划

任务（或命令）	使用硬盘	分区类型、分区、容量
fdisk、mkfs、mount	/dev/nvme0n1 /dev/sdb	主分区：/dev/sdb[1-3]，各 500MB 扩展分区：/dev/sdb4，18.5GB 逻辑分区：/dev/sdb5，500MB
软 RAID（分别使用硬盘和硬盘分区）	/dev/sd[c-d] /dev/nvme0n[2-3]	主分区：/dev/sdc1、/dev/sdd1、/dev/nvme0n2p1、/dev/nvme0n3p1，各 500MB
软 RAID 企业案例	/dev/sda	扩展分区：/dev/sda1，10240MB 逻辑分区：/dev/sda[4-9]，各 1024MB

4.3 项目实施

安装 Linux 操作系统的步骤之一是进行硬盘分区，可以采用 Disk Druid、RAID 和 LVM 等方式进行。除此之外，在 Linux 操作系统中还有 fdisk、cfdisk、parted 等硬盘分区工具。

4-1

配置与管理硬盘

任务 4-1 常用硬盘管理工具 fdisk

fdisk 硬盘分区工具在 DOS、Windows 和 Linux 中都有相应的应用程序。在 Linux 操作系统中，fdisk 是基于菜单的命令。对硬盘进行分区时，可以在 fdisk 命令后面直接加上要分区的硬盘作为参数。例如，查看计算机上的硬盘及分区情况的操作如下所示（省略了部分内容）。

```
root@U22-1:~# fdisk -l
Disk /dev/loop4: 400.8 MiB, 420265984 字节, 820832 个扇区
单元: 扇区 / 1 * 512 = 512 字节
扇区大小(逻辑/物理): 512 字节 / 512 字节
I/O 大小(最小/最佳): 512 字节 / 512 字节
…
Disk /dev/loop6: 346.33 MiB, 363151360 字节, 709280 个扇区
单元: 扇区 / 1 * 512 = 512 字节
扇区大小(逻辑/物理): 512 字节 / 512 字节
I/O 大小(最小/最佳): 512 字节 / 512 字节
Disk /dev/loop7: 91.69 MiB, 96141312 字节, 187776 个扇区
单元: 扇区 / 1 * 512 = 512 字节
扇区大小(逻辑/物理): 512 字节 / 512 字节
I/O 大小(最小/最佳): 512 字节 / 512 字节
Disk /dev/nvme0n1: 20 GiB, 21474836480 字节, 41943040 个扇区
```

```
Disk model: VMware Virtual NVMe Disk
单元：扇区 / 1 * 512 = 512 字节
扇区大小(逻辑/物理)：512 字节 / 512 字节
I/O 大小(最小/最佳)：512 字节 / 512 字节
…
```

从上面的输出结果可以看出，2 块 NVMe 硬盘分别为/dev/nvme0n1、/dev/nvme0n2，4 块 SCSI 硬盘分别为/dev/sda、/dev/sdb、/dev/sdc、/dev/sdd。

再如，对新增加的第 2 块 SCSI 硬盘进行分区的操作如下所示。

```
root@U22-1:~# fdisk /dev/sdb
命令(输入 m 获取帮助)：
```

在命令提示后面输入相应的选项来选择需要的操作，例如，输入 m 选项可以列出所有可用的命令。fdisk 命令的选项及功能如表 4-3 所示。

表 4-3　fdisk 命令的选项及功能

选　项	功　能	选　项	功　能
a	调整硬盘启动分区	q	不保存更改，退出 fdisk 命令
d	删除硬盘分区	t	更改分区类型
l	列出所有支持的分区类型	u	切换所显示的分区大小的单位
m	列出所有命令	w	把修改写入硬盘分区表，然后退出
n	创建新分区	x	列出高级选项
p	列出硬盘分区表		

下面以在/dev/sdb 硬盘上创建大小为 500MB，分区类型为“Linux”的/dev/sdb[1-3]主分区及逻辑分区为例，讲解 fdisk 命令的用法。

1. 创建主分区

（1）利用如下所示命令，打开 fdisk 操作菜单。

```
root@U22-1:~# fdisk /dev/sdb
```

（2）输入“p”，查看当前硬盘分区表。从命令执行结果中可以看到，/dev/sdb 硬盘并无任何分区。

```
命令(输入 m 获取帮助)： p
Disk /dev/sdb：20 GiB，21474836480 字节，41943040 个扇区
Disk model：VMware Virtual S
单元：扇区 / 1 * 512 = 512 字节
扇区大小(逻辑/物理)：512 字节 / 512 字节
I/O 大小(最小/最佳)：512 字节 / 512 字节
硬盘标签类型：dos
硬盘标识符：0x73268a51
```

（3）输入“n”，创建一个新分区。输入“p”，创建主分区（创建扩展分区输入“e”，创建逻辑分区输入“l”）；输入数字“1”，创建第一个主分区（主分区和扩展分区可选的数字标识为 1～4，逻辑分区的数字标识从 5 开始）；输入此分区的起始、结束扇区，以确定当前分区的大小。也可以使用+sizeM 或者+sizeK 的方式指定分区大小。操作如下。

```
命令(输入 m 获取帮助)：n                          //输入“n”，以创建新分区
分区类型
```

```
    p   主分区 (0 primary, 0 extended, 4 free)
    e   扩展分区 (逻辑分区容器)
选择 (默认 p): p                                  //输入"p"，以创建主分区
分区号 (1-4, 默认  1): 1
第一个扇区 (2048-41943039, 默认 2048):
上个扇区，+sectors 或 +size{K,M,G,T,P} (2048-41943039, 默认 41943039): +500M
创建了一个新分区 1，类型为"Linux"，大小为 500 MiB。
```

（4）输入"l"可以查看所有支持的分区类型及其 ID，其中列出 Linux 的 ID 为 83。输入"t"，将/dev/sdb1 的分区类型更改为 Linux。操作如下。

```
命令(输入 m 获取帮助): t
已选择分区 1
Hex 代码(输入 L 列出所有代码): 83
已将分区"Linux"的类型更改为"Linux"。
```

> **提示** 如果不知道分区类型的 ID 是多少，则可以在命令提示符后面输入"L"查找。建立分区的默认类型就是"Linux"，可以不用修改。

（5）分区结束后，输入"w"，把分区信息写入硬盘分区表并退出。

（6）用同样的方法创建硬盘主分区/dev/sdb2、/dev/sdb3。

2. 创建逻辑分区

扩展分区只是一个概念，实际在硬盘中是看不到它的，也无法直接使用扩展分区。除了主分区外，剩余的硬盘空间就是扩展分区了。下面创建 1 个 500MB 的逻辑分区。

```
命令(输入 m 获取帮助): n
分区类型
    p   主分区 (3 个主分区，0 个扩展分区，1 空闲)
    e   扩展分区 (逻辑分区容器)
选择 (默认 e): e          //创建扩展分区，连续按两次"Enter"键，余下空间全部变为扩展分区
已选择分区 4

第一个扇区 (3074048-41943039, 默认 3074048):
上个扇区，+sectors 或 +size{K,M,G,T,P} (3074048-41943039, 默认 41943039):

创建了一个新分区 4，类型为"Extended"，大小为 18.5 GiB。

命令(输入 m 获取帮助): n
所有主分区都在使用中。
添加逻辑分区 5
第一个扇区 (3076096-41943039, 默认 3076096):
上个扇区，+sectors 或 +size{K,M,G,T,P} (3076096-41943039, 默认 41943039): +500M

创建了一个新分区 5，类型为"Linux"，大小为 500 MB。

命令(输入 m 获取帮助): p
设备          启动     起点     末尾     扇区    大小   Id   类型
/dev/sdb1              2048  1026047  1024000  500M   83   Linux
/dev/sdb2           1026048  2050047  1024000  500M   83   Linux
/dev/sdb3           2050048  3074047  1024000  500M   83   Linux
/dev/sdb4           3074048 41943039 38868992 18.5G   5 扩展
```

```
/dev/sdb5        3076096  4100095  1024000  500M 83 Linux
命令(输入 m 获取帮助): w
```

3. 使用 mkfs 命令建立文件系统

完成硬盘分区后，下一步的工作就是建立文件系统。类似于 Windows 操作系统的格式化硬盘，在硬盘分区上建立文件系统会冲掉分区上的数据，而且冲掉的数据不可恢复，因此在建立文件系统之前要确认分区上的数据不再使用。建立文件系统的命令是 mkfs，该命令的格式为：

```
mkfs  [选项]  文件系统
```

mkfs 命令的常用选项如下。

- -t：指定要创建的文件系统类型。
- -c：建立文件系统前首先检查硬盘坏块。
- -l file：从文件 file 中读取硬盘坏块列表（file 文件一般是由硬盘坏块检查程序产生的）。
- -V：输出建立文件系统详细信息。

例如，在/dev/sdb1 上建立 XFS 类型的文件系统，建立时检查硬盘坏块并显示详细信息，代码如下所示。

```
root@U22-1:~# mkfs.xfs /dev/sdb1
```

完成了存储设备的分区和格式化操作，接下来就要挂载并使用存储设备了。与之相关的步骤也非常简单：首先创建一个用于挂载设备的挂载点；然后使用 mount 命令将存储设备与挂载点关联；最后使用 df -h 命令查看挂载状态和硬盘使用量信息。

```
root@U22-1:~# mkdir /newFS
root@U22-1:~# mount /dev/sdb1 /newFS/
root@U22-1:~# df -h
文件系统          容量    已用    可用     已用%    挂载点
……
/dev/nvme0n1p3    7.5G    4.0G    3.6G     53%      /usr
……
/dev/sdb1         495M    29M     466M     6%       /newFS
```

4. 使用 fsck 命令检查文件系统

fsck 命令主要用于检查文件系统的正确性，并对 Linux 硬盘进行修复。fsck 命令的格式如下。

```
fsck  [选项]  文件系统
```

fsck 命令的常用选项如下。

- -t：给定文件系统类型，在/etc/fstab 中已有定义或内核本身已支持的，不需要添加此选项。
- -s：一个一个地执行 fsck 命令对分区进行检查。
- -A：对/etc/fstab 中所有列出来的分区进行检查。
- -C：显示完整的检查进度。
- -d：列出 fsck 的 debug 结果。
- -P：在有-A 选项时，多个 fsck 的检查一起执行。
- -a：如果检查中发现错误，则自动修复。
- -r：如果检查中发现错误，则询问用户是否修复。

以检查分区/dev/sdb1 上是否有错误，如果有错误，则自动修复（必须先卸载硬盘才能检查分区）为例，操作如下。

```
root@U22-1:~# umount /dev/sdb1
```

```
root@U22-1:~# fsck -a /dev/sdb1
fsck，来自 util-linux 2.32.1
/usr/sbin/fsck.xfs: XFS file system.
```

5. 删除硬盘分区

如果要删除硬盘分区，则在 fdisk 菜单下输入“d”，并选择相应的硬盘分区即可。删除后输入“w”，保存并退出。以删除/dev/sdb3 分区为例，操作如下。

```
命令(输入 m 获取帮助)：d
分区号 (1-5, 默认 5)：3
分区 3 已删除。
命令(输入 m 获取帮助)： w
```

任务 4-2 使用其他硬盘管理工具

1. dd 命令

dd 命令可从标准输入或文件中读取数据，根据指定的格式来转换数据，再输出到文件、设备或标准输出。

dd 命令的格式为：

```
dd [参数]
```

dd 命令的常用参数如下。

- if=文件名：输入文件名，默认为标准输入，即指定源文件。
- of=文件名：输出文件名，默认为标准输出，即指定目的文件。
- ibs=bytes：一次读入 bytes 字节，即指定一个块大小为 bytes 字节。
- obs=bytes：一次输出 bytes 字节，即指定一个块大小为 bytes 字节。
- bs=bytes：同时设置读入/输出的块大小为 bytes 字节，可代替 ibs 和 obs。
- count=blocks：仅复制 blocks 个块，块大小等于 ibs 指定的字节数。

【例 4-1】使用 dd 命令建立和使用交换文件。

当系统的交换分区不能满足系统的要求而硬盘上又没有可用空间时，可以使用交换文件来提供虚拟内存。

① 下述命令的结果是在硬盘的根目录下建立一个块大小为 1024B，块数为 10 240 且名为 swap 的交换文件。该文件的大小为 1024B×10 240=10MB。

```
root@U22-1:~# dd  if=/dev/zero  of=/swap  bs=1024  count=10240
```

② 建立/swap 交换文件后，使用 mkswap 命令说明该文件用于交换空间。

```
root@U22-1:~# mkswap  /swap
```

③ 可以利用 swapon 命令激活交换空间，也可以利用 swapoff 命令卸载被激活的交换空间。

```
root@U22-1:~# swapon  /swap
root@U22-1:~# swapoff  /swap
```

2. df 命令

df 命令用来查看文件系统的硬盘空间使用情况。可以利用 df 命令获取硬盘被占用了多少空间，以及目前还有多少空间等信息，还可以利用该命令获得文件系统的挂载位置。

df 命令的格式为：

```
df  [选项]
```

df 命令的常用选项如下。

- -a：显示所有文件系统的硬盘空间使用情况，包括 0 块的文件系统，如/proc 文件系统。
- -k：以 k 字节为单位显示。
- -i：显示索引节点信息。
- -t：显示各指定类型的文件系统的硬盘空间使用情况。
- -x：显示不是某一指定类型的文件系统的硬盘空间使用情况（与-t 选项的作用相反）。
- -T：显示文件系统类型。

例如，列出各文件系统的占用情况。

```
root@U22-1:~# df
文件系统             1K-块      已用      可用    已用%    挂载点
……
tmpfs               921916     18036    903880     2%     /run
/dev/nvme0n1p8     9754624   1299860   8454764    14%     /
```

列出各文件系统的索引节点的使用情况。

```
root@U22-1:~# df -ia
文件系统        Inodes  已用(I)  可用(I)    已用(I)%   挂载点
rootfs              -       -        -          -      /
sysfs               0       0        0          -      /sys
proc                0       0        0          -      /proc
devtmpfs       229616     411   229205         1%      /dev
……
```

列出文件系统类型。

```
root@U22-1:~# df -T
文件系统        类型          1K-块     已用      可用    已用%    挂载点
/dev/sda2      ext4       10190100    98264   9551164     2%     /
devtmpfs       devtmpfs     918464        0    918464     0%     /dev
……
```

3. du 命令

du 命令用于显示硬盘空间的使用情况。该命令逐级显示指定目录的每一级子目录占用文件系统数据块的情况。du 命令的格式为：

```
du  [选项]  [文件或目录名称]
```

du 命令的常用选项如下。

- -s：对每个文件或目录参数只给出占用的数据块总数。
- -a：递归显示指定目录中各文件及子目录中各文件占用的数据块数。
- -b：以 B 为单位列出硬盘空间使用情况（Linux AS 4.0 中默认以 KB 为单位）。
- -k：以 1024B 为单位列出硬盘空间使用情况。
- -c：在统计后加上一个总计（系统默认设置）。
- -l：计算所有文件大小，重复计算硬链接文件。
- -x：跳过在不同文件系统上的目录，即对其不予统计。

提示 硬链接是指通过索引节点来建立的链接。

例如，以 B 为单位列出所有文件和目录的硬盘空间占用情况的命令如下。

```
root@U22-1:~# du -ab
```

4．mount 与 umount 命令

（1）mount 命令

在硬盘上新建好的文件系统，还需要挂载到系统上才能使用。把新建的文件系统接入系统的过程称为挂载。文件系统挂载到的目录称为挂载点（mount point）。Linux 操作系统提供了/mnt 和/media 两个专门的挂载点。一般而言，挂载点应该是一个空目录，否则目录中原来的文件将被系统隐藏。通常将光盘和软盘挂载到/media/cdrom（或者/mnt/cdrom）和/media/floppy（或者/mnt/floppy）中，其对应的设备文件名分别为/dev/cdrom 和/dev/fd0。

文件系统可以在系统引导过程中自动挂载，也可以手动挂载。手动挂载文件系统的命令是 mount。该命令的格式为：

```
mount  选项   设备  挂载点
```

mount 命令的主要选项如下。

- -t：指定要挂载的文件系统的类型。
- -r：如果不想修改要挂载的文件系统，则可以使用该选项以只读方式挂载。
- -w：以可写方式挂载文件系统。
- -a：挂载/etc/fstab 文件中记录的设备。

挂载光盘可以使用下列命令（/media 目录必须存在）。

```
root@U22-1:~# mount -t iso9660 /dev/cdrom  /media
```

（2）umount 命令

文件系统可以挂载，也可以卸载。卸载文件系统的命令是 umount。umount 命令的格式为：

```
umount 设备:挂载点
```

例如，卸载光盘的命令如下。

```
root@U22-1:~# umount /media
root@U22-1:~# umount /dev/cdrom
```

> **注意** 光盘在没有卸载之前，无法从驱动器中弹出。正在使用的文件系统不能卸载。

5．文件系统的自动挂载

每次开机自动挂载文件系统，可以通过编辑/etc/fstab 文件来实现。在/etc/fstab 中列出了引导系统时需要挂载的文件系统，以及文件系统的类型和挂载参数。系统在引导过程中会读取/etc/fstab 文件，并根据该文件的配置参数挂载相应的文件系统。以下是一个/etc/fstab 文件的内容。

```
root@U22-1:~# cat /etc/fstab
UUID=c7f78d0f-6446-4d1a-97a7-30c1342f30c9 /       xfs   defaults   0 0
UUID=59c49c44-ba4d-43c7-a2c0-0f6fad081771 /boot   xfs   defaults   0 0
UUID=0a759e3a-bb79-4b28-9db3-7c413e64ad6c /home   xfs   defaults   0 0
……
```

可以看到系统默认分区是使用 UUID 挂载的，那么什么是 UUID 呢？为什么使用 UUID 挂载呢？

通用唯一识别码（Universally Unique Identifier，UUID）为系统中的存储设备提供唯一的标识字符串，且不管这个设备是什么类型的。如果在系统启动时使用盘符挂载，则可能因找不到设备

而加载失败，而使用 UUID 挂载则不会有这样的问题。

自动分配的设备名并非总是一致的，它们依赖于启动时内核加载模块的顺序。如果在插入 USB 时启动了系统，下次启动时又把它拔掉了，就有可能导致设备名分配不一致。所以，使用 UUID 对于挂载各种设备有非常多的好处，它支持各种各样的卡，且使用它通常可以使同一块卡挂载在同一个目录下。

使用 blkid 命令可以在 Linux 中查看设备的 UUID。

/etc/fstab 文件的每一行代表一个文件系统，每一行又包含 6 列，这 6 列的内容如下所示。

```
fs_spec   fs_file   fs_vfstype   fs_mntops   fs_freq   fs_passno
```

具体含义如下。

fs_spec：将要挂载的设备文件。

fs_file：文件系统的挂载点。

fs_vfstype：文件系统类型。

fs_mntops：挂载选项，传递给 mount 命令时决定如何挂载，各选项之间用“,”隔开。

fs_freq：由 dump 程序决定文件系统是否需要备份，0 表示不备份，1 表示备份。

fs_passno：由 fsck 程序决定引导时是否检查硬盘及检查次序，取值可以为 0、1、2。

例如，要实现每次开机时自动将文件系统类型为 XFS 的分区/dev/sdb1 挂载到/sdb1 目录下，需要在/etc/fstab 文件中添加下面一行代码。重启计算机后，/dev/sdb1 就能自动挂载了（**提前创建/sdb1 目录**）。

```
/dev/sdb1   /sdb1   xfs   defaults   0  0
```

思考 如何使用 UUID 挂载/dev/sdb1?

参考答案：

```
root@U22-1:~# blkid /dev/sdb1
/dev/sdb1: UUID="541a3c6c-e870-4641-ac76-a6725d874deb" TYPE="xfs" PARTUUID="9449709f-01"
```

特别提示 为了不影响后续的实训，测试完文件系统自动挂载后，请将/etc/fstab 文件恢复到初始状态。另外，在操作/etc/fstab 文件之前，请一定做好该文件的备份工作。

任务 4-3 在 Linux 中配置软 RAID

独立磁盘冗余阵列（Redundant Array of Independent Disks，RAID）用于将多个小型硬盘驱动器合并成一个硬盘阵列，以提高存储性能和容错功能。RAID 可分为软 RAID 和硬 RAID，其中，软 RAID 通过软件实现多块硬盘冗余，而硬 RAID 一般通过 RAID 卡来实现。软 RAID 配置简单，管理也比较灵活，对于中小型企业来说不失为一种最佳选择。硬 RAID 在性能方面具有一定的优势，但往往开销比较高。

作为高性能的存储系统，RAID 已经得到了越来越广泛的应用。从 RAID 概念提出到现在，RAID 已经发展了 6 个级别，分别是 0、1、2、3、4、5，常用的是 0、1、3、5 这 4 个级别。

（1）RAID0：将多个硬盘合并成一个大的硬盘，不具有冗余，并行输入输出（Input/Output，I/O），速度最快。RAID0 也称为带区集。在存放数据时，RAID0 将数据按硬盘的数量进行分段，然后同时将这些数据写进这些硬盘中。RAID0 技术如图 4-11 所示。

在所有级别中，RAID0 的速度是最快的。但是 RAID0 没有冗余功能，如果其中一个硬盘（物理）损坏，则所有的数据都无法使用。

（2）RAID1：把硬盘阵列中的硬盘分成相同的两组，互为镜像，当任意硬盘介质出现故障时，可以利用其镜像上的数据恢复，从而提高系统的容错能力。对数据的操作仍采用分块后并行传输的方式。RAID1 不仅提高了读写速度，还提高了系统的可靠性，其缺点是硬盘的利用率低，只有 50%。RAID1 技术如图 4-12 所示。

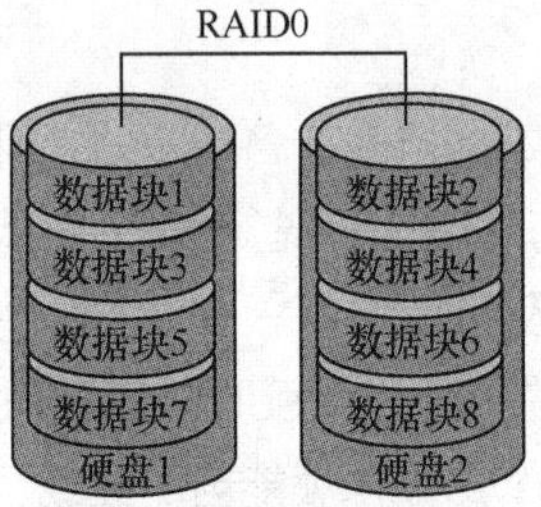

图 4-11　RAID0 技术

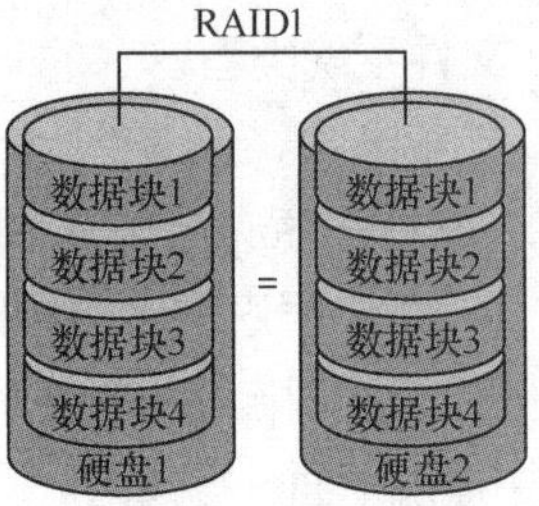

图 4-12　RAID1 技术

（3）RAID3：其存放数据的原理和 RAID0、RAID1 的不同，RAID3 用一个硬盘（校验盘）来存放数据的奇偶校验位，将数据分段存储于其余硬盘（数据盘）中。它像 RAID0 一样，以并行的方式来存放数据，但速度没有 RAID0 快。如果数据盘（物理）损坏，则只需要将坏的数据盘换掉，RAID 控制系统会根据校验盘的数据校验位在新盘中重建坏盘上的数据。不过，如果校验盘（物理）损坏，则全部数据都无法使用。利用单独的校验盘来保护数据虽然没有利用镜像的安全性高，但是硬盘利用率得到了很大的提高［其硬盘利用率为$(n-1)/n$。其中 n 为使用 RAID3 的硬盘总数量］。

（4）RAID5：向阵列中的硬盘写数据，奇偶校验数据存放在阵列中的各个盘上，允许单个硬盘出错。RAID5 也以数据的奇偶校验位来保证数据的安全，但它不以单独硬盘来存放数据的奇偶校验位，而是将数据段的奇偶校验位交互存放于各个硬盘上。这样任何一个硬盘损坏，都可以根据其他硬盘上的校验位来重建损坏的数据。其硬盘利用率为$(n-1)n$。RAID5 技术如图 4-13 所示。

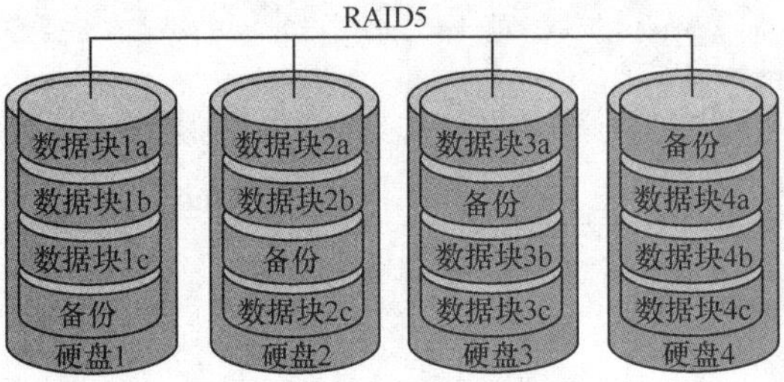

图 4-13　RAID5 技术

RHEL 提供了对软 RAID 技术的支持。在 Linux 操作系统中建立软 RAID 可以使用 mdadm 工具，以方便建立和管理 RAID 设备。

1. 实现软 RAID 的环境

下面以 4 块硬盘/dev/sdc、/dev/sdd、/dev/nvme0n2、/dev/nvme0n3 为例来讲解 RAID5 的创建方法。此处利用 VMware 虚拟机，事先安装 4 块硬盘。

2. 创建 4 个硬盘分区

使用 fdisk 命令重新创建 4 个硬盘分区/dev/sdc1、/dev/sdd1、/dev/nvme0n2p1、/dev/

nvme0n3p1，容量一致，都为 500MB，并设置分区类型 ID 为 fd（Linux raid 自动检测）。

（1）以创建/dev/nvme0n2p1 硬盘分区为例（先删除原来的分区，若是新硬盘则直接分区）。

```
root@U22-1:~# fdisk /dev/nvme0n2
更改将停留在内存中，直到您决定将更改写入硬盘。
使用写入命令前请三思。

设备不包含可识别的分区表。
创建了一个硬盘标识符为 0x6440bb1c 的新 DOS 硬盘标签。

命令(输入 m 获取帮助): n                                    //创建分区
分区类型
   p   主分区 (0 个主分区，0 个扩展分区，4 空闲)
   e   扩展分区 (逻辑分区容器)
选择 (默认 p): p                                           //创建主分区
分区号 (1-4, 默认  1): 1                                   //创建主分区 1
第一个扇区 (2048-41943039, 默认 2048):
上个扇区，+sectors 或 +size{K,M,G,T,P} (2048-41943039, 默认 41943039): +500M
                                                          //分区容量为 500MB

创建了一个新分区 1，类型为“Linux”，大小为 500 MiB。

命令(输入 m 获取帮助): t                                   //设置文件系统
已选择分区 1
Hex 代码(输入 L 列出所有代码): fd                          //设置文件系统为 fd
已将分区“Linux”的类型更改为“Linux raid autodetect”。

命令(输入 m 获取帮助): w                                   //存盘并退出
```

（2）用同样的方法创建其他 3 个硬盘分区，最后的分区结果如下所示（已去掉无用信息）。

```
root@U22-1:~# fdisk -l
设备              起点     末尾      扇区     大小   Id 类型
/dev/nvme0n2p1    2048   1026047   1024000   500M   fd Linux raid 自动检测
/dev/nvme0n3p1    2048   1026047   1024000   500M   fd Linux raid 自动检测
/dev/sdc1         2048   1026047   1024000   500M   fd Linux raid 自动检测
/dev/sdd1         2048   1026047   1024000   500M   fd Linux raid 自动检测
```

3. 使用 mdadm 命令创建 RAID5

RAID 设备名为/dev/md*X*，其中 *X* 为设备编号，该编号从 0 开始。

```
root@U22-1:~# mdadm --create /dev/md0 --level=5 --raid-devices=3 --spare-devices=1
/dev/sd[c-d]1 /dev/nvme0n2p1 /dev/nvme0n3p1
mdadm: Defaulting to version 1.2 metadata
mdadm: array /dev/md0 started.
```

上述命令中指定 RAID 设备名为/dev/md0，级别为 5，使用 3 个设备建立 RAID，空余一个作为备用。在上面的命令中，最后是装置文件名，这些装置文件名可以是整个硬盘，如/dev/sdc，也可以是硬盘上的分区，如/dev/sdc1 等。不过，这些装置文件名的总数必须等于--raid-devices 与--spare-devices 的个数总和。在此例中，/dev/sd[c-d]1 是一种简写形式，表示/dev/sdc1、/dev/sdd1（**不使用简写形式时，各硬盘或分区间用空格隔开**），其中/dev/nvme0n3p1 为备用。

4. 为新建立的/dev/md0 建立类型为 XFS 的文件系统

代码如下。

```
root@U22-1:~# mkfs.xfs /dev/md0
```

5. 查看建立的 RAID5 的具体情况（注意哪个是备用!）

代码如下。

```
root@U22-1:~# mdadm --detail /dev/md0
/dev/md0:
           Version : 1.2
     Creation Time : Mon May 28 05:45:21 2018
        Raid Level : raid5
     ......
    Active Devices : 3
   Working Devices : 4
    Failed Devices : 0
     Spare Devices :  1

......

    Number   Major   Minor   RaidDevice      State
       0       8      33        0            active sync      /dev/sdc1
       1       8      49        1            active sync      /dev/sdd1
       4     259      12        2            active sync      /dev/nvme0n2p1

       3     259      13        -            spare            /dev/nvme0n3p1
```

6. 将 RAID 设备挂载到指定目录

（1）将 RAID 设备/dev/md0 挂载到指定的目录/media/md0 中，并显示该设备中的内容。

```
root@U22-1:~# umount /media
root@U22-1:~# mkdir /media/md0
root@U22-1:~# mount /dev/md0 /media/md0 ;  ls  /media/md0
root@U22-1:~# cd /media/md0
```

（2）写入一个 50MB 的文件 50_file 供数据恢复时测试使用。

```
root@U22-1:~# dd if=/dev/zero of=50_file count=1 bs=50M; ll
记录了 1+0 的读入
记录了 1+0 的写出
52428800 bytes (52 MB, 50 MiB) copied, 0.356753 s, 147 MB/s
总用量 51200
-rw-r--r--. 1 root root 52428800 8月  30 09:33 50_file
root@U22-1:~# cd
```

7. RAID 设备的数据恢复

如果 RAID 设备中的某个硬盘损坏，系统就会自动停止这块硬盘的工作，让备用硬盘代替损坏的硬盘继续工作。例如，假设/dev/sdc1 损坏，则更换损坏的 RAID 设备中成员的方法如下。

（1）将损坏的 RAID 成员标记为失效。

```
root@U22-1:~# mdadm  /dev/md0  --fail  /dev/sdc1
mdadm: set /dev/sdc1 faulty in /dev/md0
```

（2）移除失效的 RAID 成员。

```
root@U22-1:~# mdadm  /dev/md0  --remove  /dev/sdc1
mdadm: hot removed /dev/sdc1 from /dev/md0
```

（3）更换硬盘设备，添加一个新的 RAID 成员（注意查看 RAID5 的情况）。备份硬盘一般会自动替换，如果没有自动替换，则手动设置。

```
root@U22-1:~# mdadm /dev/md0 --add /dev/nvme0n3p1
mdadm: Cannot open /dev/nvme0n3p1: Device or resource busy //说明已自动替换
```

（4）查看 RAID5 下的文件是否损坏，同时再次查看 RAID5 的情况。

```
root@U22-1:~# ll /media/md0
总用量 51200
-rw-r--r--. 1 root root 52428800 8月  30 09:33 50_file        //文件未损坏
root@U22-1:~# mdadm --detail /dev/md0
/dev/md0:
    ……
    Number   Major   Minor   Raid   Device        State
       3      259      13      0    active sync   /dev/nvme0n3p1
       1        8      49      1    active sync   /dev/sdd1
       4      259      12      2    active sync   /dev/nvme0n2p1
```

RAID5 中的失效硬盘已被成功替换。

说明 mdadm 命令中凡是以“--”引出的选项，均与“-”加单词首字母的方式的选项等价。例如，“--remove”等价于“-r”，“--add”等价于“-a”。

8. 停止 RAID

不再使用 RAID 设备时，可以使用命令 mdadm -S /dev/md*X*停止 RAID 设备。需要注意的是，应先卸载再停止。

```
root@U22-1:~# umount /dev/md0
root@U22-1:~# mdadm -S /dev/md0     //停止 RAID
mdadm: stopped /dev/md0
root@U22-1:~# mdadm --misc --zero-superblock /dev/sd[c-d]1 /dev/nvme0n[2-3]p1
//删除 RAID 信息
```

任务 4-4 配置软 RAID 的企业案例

1. 环境需求

- 利用 5 个分区组成 RAID5，其中一个分区为备用分区。
- 每个分区大小约为 1GB，尽量使每个分区容量相同。
- 1 个分区设定为备用，这个备用的大小与其他 RAID 所需分区的一样。
- 将此 RAID5 装置挂载到/mnt/raid 目录下。

我们使用硬盘/dev/sda 的扩展分区中的逻辑分区/dev/sda[4-9]来完成该项任务。

2. 解决方案

本案例的解决方案与任务 4-3 的极为相似，这里不赘述。若需要详细解决方案，请扫描二维码学习。

4.4 拓展阅读 国家最高科学技术奖

国家最高科学技术奖于 2000 年由国务院设立，由国家科学技术奖励工作办公室负责，是我国 5 个国家科学技术奖中最高等级的奖项，授予在当代科学技术前沿取得重大突破、在科学技术发展中有卓越建树，或者在科学技术创新、科学技术成果转化和高技术产业化中创造巨大经济效益、社会效益、生态环境效益或者对维护国家安全做出巨大贡献的科学技术工作者。

根据国家科学技术奖励工作办公室官网显示，国家最高科学技术奖每年评选一次，授予人每次不超过两名，由国家主席亲自签署、颁发荣誉证书、奖章和奖金。截至 2021 年 11 月，共有 35 位杰出科学工作者获得该奖。其中，计算机科学家王选院士获此殊荣。

4.5 项目实训

4.5.1 项目实训 1 管理文件系统

1. 项目实训目的

- 掌握 Linux 下创建、挂载与卸载文件系统的方法。
- 掌握自动挂载文件系统的方法。

2. 项目背景

某企业的 Linux 服务器中新增了一块硬盘/dev/sdb，首先使用 fdisk 命令新建/dev/sdb1 主分区和/dev/sdb2 扩展分区，并在扩展分区中新建逻辑分区/dev/sdb5，使用 mkfs 命令分别创建 VFAT 和 Ext3 文件系统。然后使用 fsck 命令检查这两个文件系统。最后把这两个文件系统挂载到系统上。

3. 项目实训内容

练习 Linux 操作系统下文件系统的创建、挂载、卸载及自动挂载。

4. 做一做

完成项目实训，检查学习效果。

4.5.2 项目实训 2 管理 LVM 逻辑卷

1. 项目实训目的

- 掌握创建 LVM 类型分区的方法。
- 掌握管理 LVM 逻辑卷的基本方法。

2. 项目背景

某企业在 Linux 服务器中新增了一块硬盘/dev/sdb，要求使得 Linux 操作系统的分区能自动调整硬盘容量。请使用 fdisk 命令新建/dev/sdb1、/dev/sdb2、/dev/sdb3 和/dev/sdb4 LVM 类型的分区，并在这 4 个分区上创建物理卷、卷组和逻辑卷，最后将逻辑卷挂载。

3. 项目实训内容

物理卷、卷组、逻辑卷的创建及管理。

4. 做一做

进行项目实训，检查学习效果。

4.5.3 项目实训 3 管理动态磁盘

1. 项目实训目的

掌握在 Linux 操作系统中利用 RAID 技术实现磁盘阵列的方法。

2. 项目背景

某企业为了保护重要数据，购买了同一厂家的 4 块 SCSI 磁盘。要求在这 4 块磁盘上创建 RAID5，以实现磁盘容错。

3. 项目实训内容

利用 mdadm 命令创建并管理 RAID。

4. 做一做

完成项目实训，检查学习效果。

4.6 练习题

一、填空题

1. ________是光盘使用的标准文件系统。

2. RAID（Redundant Array of Independent Disks）的中文全称是________，它用于将多个小型硬盘驱动器合并成一个________，以提高存储性能和________功能。RAID 可分为______和________，其中，软 RAID 通过软件实现多块硬盘________。

3. LVM（Logical Volume Manager）的中文全称是________，最早应用在 IBM AIX 系统上。它的主要作用是________及调整硬盘分区大小，并且可以让多个分区或者物理硬盘作为________来使用。

4. 可以通过________和________来限制用户和组群对硬盘空间的使用。

二、选择题

1. 假定内核支持 VFAT 分区，则使用（　　）可将/dev/hda1 这个 Windows 分区加载到/win 目录。

A. mount -t windows /win /dev/hda1　B. mount -fs=msdos /dev/hda1 /win
C. mount -s win /dev/hda1 /win　D. mount -t vfat /dev/hda1 /win

2. 下列关于/etc/fstab 的描述正确的是（　　）。

A. 启动系统后，由系统自动产生
B. 用于管理文件系统信息
C. 用于设置命名规则，确定是否可以使用“Tab”键来命名一个文件
D. 保存硬件信息

3. 若想在一个新分区上建立文件系统，则应该使用命令（　　）。

A. fdisk　B. makefs　C. mkfs　D. format

4. Linux 文件系统的目录结构是一棵倒置的树，文件都按其作用分门别类地存放在相关的目录中。现有一个外部设备文件，我们应该将其存放在（　　）目录中。

A. /bin　　　　B. /etc　　　　C. /dev　　　　D. lib

三、简答题

1. RAID 技术主要是为了解决什么问题？
2. RAID0 和 RAID5 哪个更安全？
3. 位于 LVM 最底层的是物理卷还是卷组？
4. LVM 对逻辑卷的扩容和缩容操作有何异同点？
5. LVM 的删除顺序是怎样的？

项目5 配置网络和防火墙

05

项目导入

作为 Linux 操作系统的管理员，掌握 Linux 服务器的网络配置是至关重要的，同时管理远程主机也是管理员必须熟练掌握的。这些是后续配置网络服务的基础，必须掌握。

本项目讲解如何使用命令配置网络参数，以及如何通过命令查看网络信息并管理网络图形界面，从而让读者能够在不同工作场景中快速切换网络运行参数。本项目还深入介绍 UFW 的使用。

职业能力目标

- 掌握常见网络服务的配置方法。
- 掌握 UFW 的使用方法。

素养目标

- 了解为什么会推出 IPv6。我国推出的“雪人计划”是一项利国利民的工程，这一计划必将助力中华民族的伟大复兴，激发学生的爱国情怀和学习动力。
- “路漫漫其修远兮，吾将上下而求索。”国产化替代之路“道阻且长，行则将至，行而不辍，未来可期”。青年学生更应坚信中华民族的伟大复兴终会有时！

5.1 项目知识准备

Linux 主机要与网络中的其他主机通信，首先要正确配置网络。网络配置通常包括主机名、IP 地址、子网掩码、默认网关、DNS 服务器等设置。设置主机名是首要任务。

5.1.1 修改主机名

1. 主机名的形式

在 Ubuntu 中有以下 3 种形式的主机名。

（1）静态（static）主机名：也称为内核主机名，是系统在启动时从/etc/hostname 自动初始化的主机名。

（2）瞬态（transient）主机名：在系统运行时临时分配的主机名，由内核管理。例如，通过 DHCP 或 DNS 服务器分配的 localhost 就是瞬态主机名。

（3）灵活（pretty）主机名：UTF-8 格式的自由主机名，用于展示给终端用户。

想要查看当前主机名，可以运行 hostnamectl 命令，不需要带任何参数和选项。

```
root@U22-1:~# hostnamectl
 Static hostname: U22-1
       Icon name: computer-vm
         Chassis: vm
      Machine ID: 0f2ca33392124953a14a7e4d576e9dd7
         Boot ID: 11c2747c1cc245ae9c06e2a7b4f3dcad
  Virtualization: vmware
Operating System: Ubuntu 22.04.1 LTS
          Kernel: Linux 5.15.0-43-generic
    Architecture: x85-64
 Hardware Vendor: VMware, Inc.
  Hardware Model: VMware Virtual Platform
```

从结果中可以得到静态主机名，以及 Ubuntu 系统其他相关信息。

2. 修改主机名的方式

（1）使用 nmtui 修改主机名

```
root@U22-1:~# nmtui                    #弹出网络管理界面
```

在图 5-1、图 5-2 所示的界面中进行配置。

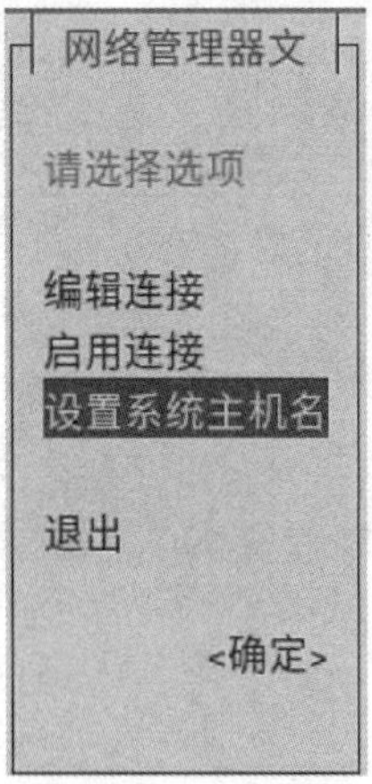

图 5-1　设置系统主机名

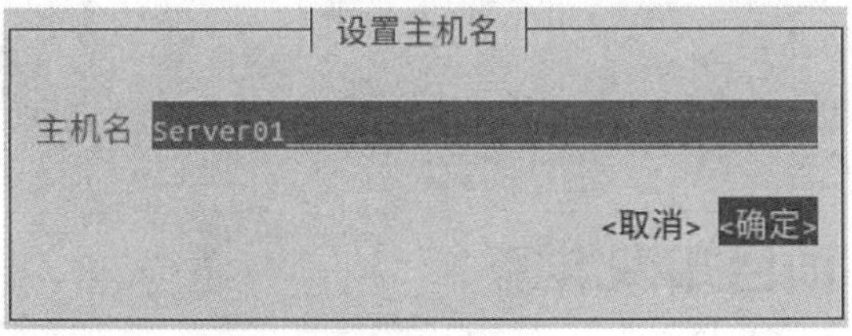

图 5-2　修改主机名为 Server01

使用 NetworkManager 的命令行接口 nmtui 修改静态主机名（从/etc/hostname 文件自动初始化的主机名）后，不会通知 hostnamectl。要想强制让 hostnamectl 知道静态主机名已经被修改，需要重启 hostnamed 服务。

```
root@U22-1:~# systemctl restart systemd-hostnamed
```

（2）使用 hostnamectl 修改主机名

① 查看主机名。

```
root@U22-1:~# hostnamectl status
   Static hostname: Server01
        ……
```

② 设置新的主机名。

```
root@U22-1:~# hostnamectl set-hostname Server02
```

③ 再次查看主机名。

```
root@U22-1:~# hostnamectl status
   Static hostname: Server02
        ……
```

（3）使用 NetworkManager 的命令行接口 nmcli 修改主机名

① 使用 nmcli 可以修改/etc/hostname 中的静态主机名。

```
//查看主机名
root@U22-1:~# nmcli general hostname
Server02
//设置新的主机名
root@U22-1:~# nmcli general hostname Server01
root@U22-1:~# nmcli general hostname
Server01
```

② 重启 hostnamed 服务，让 hostnamectl 知道静态主机名已经被修改。

```
root@U22-1:~# systemctl restart systemd-hostnamed
```

5.1.2 防火墙概述

防火墙的本义是指一种防护建筑物。古代建造木制结构房屋时，为防止火灾发生和减缓其蔓延，人们在房屋周围将石块堆砌成石墙，这种防护建筑物（石墙）就称为“防火墙”。

通常所说的网络防火墙套用了古代防火墙的喻义，它指的是隔离本地网络与外界网络的一道防御系统。防火墙可以使企业内部网络与互联网或者与其他外部网络互相隔离、限制网络互访，以此来保护内部网络。

防火墙的分类方法多种多样，不过从传统意义上讲，防火墙大致可以分为三大类，分别是“包过滤”“应用代理”“状态检测”。无论防火墙的功能多么强大，性能多么完善，归根结底都是在这 3 种技术的基础之上扩展功能的。

5.2 项目设计与准备

本项目要用到 Server01 和 Client1，完成的任务如下。

（1）配置 Server01 和 Client1 的网络参数。

（2）创建会话。

（3）配置远程服务。

其中 Server01 的 IP 地址为 192.168.10.1/24，Client1 的 IP 地址为 192.168.10.20/24，两台计算机的网络连接模式都是**桥接模式**。

5-1

配置网络和防火墙

5.3 项目实施

任务 5-1 使用系统菜单配置网络

后续我们将学习如何在 Linux 操作系统上配置服务。在此之前，必须先保证主机之间能够顺畅地通信。如果网络没有连通，则即便服务部署得再正确，用户也无法顺利访问，所以，配置网络并确保网络的连通是学习部署 Linux 服务之前的一个重要知识点。

（1）以 Server01 为例。在 Server01 的桌面左下角依次单击“显示应用程序”→“设置”→“网络”，打开网络配置界面，单击有线设置中的滑板，单击小齿轮按钮，一步步完成网络信息查询和网络配置。具体过程如图 5-3～图 5-5 所示。

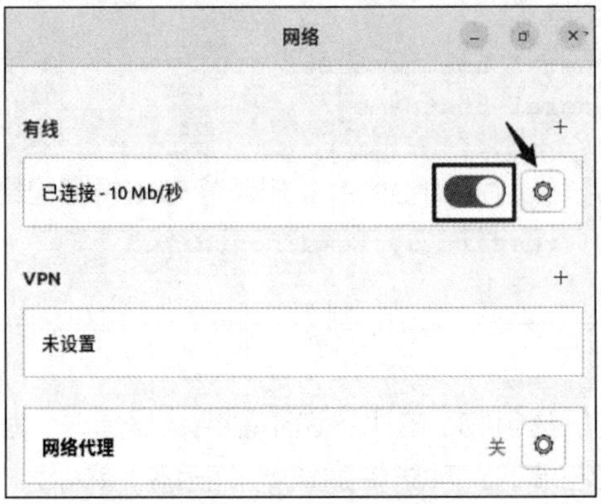

图 5-3　进行网络配置

（2）按照图 5-4 所示步骤①～④设置完成后，单击“应用”按钮应用配置，回到图 5-3 所示的界面。注意网络连接应该设置在“打开”状态，如果在“关闭”状态，则修改。

（3）再次单击小齿轮按钮，显示图 5-5 所示的网络配置界面。一定要**勾选“自动连接”选项**，否则计算机启动后不能自动连接网络，切记！最后单击“应用”按钮。注意，有时需要重启系统配置才能生效。

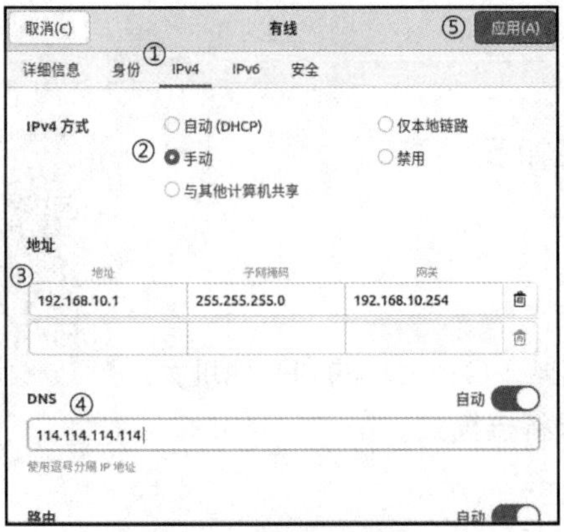

图 5-4　配置有线连接

图 5-5　网络配置界面

建议 ① 优先使用系统菜单配置网络。因为对 Ubuntu 系统而言，图形界面已经非常完善了。
② 如果网络正常工作，则会在桌面右上角显示网络连接图标，直接单击该图标也可以进行网络配置，如图 5-6 所示。
③ 成功设置 IP 地址后，如无法正常连接，则查看虚拟网络编辑器中的子网 IP 地址是否已设置成“192.168.10.0”。

图 5-6 单击网络连接图标进行网络配置

（4）按同样的方法配置 Client1 的网络参数：IP 地址为 192.168.10.20/24，默认网关为 192.168.10.254。

（5）在 Server01 上测试与 Client1 的连通性，测试成功。

```
root@Server01:~# ping 192.168.10.20 -c 4
PING 192.168.10.20 (192.168.10.20) 56(84) bytes of data.
64 bytes from 192.168.10.20: icmp_seq=1 ttl=64 time=0.904 ms
64 bytes from 192.168.10.20: icmp_seq=2 ttl=64 time=0.961 ms
64 bytes from 192.168.10.20: icmp_seq=3 ttl=64 time=1.12 ms
64 bytes from 192.168.10.20: icmp_seq=4 ttl=64 time=0.607 ms

--- 192.168.10.20 ping statistics ---
4 packets transmitted, 4 received, 0% packet loss, time 34ms
rtt min/avg/max/mdev = 0.607/0.898/1.120/0.185 ms
```

任务 5-2 使用图形界面配置网络

（1）任务 5-1 中我们使用系统菜单配置网络，接下来使用 nmtui 命令配置网络。

```
root@Server01:~# nmtui
```

（2）显示图 5-7 所示的图形配置界面。配置过程如图 5-8、图 5-9 所示。

注意 本书中所有服务器主机 IP 地址均为 192.168.10.1，而客户端主机 IP 地址一般设为 192.168.10.20 及 192.168.10.30。这样做是为了方便后面服务器配置。

（3）单击“编辑连接”对话框的“显示”按钮，显示信息配置界面，如图 5-10 所示。在服务器主机的网络配置界面中填写 IPv4 地址（192.168.10.1/24）等信息，单击“确定”按钮保存配置，如图 5-11 所示。

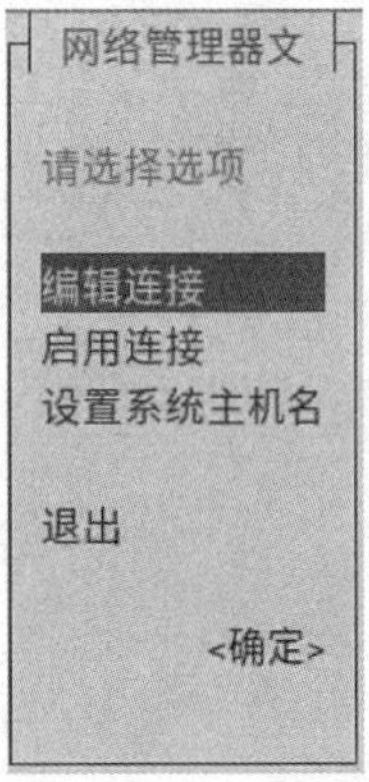

图 5-7　选择“编辑连接”

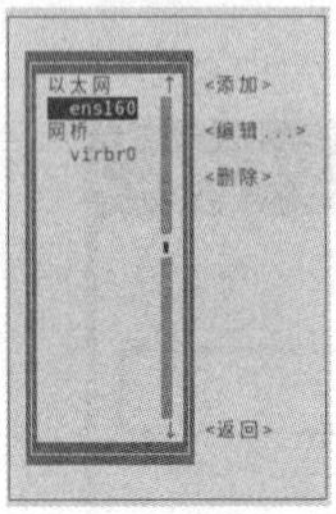

图 5-8　选择要编辑的网卡名称

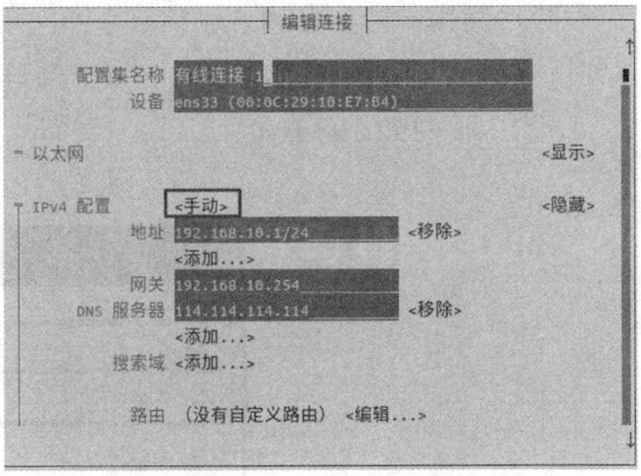

图 5-9　把网络 IPv4 地址的配置方式改成手动

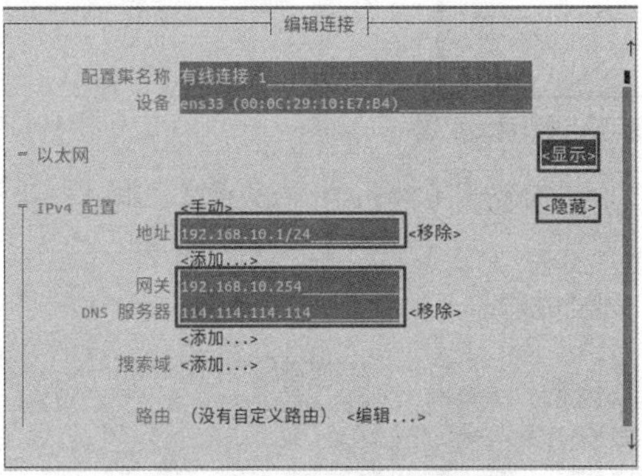

图 5-10　填写 IPv4 地址等信息

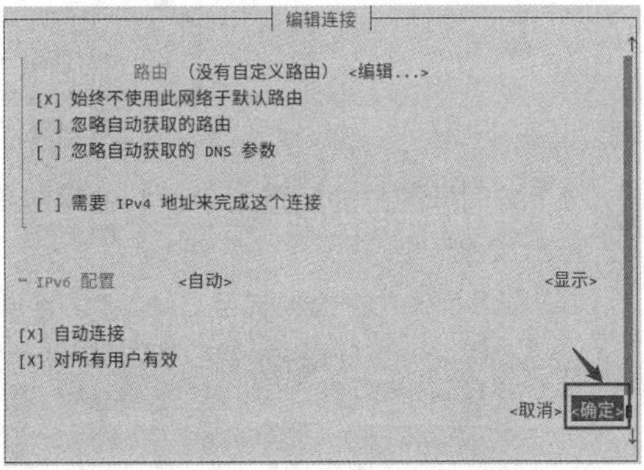

图 5-11　单击“确定”按钮保存配置

（4）单击图 5-8 中的“返回”按钮，回到图形界面初始状态，选择“启用连接”选项，如图 5-12 所示，激活“有线连接 1”网卡。网卡前面有“*”表示激活，如图 5-13 所示。

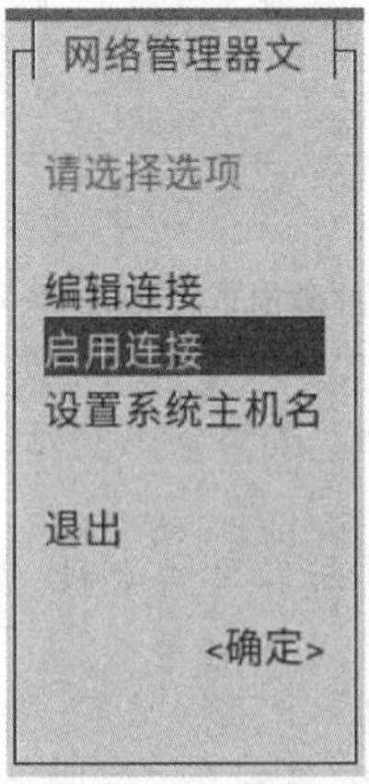

图 5-12　选择“启用连接”选项

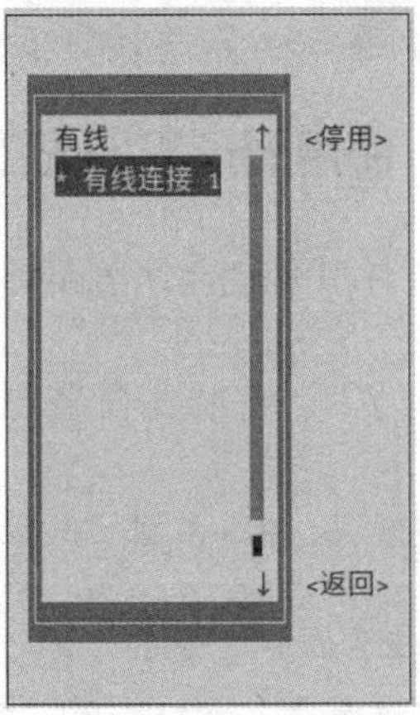

图 5-13　激活连接

（5）至此，在 Linux 操作系统中配置网络的步骤就结束了。

任务 5-3　使用常用网络配置命令

为了管理网络，Linux 提供了许多非常有用的网络配置命令。利用这些命令，一方面可以有效管理网络，另一方面在出现网络故障时，可以快速对故障进行诊断。以下实例仍在 Server01 上实现。

1. ifconfig 命令

通过 ifconfig 命令，可以配置网络接口和查看网卡信息。ifconfig 是一个比较古老的命令，在 Ubuntu 17 以后及其他的许多发行版中已经不太推荐使用该命令了。默认情况下，Ubuntu 22.04 已经不提供该命令，用户可以通过安装“net-tools”软件包来获得该命令。

```
root@Server01:~# ifconfig
Command 'ifconfig' not found, but can be installed with:
apt install net-tools   #命令不存在，通过安装“net-tools”软件包来获得
root@Server01:~# apt install net-tools
正在读取软件包列表... 完成
正在分析软件包的依赖关系树... 完成
...
已下载 204 kB，耗时 1 秒 (239 kB/s)
正在选中未选择的软件包 net-tools。
(正在读取数据库 ... 系统当前共安装有 202328 个文件和目录。)
准备解压 .../net-tools_1.60+git20181103.0eebece-1ubuntu5_amd64.deb  ...
正在解压 net-tools (1.60+git20181103.0eebece-1ubuntu5) ...
正在设置 net-tools (1.60+git20181103.0eebece-1ubuntu5) ...
正在处理用于 man-db (2.10.2-1) 的触发器 ...
```

ifconfig 命令的格式为：

```
ifconfig [网卡设备] [参数]
```

其中常用的参数与选项含义如下。

- -a：列出当前系统所有的可用网络接口，包括处于禁用状态的。
- up：启用指定的网络接口。
- down：禁用指定的网络接口。
- netmask：指定当前 IP 地址对应网络的子网掩码。
- add：为指定网络接口增加一个第 6 版互联网协议（Internet Protocol Version 6，IPv6）地址。
- del：从指定网络接口删除一个 IPv6 地址。
- -broadcast：指定网络接口的广播地址。

【例 5-1】使用 ifconifg 命令查看网卡信息。

```
root@Server01:~# ifconfig
#flags 中的 UP 参数表示“ens33”网卡当前为启用状态
ens33: flags=4163<UP,BROADCAST,RUNNING,MULTICAST>  mtu 1500
        #IPv4 地址为 192.168.10.1
        inet 192.168.10.1  netmask 255.255.255.0  broadcast 192.168.10.255
        inet6 fe80::5a63:e310:1d13:927b  prefixlen 64  scopeid 0x20<link>
   #硬件的 MAC 地址为 00:0c:29:10:e7:b4
```

```
        ether 00:0c:29:10:e7:b4  txqueuelen 1000  (以太网)
        RX packets 220  bytes 238868 (238.8 KB)
        RX errors 0  dropped 0  overruns 0  frame 0
        TX packets 255  bytes 21491 (21.4 KB)
        TX errors 0  dropped 0 overruns 0  carrier 0  collisions 0
        device interrupt 19  base 0x2000

lo: flags=73<UP,LOOPBACK,RUNNING>  mtu 65536
        inet 127.0.0.1  netmask 255.0.0.0
        inet6 ::1  prefixlen 128  scopeid 0x10<host>
        loop  txqueuelen 1000  (本地环回)
        RX packets 135  bytes 11654 (11.6 KB)
        RX errors 0  dropped 0  overruns 0  frame 0
        TX packets 135  bytes 11654 (11.6 KB)
        TX errors 0  dropped 0 overruns 0  carrier 0  collisions 0
```

在上述实例中，当前系统中有两个正在使用的网络接口“ens33”“lo”。其中，“ens33”是以太网网络接口，实现当前操作系统和外部互联网的连接及信息传输。“lo”是指操作系统内部的环路网络，内部环路网络并没有实体网卡，所以并没有硬件 MAC 地址，第 4 版互联网协议（Internet Protocol Version 4，IPv4）地址为固定值 127.0.0.1。

注意 介质访问控制（Medium Access Control，MAC）地址是用来表示互联网上每一个站点的标识符，采用十六进制数表示，共 6B（48bit）。通常 MAC 地址都存在于网卡中，每个网卡的 MAC 地址是固定的。在操作系统中，MAC 地址在系统启动时被读入系统变量中，其他应用需要用到 MAC 地址时可以直接在系统变量中读取，而不需要访问网卡。

【例 5-2】使用 ifconfig 命令禁用“ens33”网卡。

```
root@Server01:~# ifconfig ens33 down
root@Server01:~# ifconfig ens33
#flags 中的 UP 参数已经消失
ens33: flags=4098<BROADCAST,MULTICAST>  mtu 1500
        ether 00:0c:29:10:e7:b4  txqueuelen 1000  (以太网)
        RX packets 304  bytes 294808 (294.8 KB)
        RX errors 0  dropped 0  overruns 0  frame 0
        TX packets 334  bytes 36541 (36.5 KB)
        TX errors 0  dropped 0 overruns 0  carrier 0  collisions 0
        device interrupt 19  base 0x2000
root@Server01:~# ifconfig
#此时只剩下“lo”网卡信息，“ens33”网卡已经不显示
lo: flags=73<UP,LOOPBACK,RUNNING>  mtu 65536
        inet 127.0.0.1  netmask 255.0.0.0
        inet6 ::1  prefixlen 128  scopeid 0x10<host>
        loop  txqueuelen 1000  (本地环回)
        RX packets 142  bytes 12277 (12.2 KB)
        RX errors 0  dropped 0  overruns 0  frame 0
        TX packets 142  bytes 12277 (12.2 KB)
        TX errors 0  dropped 0 overruns 0  carrier 0  collisions 0
```

【例 5-3】使用 ifconfig 命令启用“ens33”网卡。

```
root@Server01:~# ifconfig ens33 up
root@Server01:~# ifconfig
#已经重新显示两个网卡信息
ens33: flags=4163<UP,BROADCAST,RUNNING,MULTICAST>  mtu 1500
        inet 192.168.10.1  netmask 255.255.255.0  broadcast 192.168.10.255
        inet6 fe80::5a63:e310:1d13:927b  prefixlen 64  scopeid 0x20<link>
        ether 00:0c:29:10:e7:b4  txqueuelen 1000  (以太网)
        RX packets 323  bytes 302877 (302.8 KB)
        RX errors 0  dropped 0  overruns 0  frame 0
        TX packets 380  bytes 41512 (41.5 KB)
        TX errors 0  dropped 0 overruns 0  carrier 0  collisions 0
        device interrupt 19  base 0x2000

lo: flags=73<UP,LOOPBACK,RUNNING>  mtu 65536
        inet 127.0.0.1  netmask 255.0.0.0
        inet6 ::1  prefixlen 128  scopeid 0x10<host>
        loop  txqueuelen 1000  (本地环回)
        RX packets 146  bytes 12799 (12.7 KB)
        RX errors 0  dropped 0  overruns 0  frame 0
        TX packets 146  bytes 12799 (12.7 KB)
        TX errors 0  dropped 0 overruns 0  carrier 0  collisions 0
```

2. ip 命令

与 ifconfig 命令不同，ip 命令在 Linux 平台上尚属较新的网络管理工具，它是 iproute2 套件中的一个命令，用于取代 ifconfig 命令。使用 ip 命令能够简单地执行一些网络管理任务，比如操作路由、网络设备、多播地址等。

ip 命令的格式为：

```
ip [选项] object [子命令]
```

ip 命令的常用选项如下。

- -h：输出可读的信息。
- -f：指定协议族。该选项可以取 inet、inet6、bridge、ipx 和 dnet 这 5 个值。如果没有指定协议族，则 ip 命令会根据其他的参数判断。如果无法判断，则默认为 inet。
- -4：指定协议为 inet，即 IPv4。
- -6：指定协议为 inet6，即 IPv6。
- -s：显示详细信息。

object 是 ip 命令操作的对象。ip 命令功能强大，能够操作系统中不同的设备，因此将不同设备抽象为不同的对象来进行操作，以降低命令的复杂性。

常见的对象如下。

- address：IPv4 地址或 IPv6 地址。
- 12tp：第二层隧道协议（Layer Two Tunneling Protocol，L2TP）。
- link：网络设备。
- maddress：多播地址。
- route：路由表。
- rule：路由策略。

- tunnel：隧道。

【例 5-4】使用 ip 命令查看网络接口信息。

```
root@Server01:~# ip link list
1: lo: <LOOPBACK,UP,LOWER_UP> mtu 65536 qdisc noqueue state UNKNOWN mode DEFAULT group default qlen 1000
    link/loopback 00:00:00:00:00:00 brd 00:00:00:00:00:00
2: ens33: <BROADCAST,MULTICAST,UP,LOWER_UP> mtu 1500 qdisc fq_codel state UNKNOWN mode DEFAULT group default qlen 1000
    link/ether 00:0c:29:10:e7:b4 brd ff:ff:ff:ff:ff:ff
    altname enp2s1
root@Server01:~# ip -s link list
1: lo: <LOOPBACK,UP,LOWER_UP> mtu 65536 qdisc noqueue state UNKNOWN mode DEFAULT group default qlen 1000
    link/loopback 00:00:00:00:00:00 brd 00:00:00:00:00:00
    RX:  bytes packets errors dropped  missed   mcast
         12872     147      0       0       0       0
    TX:  bytes packets errors dropped carrier collsns
         12872     147      0       0       0       0
#此时"ens33"网卡为启用状态
2: ens33: <BROADCAST,MULTICAST,UP,LOWER_UP> mtu 1500 qdisc fq_codel state UNKNOWN mode DEFAULT group default qlen 1000
    link/ether 00:0c:29:10:e7:b4 brd ff:ff:ff:ff:ff:ff
    RX:  bytes packets errors dropped  missed   mcast
        315314     374      0       0       0       0
    TX:  bytes packets errors dropped carrier collsns
         46090     439      0       0       0       0
    altname enp2s1
```

在上述实例中，link 为网络设备对象，对该对象进行操作时，可以使用 list 命令输出所有的网络设备信息。使用 ip 命令-s 选项，可以看到类似于 ifconfig 命令输出的信息和两个网络接口状态及其详细信息。当然，使用-s 选项不仅可以输出网络接口的信息，还可以输出其他对象的详细信息。

【例 5-5】使用 ip 命令禁用已启用的网卡。

```
root@Server01:~# ip link set ens33 down
root@Server01:~# ip -s link list
1: lo: <LOOPBACK,UP,LOWER_UP> mtu 65536 qdisc noqueue state UNKNOWN mode DEFAULT group default qlen 1000
    link/loopback 00:00:00:00:00:00 brd 00:00:00:00:00:00
    RX:  bytes packets errors dropped  missed   mcast
         12872     147      0       0       0       0
    TX:  bytes packets errors dropped carrier collsns
         12872     147      0       0       0       0
#此时"ens33"网卡的启用状态已经取消，即已经被禁用
2: ens33: <BROADCAST,MULTICAST> mtu 1500 qdisc fq_codel state DOWN mode DEFAULT group default qlen 1000
    link/ether 00:0c:29:10:e7:b4 brd ff:ff:ff:ff:ff:ff
    RX:  bytes packets errors dropped  missed   mcast
        318381     392      0       0       0       0
    TX:  bytes packets errors dropped carrier collsns
         47498     457      0       0       0       0
```

```
    altname enp2s1
root@Server01:~# ip link set ens33 up
root@Server01:~# ip -s link list
1: lo: <LOOPBACK,UP,LOWER_UP> mtu 65536 qdisc noqueue state UNKNOWN mode DEFAULT group default qlen 1000
    link/loopback 00:00:00:00:00:00 brd 00:00:00:00:00:00
    RX:  bytes packets errors dropped  missed   mcast
         12872     147      0       0       0       0
    TX:  bytes packets errors dropped carrier collsns
         12872     147      0       0       0       0
#此时状态为启用状态，即已经被启用
2: ens33: <BROADCAST,MULTICAST,UP,LOWER_UP> mtu 1500 qdisc fq_codel state UNKNOWN mode DEFAULT group default qlen 1000
    link/ether 00:0c:29:10:e7:b4 brd ff:ff:ff:ff:ff:ff
    RX:  bytes packets errors dropped  missed   mcast
        322017     404      0       0       0       0
    TX:  bytes packets errors dropped carrier collsns
         50910     487      0       0       0       0
    altname enp2s1
root@Server01:~#
```

在上面的实例中，由于操作对象为网络接口，所以使用 link。set 命令用来设置属性。DOWN 为禁用状态，UP 为启用状态。

3. route 命令

要实现两个不同子网之间的通信，通常需要使用一台连接两个网络的路由器，或位于两个网络的网关。路由表是指路由器或者其他互联网网络设备上存储的路由信息表，该表中存有到达特定网络终端的路径，在某些情况下，还存有一些与这些路径相关的度量。

route 命令常用来显示和操作 IP 路由表，该命令与 ifconfig 命令一样都是 net-tools 软件包中的一个命令。

route 命令的格式为：

```
route [选项]
```

route 命令的常用选项与参数如下。

- -A：指定协议族，可以指定 inet4（IPv4）、inet6（IPv6）等值。
- -n：显示数字形式的 IP 地址。
- -e：使用 netstat 格式显示路由表，netstat 命令将在后文叙述。
- -net：指定的目标是一个网络。
- -host：指定的目标是一台主机。
- del：删除路由记录。
- add：添加路由记录。
- gw：设置默认网关。
- dev：显示路由记录对应的网络接口。
- netmask：指定目标网络的子网掩码。

【例 5-6】使用 route 命令查看当前系统的路由表信息。

```
root@Server01:~# route -n
```

```
内核 IP 路由表
目标            网关            子网掩码        标志  跃点  引用  使用 接口
0.0.0.0         192.168.10.254  0.0.0.0         UG    100   0     0 ens33
169.254.0.0     0.0.0.0         255.255.0.0     U     1000  0     0 ens33
192.168.10.0    0.0.0.0         255.255.255.0   U     100   0     0 ens33
```

在上述实例中，每一行输出 8 个字段信息，其中每一个字段的含义如下所示。

- 第 1 个字段是目标网络或主机的 IP 地址。
- 第 2 个字段是网关信息。如果没有网关信息，则该字段为“*”。
- 第 3 个字段是目标网络的子网掩码。当目标路由为一台主机时，子网掩码通常用来确定目标主机所在的网络范围。
- 第 4 个字段是标志位。如果该条路由处于启动状态，则该字段含有 U 标志；如果该条路由通向网关，则该字段含有 G 标志。其他还有 H、R、D 等标志。
- 第 5 个字段是当前位置离目标主机或网络的距离，通常用跳数来表示。
- 第 6 个字段是对路由的引用数，永远为 0。
- 第 7 个字段是该路由被使用的次数。
- 第 8 个字段是该路由的数据包将要发送到的网络接口。

4. netstat 命令

netstat 命令主要用来查看各种网络信息。与上文中提到的命令相比较，netstat 命令提供了更多、更详细的信息内容，包括网络连接、路由表，以及网络接口的各种统计数据等。

netstat 命令的格式为：

```
netstat [选项]
```

netstat 命令的常用选项如下。

- -a：显示所有处于活动状态的套接字。
- -A：显示指定协议族的网络连接信息。
- -c：持续列出网络状态信息，刷新时间间隔为 1s。
- -e：显示更加详细的信息。
- -i：列出所有网络接口。
- -l：列出处于监听状态的套接字。
- -n：直接显示 IP 地址，不将其转换成域名。
- -p：显示使用套接字的进程 ID 和程序名称。
- -r：显示路由表信息。
- -s：显示每个协议的统计信息。
- -t：显示 TCP/IP 的连接信息。
- -u：显示用户数据报协议（User Datagram Protocol，UDP）的连接信息。

【例 5-7】使用 netstat 命令查看所有端口状态。

```
root@Server01:~# netstat -a
激活 Internet 连接 （服务器和已建立连接的）
Proto Recv-Q Send-Q Local Address           Foreign Address         State
tcp        0      0 localhost:domain        0.0.0.0:*               LISTEN
tcp        0      0 localhost:ipp           0.0.0.0:*               LISTEN
tcp6       0      0 ip6-localhost:ipp       [::]:*                  LISTEN
```

```
udp        0      0 0.0.0.0:mdns            0.0.0.0:*
udp        0      0 0.0.0.0:48699           0.0.0.0:*
udp        0      0 localhost:domain        0.0.0.0:*
udp        0      0 0.0.0.0:631             0.0.0.0:*
udp6       0      0 [::]:mdns               [::]:*
udp6       0      0 [::]:46966              [::]:*
raw6       0      0 [::]:ipv6-icmp          [::]:*
活跃的 UNIX 域套接字 （服务器和已建立连接的）
Proto RefCnt Flags       Type       State         I-Node   路径
unix  2      [ ACC ]     流         LISTENING     38777    /tmp/.X11-unix/X0
unix  2      [ ACC ]     流         LISTENING     38417    @/tmp/.ICE-unix/1736
unix  2      [ ACC ]     流         LISTENING     38776    @/tmp/.X11-unix/X0
unix  2      [ ACC ]     流         LISTENING     38778    @/tmp/.X11-unix/X1
...
```

在上述实例中，输出结果一共有 6 列。

- 第 1 列为协议，包括 tcp、tcp6 和 udp 等。
- 第 2 列为用户未读取的套接字中的数据。
- 第 3 列为远程主机未读取的套接字中的数据。
- 第 4 列为本地地址和端口号。
- 第 5 列为远程地址和端口号。
- 第 6 列为套接字状态，可以是 ESTABLISHED、TIME_WAIT、CLOSE 以及 LISTEN 等值，这些值分别表示连接已建立、连接已关闭等待处理完数据、连接已关闭，以及正在监听进入的连接请求等。

【例 5-8】使用 netstat 命令查看 TCP/IP 端口状态。

```
root@Server01:~# netstat -at
激活 Internet 连接 （服务器和已建立连接的）
Proto Recv-Q Send-Q Local Address           Foreign Address         State
tcp        0      0 localhost:domain        0.0.0.0:*               LISTEN
tcp        0      0 localhost:ipp           0.0.0.0:*               LISTEN
tcp6       0      0 ip6-localhost:ipp       [::]:*                  LISTEN
```

5. nslookup 命令

域名与 IP 地址能够互相转换。nslookup 命令可以用来查看域名信息。nslookup 命令并不复杂，通常只需要将域名作为参数传递给该命令即可。nslookup 命令为用户提供了两种工作模式——交互模式和非交互模式。

nslookup 命令的格式为：

```
nslookup [name | -] [server]
```

其中，name 参数表示要查询的域名，server 表示指定的域名服务器。

【例 5-9】使用 nslookup 命令查看 www.baidu.com 域名的相关信息。

```
root@Server01:~# nslookup www.baidu.com
Server:      127.0.0.53
Address: 127.0.0.53#53

Non-authoritative answer:
www.baidu.com canonical name = www.a.shif**.com.
Name:   www.a.shif**.com
```

```
Address: 180.101.50.188
Name:    www.a.shif**.com
Address: 180.101.50.242
```

- 输出信息的第 1～2 行显示了 nslookup 使用的域名服务器。
- 输出信息的第 4～9 行显示了 www.baidu.com 域名的相关信息。其中第 5 行显示 www.baidu.com 还有别名 www.a.shif**.com。此外，该域名对应两个 IP 地址。

上面介绍的是非交互模式，nslookup 命令还提供了交互模式。在使用 nslookup 命令时，如果没有提供任何参数和选项，则进入交互模式。

```
root@Server01:~# nslookup
>
```

进入交互模式之后，会出现一个命令提示符“>”，用户可以在命令提示符后面输入命令。在交互模式下，nslookup 提供了 3 个主要的命令：set、server 和 lserver。set 命令用来改变查询的记录类型，server 和 lserver 用来指定要使用的域名服务器。

【例 5-10】使用交互模式查看 www.baidu.com 域名的相关信息。

```
root@Server01:~# nslookup
#下面这一行为第 1 行
> set type=a
> server 8.8.8.8
Default server: 8.8.8.8
Address: 8.8.8.8#53
> www.baidu.com
Server:      8.8.8.8
Address: 8.8.8.8#53

Non-authoritative answer:
www.baidu.com canonical name = www.a.shif**.com.
Name:    www.a.shif**.com
Address: 180.101.50.242
Name:    www.a.shif**.com
Address: 180.101.50.188
```

- 第 1 行使用 set 命令将记录类型设置为 a 记录。
- 第 2 行通过 server 命令指定要使用的域名服务器为 8.8.8.8。
- 第 5 行是用户输入的要查询的域名。

6. ping 命令

ping 命令在 Windows 平台和 Linux 平台上都是一个使用非常频繁的命令，该命令最主要的功能就是向目标主机发送一个互联网控制报文协议（Internet Control Message Protocol，ICMP）包，并接收响应。如果接收到响应，则表示当前主机和目标主机在物理上是连通的，如果接收不到响应，则表示网络故障或网络设置错误。

ping 命令的格式为：

```
ping [选项] 目标主机
```

ping 命令的常用选项如下。

- -4：仅使用 IPv4。
- -6：仅使用 IPv6。

- -c：指定发送的数据包的数量。
- -i：指定数据包发送的时间间隔，默认单位为秒。
- -I：指定使用的网络接口。

【例 5-11】测试到主机 www.baidu.com 的网络是否连通，指定发送数据包为 6。

```
root@Server01:~# ping www.baidu.com -c 6
PING ps_other.a.shif**.com (220.181.38.148) 56(84) bytes of data.
64 bytes from 220.181.38.148 (220.181.38.148): icmp_seq=1 ttl=128 time=33.6 ms
64 bytes from 220.181.38.148 (220.181.38.148): icmp_seq=2 ttl=128 time=33.4 ms
64 bytes from 220.181.38.148 (220.181.38.148): icmp_seq=3 ttl=128 time=34.1 ms
64 bytes from 220.181.38.148 (220.181.38.148): icmp_seq=4 ttl=128 time=34.2 ms
64 bytes from 220.181.38.148 (220.181.38.148): icmp_seq=5 ttl=128 time=33.6 ms
64 bytes from 220.181.38.148 (220.181.38.148): icmp_seq=6 ttl=128 time=34.1 ms

--- ps_other.a.shifen.com ping statistics ---
6 packets transmitted, 6 received, 0% packet loss, time 5009ms
rtt min/avg/max/mdev = 33.430/33.834/34.211/0.297 ms
```

提示 若没有设定发送数据包，则 ping 命令会一直请求数据，这时可以按“Ctrl+C”组合键退出程序。

任务 5-4 防火墙

从 Linux 内核的 2.4 版本开始，引入了一个名称为 Netfilter 的子系统。通过 Netfilter 可以实现数据包的过滤、NAT 等重要的网络功能。几乎所有的 Linux 发行版都使用 Netfilter 作为数据包过滤的工具。

在 Netfilter 的基础上出现了一些防火墙管理工具，如 iptables 和 firewalld。其中，RHEL7 采用 firewalld 代替 iptables 作为防火墙管理工具。

默认情况下，Ubuntu 采用简单的防火墙（Uncomplicated Firewall，ufw）作为防火墙管理工具。ufw 提供了非常友好的方式帮助用户管理防火墙。

1. ufw 配置

ufw 命令的格式为：

```
ufw [选项] 命令
```

ufw 命令比较重要的选项只有一个，即--dry-run，该选项使得 ufw 命令不实际执行，只显示命令要产生的改变。

常用的 ufw 命令选项如下所示。

- enable：启用 ufw。
- disable：禁用防火墙。
- reload：重新加载防火墙。
- default：修改默认的策略。该命令可以指定 allow、deny 和 reject 这 3 个参数并且可以指定数据包的方向为 incoming、outgoing 或者 routed。

- logging：日志管理，包括启用或者禁用日志，以及指定日志级别。
- reset：将防火墙的配置恢复到初始状态。
- status：显示防火墙状态。
- show：显示防火墙的信息。
- allow：添加允许通信的规则。
- deny：添加禁止通信的规则。
- reject：添加拒绝通信的规则。
- limit：添加限制规则。
- delete：删除指定的规则。
- insert：在指定位置插入规则。
- app list：列出使用防火墙的应用系统。
- app info：查看应用系统的信息。
- app update：更新应用系统的信息。
- app default：指定应用系统默认的规则。

默认状态下，ufw 处于禁用状态，可以使用 status 命令查看 ufw 的状态。下面是使用 ufw 的实例。

（1）查看 ufw 的状态。

```
root@Server01:~# ufw status
状态：不活动
```

（2）启用和激活 ufw。

```
root@Server01:~# ufw enable
在系统启动时启用和激活 ufw
root@Server01:~# ufw status
状态： 激活
```

（3）使用 ufw 命令允许和禁止 8080 端口的通信。

```
root@Server01:~# ufw allow 8080
规则已添加
规则已添加 (v6)
root@Server01:~# ufw deny 8080
规则已更新
规则已更新 (v6)
```

2. ufw 与应用系统的整合

在 ufw 中，每个需要开放端口的应用系统都会有一个配置文件。该配置文件记录了该应用系统需要的端口。默认情况下，这些配置文件位于/etc/ufw/applications.d 目录下。用户可以直接修改这些配置文件。

例如，安装 Apache2 软件，然后查看 Apache2 的配置文件。

```
root@Server01:~# apt install apache2
正在读取软件包列表... 完成
正在分析软件包的依赖关系树... 完成
正在读取状态信息... 完成
...
正在处理用于 ufw (0.36.1-4build1) 的触发器 ...
```

```
正在处理用于 man-db (2.10.2-1) 的触发器 ...
正在处理用于 libc-bin (2.35-0ubuntu3.1) 的触发器 ...
root@Server01:~# cat /etc/ufw/applications.d/apache2-utils.ufw.profile
[Apache]
title=Web Server
description=Apache v2 is the next generation of the omnipresent Apache web server.
ports=80/tcp

[Apache Secure]
title=Web Server (HTTPS)
description=Apache v2 is the next generation of the omnipresent Apache web server.
ports=443/tcp

[Apache Full]
title=Web Server (HTTP,HTTPS)
description=Apache v2 is the next generation of the omnipresent Apache web server.
ports=80,443/tcp
```

从上述实例中可以得知，ufw 对 Apache2 的配置文件的描述共分为 3 段：第 1 段描述了 80 端口的超文本传送协议（Hypertext Transfer Protocol，HTTP）服务，第 2 段描述了 443 端口的超文本传输安全协议（Hypertext Transfer Protocol Secure，HTTPS）服务，第 3 段描述了完整的 Apache2 服务的配置。其他应用系统的配置代码与上面的代码大致相同，可以参考上面的代码配置其他应用程序。

ufw 提供了一些关于应用系统整合的命令，主要包括 ufw app list、ufw app info 和 ufw allow 等。下面是使用 ufw 整合应用系统的实例。

（1）列出 ufw 整合的应用系统。

```
root@Server01:~# ufw app list
可用应用程序:
  Apache
  Apache Full
  Apache Secure
  CUPS
```

（2）显示应用系统（如 Apache）的详细配置文件。

```
root@Server01:~# ufw app info Apache
配置: Apache
标题: Web Server
描述:  Apache v2 is the next generation of the omnipresent Apache web server.

端口:
  80/tcp
```

（3）允许应用程序（如 MySQL）通过防火墙。

```
root@Server01:~# ufw allow mysql
规则已添加
规则已添加 (v6)
```

提示 允许某些应用程序通过防火墙，首先需要为该应用程序在/etc/ufw/applications.d 目录中创建一个配置文件。ufw 命令会从该配置文件中读取所需开放的端口信息等。

3. ufw 日志管理

防火墙的日志功能非常重要。通过查看防火墙日志，管理员可以有效发现网络受到的攻击以及攻击的来源，从而可以采取必要的防范措施。

（1）启用 ufw 日志功能。

```
root@Server01:~# ufw logging on
日志被启用
```

启用日志功能之后，ufw 的日志将会出现在/var/log/messages、/var/log/syslog 和/var/log/kern.log 等日志文件中。

（2）停用 ufw 日志功能。

```
root@Server01:~# ufw logging off
日志被禁用
```

5.4 拓展阅读 IPv4 和 IPv6

2019 年 11 月 26 日，是全球互联网发展历程中值得铭记的一天，一封来自欧洲 IP 网络资源协调中心（Réseaux IP Européens Network Coordination Centre，RIPE NCC）的邮件宣布全球约 43 亿个 IPv4 地址正式耗尽，人类互联网跨入了“IPv6”时代。

全球 IPv4 地址耗尽到底是怎么回事？全球 IPv4 地址耗尽对我国有什么影响？该如何应对？

IPv4 是网际协议开发过程中的第 4 个修订版本，也是此协议第一个被广泛部署的版本。IPv4 是互联网的核心，也是使用最广泛的网际协议版本。IPv4 使用 32 位（4B）地址，地址空间中只有 4 294 967 296 个地址。全球 IPv4 地址耗尽，意思就是全球联网的设备越来越多，“这一串数字”不够用了。IP 地址是分配给每个联网设备的一系列号码，每个 IP 地址都是独一无二的。由于 IPv4 中规定 IP 地址长度为 32 位，且现在互联网正在高速发展，使得目前 IPv4 地址已经告罄。IPv4 地址耗尽可能意味着不能将任何新的 IPv4 设备添加到互联网，因此目前各国已经开始积极部署 IPv6 地址。

对于我国而言，在接下来的“IPv6”时代，我国有巨大的机遇，我国推出的“雪人计划”（详见本书 13.4 节）就是一件利国利民的大事，这一计划将助力中华民族的伟大复兴，助力我国在互联网方面取得更多话语权和发展权。

5.5 项目实训 配置 TCP/IP 网络接口

1. 项目实训目的

- 掌握 TCP/IP 网络接口的配置方法。
- 学会使用命令检测网络配置。
- 学会启用和禁用系统服务。

2. 项目背景

（1）某企业新增了 Linux 服务器，但还没有配置 TCP/IP 参数，请设置好各项 TCP/IP 参数，并连通网络（使用不同的方法）。

（2）要求能够让用户在多个配置文件中快速切换。在企业网络中使用笔记本电脑时，需要手动指定网络的 IP 地址，回到家中则是使用 DHCP 自动分配 IP 地址。

3. 项目实训内容

在 Linux 操作系统中练习 TCP/IP 网络配置、网络检测方法、网络的图形操作。

4. 做一做

完成项目实训，检查学习效果。

5.6 练习题

一、填空题

1. ________文件主要用于设置基本的网络配置，包括主机名、网关等。
2. 一块网卡对应一个配置文件，配置文件位于目录________中，文件名以________开始。
3. 客户端的 DNS 服务器的 IP 地址由________文件指定。
4. 查看系统的守护进程可以使用________命令。
5. ________可以使企业内部网络与互联网或者与其他外部网络互相隔离、限制网络互访，以此来保护________。
6. 防火墙大致可以分为三大类，分别是________、________和________。

二、选择题

1.（　　）命令能用来显示服务器当前正在监听的端口。

A．ifconfig　　B．netlst　　C．iptables　　D．netstat

2. 文件（　　）存放机器名到 IP 地址的映射。

A．/etc/hosts　　B．/etc/host　　C．/etc/host.equiv　　D．/etc/hdinit

3. 小明计划在他的局域网中建立防火墙，防止直接进入局域网，反之防止直接接入互联网。在防火墙上，他不能用包过滤或 SOCKS 程序，而且他想要提供给局域网用户仅有的几个互联网服务和协议。小明使用下列哪种类型的防火墙是最好的？（　　）

A．使用 squid 代理服务器　　B．NAT

C．IP 转发　　D．IP 伪装

4. 在 Linux 的内核中，提供 TCP/IP 包过滤功能的服务叫什么？（　　）

A．firewall　　B．iptables　　C．firewalld　　D．filter

三、简答题

1. 在 Linux 操作系统中有多种方法可以配置网络参数，请列举几种。
2. 简述防火墙的概念、分类及作用。

项目6 软件包的安装与管理

06

项目导入

软件包的安装、升级、卸载等工作称为软件包管理。无论是对于系统管理员还是开发人员，掌握软件包管理的方法和技巧都是至关重要的。本项目将介绍软件包管理相关知识，以帮助读者掌握 Linux 环境下的软件安装管理基本方法和技巧。

职业能力目标

- 了解 Linux 软件包管理。
- 掌握软件源的配置方法。
- 掌握高级软件包管理工具的使用。
- 掌握 Snap 包的安装方法。

素养目标

- 了解“计算机界的诺贝尔奖”——图灵奖，了解科学家姚期智，激发学生的求知欲，从而唤醒学生沉睡的潜能。
- “观众器者为良匠，观众病者为良医。”“为学日益，为道日损。”青年学生要多动手、多动脑，只有多实践、多积累，才能提高技艺，也才能成为优秀的“工匠”。

6.1 项目知识准备

在系统的使用和维护过程中，安装和卸载软件是用户必须掌握的技能。Linux 软件的安装需要考虑软件的依赖性问题，目前，在 Linux 操作系统中安装软件已经变得与在 Windows 操作系统中安装软件一样便捷。可供 Linux 安装的开源软件的种类非常丰富。Linux 提供了多种软件安装方式，包括从最原始的源码编译到高级的在线自动安装和更新。

6.1.1 Linux 软件包管理

软件包（software package）是指具有特定功能，用来完成特定任务的一个程序或一组程序。在不同的操作系统中，软件包的类型有很大的区别。软件包这一概念最早出现于 20 世纪 60 年代。

IBM 公司将 IBM 1400 系列上的应用程序库改造为更灵活易用的软件包形式。IBM 公司根据用户需求，以软件包的形式设计并开发了自动流程图生成软件。20 世纪 60 年代晚期，软件开始从计算机操作系统中分离出来，软件包这一术语随之被广泛使用。

软件包通常由一个配置文件和若干个可选部件构成，它既可以以源码形式存在，也可以以目标码形式存在。通用的软件包是根据一些共性需求开发的；专用的软件包则是生产者根据用户的具体需求开发的，可以为满足用户的特殊需求进行修改或变更。软件包管理是 Linux 操作系统管理的重要组成部分。

常见的软件包大体分为以下三类。

- DEB（Debian）格式：主要用于 Debian 系列发行版，Ubuntu 软件仓库中的软件包都是以此种格式提供的。
- RPM（Red Hat Package Manager）格式：该格式是 Red Hat 系列发行版支持的标准软件包格式，用户可以通过 rpm、yum 等命令管理该类型的软件包，但它在 Ubuntu 操作系统中并不适用。
- Tarball 格式：该格式实际上是由 tar 和其他压缩命令生成的一类压缩包。大部分源码形式的软件包使用的是该格式，用户获取软件包后需要解压后运行，也有些软件需要重新编译并安装后才可运行。

Ubuntu 操作系统提供了应用商店。应用商店可以对一部分软件包进行管理，常用的软件都可以在应用商店中进行安装、升级、卸载等操作。上述应用商店通常只有在桌面版的操作系统中才能够使用，对于 Ubuntu 操作系统来说，更常用的软件包管理方式是在终端中对软件包进行管理，常用的软件包管理工具有 dpkg、apt 和 snap 等。

6.1.2 高级软件包管理工具

高级软件包管理工具能够通过互联网主动获取软件包，自动检查和修复软件包之间的依赖关系，实现软件的自动安装、更新和升级，大大简化了在 Linux 操作系统中安装、管理软件的过程。这种工具需要通过互联网从后端的软件库下载软件，适合在线使用。目前主要的高级软件包管理工具有 YUM 和 APT 两种，还有一些由 Linux 发行商提供的商业版工具。

1. YUM

软件包管理器（Yellowdog Updater Modified，YUM）是 Red Hat、CentOS、Fedora 和 SUSE 中的 shell 前端软件包管理器。它基于 RPM 包管理，能够从指定的服务器中自动下载并安装 RPM 软件包，它可以处理依赖关系，还可以一次性安装所有依赖的软件包，而无须一次次下载、安装软件包。rpm 命令只能安装下载到本地的 RPM 格式的软件包，但是不能处理软件包之间的依赖关系，尤其是在软件由多个 RPM 格式的软件包组成时，就可以使用 yum 命令。

YUM 能够更加方便地添加、删除、更新 RPM 格式的软件包，自动解决软件包之间的依赖问题，方便系统更新及进行软件管理。YUM 通过资源库进行软件的下载、安装等。资源库可以是一个 HTTP 或 FTP 站点，也可以是一个本地软件池。资源库可以有多个，在/etc/yum.conf 文件中进行相关配置即可。YUM 的资源库包含 RPM 的头文件，头文件中包含软件的功能描述、依赖关系等。通过分析这些信息，YUM 可获取软件包之间的依赖关系并进行相关的升级、安装、删除等操作。

2. APT

Debian Linux 首先提出 DEB 格式的软件包的管理机制，它将应用程序的二进制文件、配置文件、man/info 帮助页面等合并然后打包在一个文件中，用户使用软件包管理器可以直接操作软件包，完成获取、安装、卸载、查询等操作。随着 Linux 操作系统规模的不断扩大，系统中软件包间越来越复杂的依赖关系导致 Linux 用户麻烦不断。因此 Debian Linux 开发了高级包装工具（Advanced Packaging Tools，APT），它用于检查和修复软件包的依赖关系，利用互联网帮助用户主动获取软件包。APT 再次促进了 DEB 格式的软件包的广泛使用，成为 Debian Linux 的一个无法替代的亮点。

在 Ubuntu 系统中，一般使用 apt 进行软件安装。在基于 Debian 的 Linux 操作系统发行版中，有各种可与 apt 进行交互的工具，以方便用户安装、删除和管理软件包。apt-get 便是其中一款广受欢迎的命令行工具，相关命令还有 apt-cache、apt-config 等。然而，一些常用的软件包管理命令被分散在 apt-get、apt-cache 和 apt-config 这 3 条命令当中，使用起来并不方便。

apt 的引入就是为了解决命令过于分散的问题。apt 更加结构化，包括 apt-get、apt-cache 和 apt-config 命令中经常用到的功能。在使用 apt 时，用户不需要在 apt-get、apt-cache 和 apt-config 间频繁切换。apt 具有更精简但又可以满足用户需要的命令选项，而且选项参数的组织方式更为有效。apt 默认启用了许多实用的功能，如可以在安装或删除程序时显示进度条，在更新软件包数据时提示用户可升级的软件包个数等。作为普通用户，建议首选 apt。

相比 apt，apt-get 具有更多、更细化的操作功能。对于低级操作，仍然需要使用 apt-get。

3. Snap 包简介

Snappy 是一个软件部署和软件包管理系统，最早是由科能软件科技有限公司（简称“科能”）为 Ubuntu 移动电话操作系统设计和构建的，其包称为“Snap”。Snap 是用于 Linux 发行版的软件包，Snap 包被设计为用来隔离并封装整个应用程序。这个概念使 Snapcraft 提高软件安全性、稳定性和可移植性的目标得以实现，其中可移植性允许单个 Snap 包不但可以在 Ubuntu 的多个版本中安装，而且可以在 Debian、Fedora 和 Arch 等发行版中安装。Snapcraft 网站对其的描述如下：为每个 Linux 桌面、服务器、云端或设备打包任何应用程序，并且直接交付更新。

Snap 是 Ubuntu 母公司科能于 2016 年 4 月发布 Ubuntu 16.04 时引入的一种安全的、易于管理的、沙盒化的软件包格式，与传统的 dpkg、APT 有很大的区别。Snap 是一种全新的软件包管理方式，它类似于一个容器，拥有一个应用程序需要用到的所有文件和库，且使各个应用程序完全独立。所以使用 Snap 包的好处是它解决了应用程序之间的依赖问题，使应用程序之间更容易管理，但是由此带来的问题是它占用了更多的磁盘空间。

6.2 项目设计与准备

在进行本项目的教学与实验前，需要做好如下准备。

（1）已经安装好的 Ubuntu 22.04 LTS。

（2）确保 Ubuntu 系统网络连接成功。

（3）设计教学或实验用的用户及权限列表。

本项目的所有实例都在 Server01 上完成。

6.3 项目实施

Server01 的 IP 地址为 192.168.10.1/24。

任务 6-1 配置软件源

6-1

软件包的安装与管理

Ubuntu 默认从国外的服务器上下载安装软件，速度较慢，用户在下载时可以更换成从国内的镜像源上下载。国内许多企业和学术机构会免费提供此类镜像服务。Ubuntu 的软件源配置文件是/etc/apt/sources.list。对系统配置文件进行不恰当的修改可能会导致系统异常，修改时务必进行正确的配置，以免出错影响对后续内容的学习。

修改配置文件之前，必须对其进行备份。

```
root@Server01:~# cp /etc/apt/sources.list /etc/apt/sources.list.bak
root@Server01:~# cat /etc/apt/sources.list
```

在这个配置文件中记录了 Ubuntu 官方源的地址。

1. 使用“软件和更新设置”配置软件源

单击系统桌面左下角的“显示应用程序”，在打开的应用程序面板中单击“软件和更新”，如图 6-1 所示，弹出“软件和更新”窗口，如图 6-2 所示。

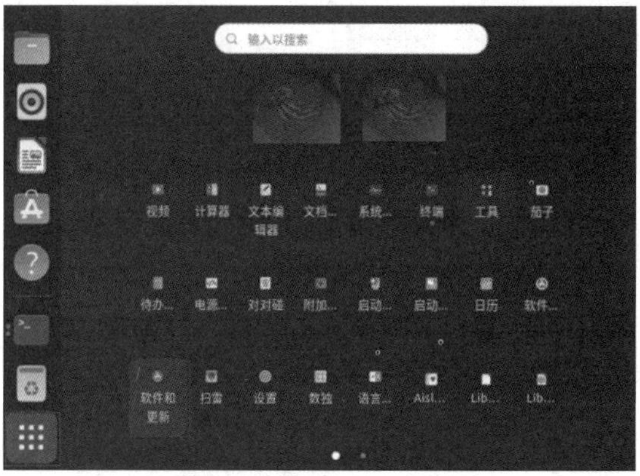

图 6-1 应用程序面板

图 6-2 “软件和更新”窗口

在“软件和更新”窗口的“Ubuntu 软件”选项卡中打开“下载自：”下拉列表，其中包含“主服务器”“位于中国的服务器”“其他...”3 个选项，如图 6-3 所示，选择“其他”，位于“中国”的服务器地址速度都比较快，可以单击右侧的“选择最佳服务器”按钮来选一个下载速度最快的服务器，如图 6-4 所示，为了节省时间，可以直接定位此服务器，并单击“选择服务器”按钮。

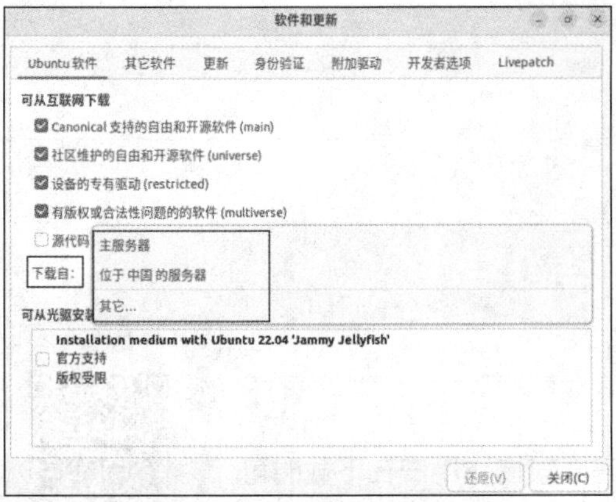

图 6-3 “下载自：”下拉列表

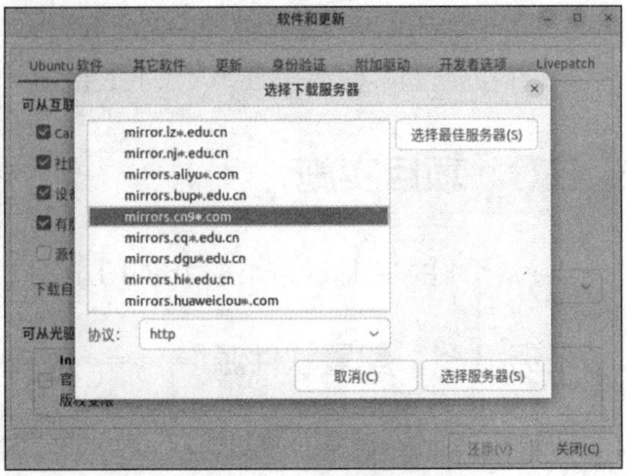

图 6-4 选择服务器

在弹出的“需要认证”窗口中输入正确的用户密码，单击“认证”按钮，如图 6-5 所示，认证完成后，回到“软件和更新”窗口，此时下载的软件源已经更换，如图 6-6 所示，最后单击“关闭”按钮，弹出“可用软件的列表信息已过时”提示对话框，单击“重新载入”按钮，如图 6-7 所示，弹出“更新缓存”对话框，如图 6-8 所示，等待缓存更新完成即完成配置。

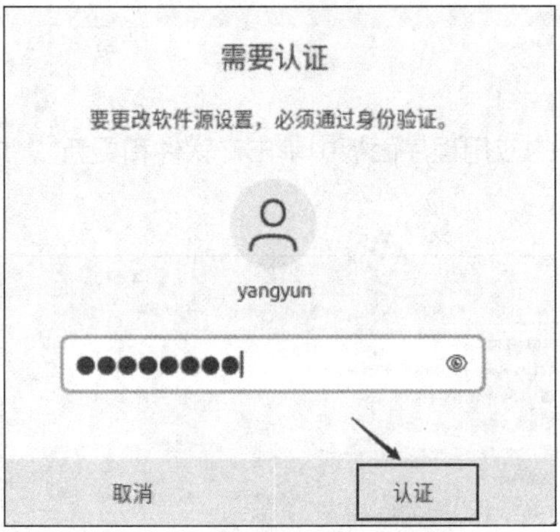

图 6-5 输入正确的用户密码

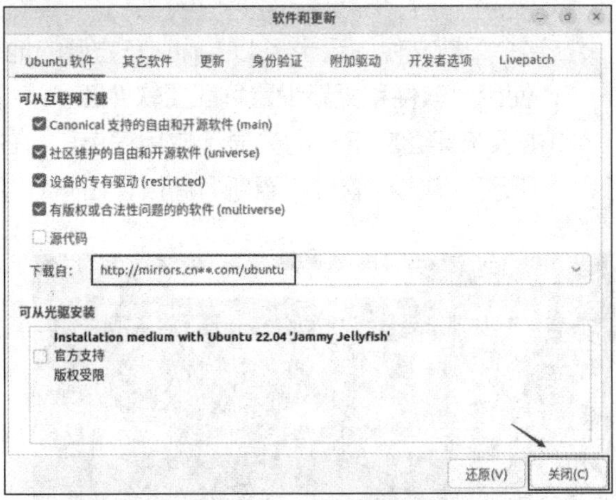

图 6-6 下载的软件源已经更换

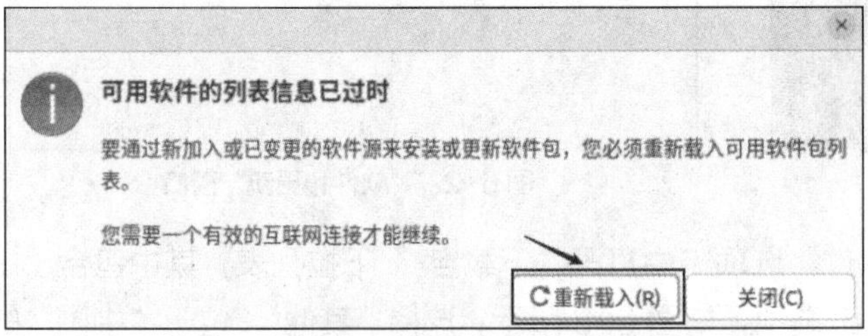

图 6-7 “可用软件的列表信息已过时”提示对话框

图 6-8 “更新缓存”对话框

2．直接修改软件源文件

可以通过修改/etc/apt/sources.list 文件来实现软件源的配置。这里的开源镜像站推荐使用阿里云或者清华大学。

任务 6-2 DEB 软件包管理

可以使用 dpkg 命令对 DEB 软件包进行安装、创建和管理。该命令的格式为：

```
dpkg [选项] <软件包名>
```

dpkg 命令的常用选项如下。

- -i：安装软件包。
- -r：删除软件包，但保留其配置信息。
- -P：删除软件包，同时删除其配置信息。
- -l：显示已安装软件包列表。
- -L：显示与软件包关联的文件。
- -c：显示软件包内的文件列表。
- -s：显示软件包的详细信息。
- -S：显示软件包拥有哪些文件。

【例 6-1】查看 DEB 软件包。

```
root@Server01:~# dpkg -l   #列出已经安装的软件
期望状态=未知(u)/安装(i)/删除(r)/清除(p)/保持(h)
| 状态=未安装(n)/已安装(i)/仅存配置(c)/仅解压缩(U)/配置失败(F)/不完全安装(H)/ >
|/ 错误?=(无)/须重装(R) (状态，错误：大写=故障)
||/ 名称                                       版本                         >
+++-=========================================-============================>
ii  accountsservice                           22.07.5-2ubuntu1.3           >
ii  acl                                       2.3.1-1                      >
ii  acpi-support                              0.144                        >
ii  acpid                                     1:2.0.33-1ubuntu1            >
ii  adduser                                   3.118ubuntu5                 >
ii  adwaita-icon-theme                        41.0-1ubuntu1                >
ii  aisleriot                                 1:3.22.22-1                  >
ii  alsa-base                                 1.0.25+dfsg-0ubuntu7         >
ii  alsa-topology-conf                        1.2.5.1-2                    >
ii  alsa-ucm-conf                             1.2.6.3-1ubuntu1             >
ii  alsa-utils                                1.2.6-1ubuntu1               >
ii  amd64-microcode                           3.20191218.1ubuntu2          >
ii  anacron                                   2.3-31ubuntu2                >
ii  apg                                       2.2.3.dfsg.1-5build2
...
root@Server01:~# dpkg -l accountsservice    #查看软件简要信息
期望状态=未知(u)/安装(i)/删除(r)/清除(p)/保持(h)
| 状态=未安装(n)/已安装(i)/仅存配置(c)/仅解压缩(U)/配置失败(F)/不完全安装(H)/ >
|/ 错误?=(无)/须重装(R) (状态，错误：大写=故障)
||/ 名称               版本                 体系结构      描述
+++-===============-===================-============-=====================>
ii  accountsservice 22.07.5-2ubuntu1.3 amd64        query and manipulate user >
root@Server01:~# dpkg -s accountsservice   #查看软件包的详细信息
Package: accountsservice
Status: install ok installed
```

```
    Priority: optional
    Section: admin
    Installed-Size: 500
    Maintainer: Ubuntu Developers <ubuntu-devel-discuss@lists.ubuntu.com>
    Architecture: amd64
    Version: 22.07.5-2ubuntu1.3
    Depends: dbus (>= 1.9.18), libaccountsservice0 (= 22.07.5-2ubuntu1.3), libc6 (>=
2.34), libglib2.0-0 (>= 2.63.5), libpolkit-gobject-1-0 (>= 0.99)
    Recommends: default-logind | logind
    Suggests: gnome-control-center
    ...
    root@Server01:~# dpkg -S accountsservice    #查看软件包拥有哪些文件
    accountsservice: /usr/share/doc/accountsservice/spec/AccountsService.html
    gir1.2-accountsservice-1.0:amd64: /usr/share/doc/gir1.2-accountsservice-1.0
    gir1.2-accountsservice-1.0:amd64: /usr/share/doc/gir1.2-accountsservice-1.0/
copyright
    libaccountsservice0:amd64: /usr/lib/x86_64-linux-gnu/libaccountsservice.so.0
    accountsservice: /usr/share/doc/accountsservice/spec
    accountsservice: /usr/share/accountsservice/user-templates/administrator
    accountsservice: /usr/share/doc/accountsservice/TODO
    accountsservice: /usr/share/doc/accountsservice/copyright
    accountsservice: /usr/share/accountsservice/user-templates/standard
    accountsservice: /usr/share/accountsservice
    ...
```

【例 6-2】安装 DEB 软件包。

首先需要获取 DEB 软件包，再使用选项“-i”安装 DEB 软件包。

```
    root@Server01:~# find / -name *.deb
    ...
    /var/cache/apt/archives/libxmlsec1-openssl_1.2.33-1build2_amd64.deb
    /var/cache/apt/archives/ethtool_1%3a5.16-1_amd64.deb
    /var/cache/apt/archives/zerofree_1.1.1-1build3_amd64.deb
    /var/cache/apt/archives/open-vm-tools-desktop_2%3a12.1.0-1~ubuntu0.22.04.1_amd64.
deb
    /var/cache/apt/archives/libmspack0_0.10.1-2build2_amd64.deb
    ...
    root@Server01:~# pwd
    /root
    root@Server01:~# cp /var/cache/apt/archives/libmspack0_0.10.1-2build2_amd64.deb
    /root    #复制软件包到当前目录
    root@Server01:~# dpkg -i libmspack0_0.10.1-2build2_amd64.deb
    (正在读取数据库 ... 系统当前共安装有 202334 个文件和目录。)
    准备解压 libmspack0_0.10.1-2build2_amd64.deb  ...
    正在解压 libmspack0:amd64 (0.10.1-2build2) 并覆盖 (0.10.1-2build2) ...
    正在设置 libmspack0:amd64 (0.10.1-2build2) ...
    正在处理用于 libc-bin (2.35-0ubuntu3.1) 的触发器 ...
```

【例 6-3】卸载 DEB 软件包。

```
    root@Server01:~# dpkg -P vim   #删除软件包，同时删除其配置信息
    (正在读取数据库 ... 系统当前共安装有 202334 个文件和目录。)
    正在卸载 vim (2:8.2.3995-1ubuntu2.3) ...
```

```
正在清除 vim (2:8.2.3995-1ubuntu2.3) 的配置文件 ...
root@Server01:~#
```

使用 dpkg 工具卸载软件包不会自动解决软件包的依赖问题，即所卸载的软件包可能含有其他软件包所依赖的库和数据文件，这种依赖问题需要妥善解决。

任务 6-3　APT 管理

apt 命令支持子命令、选项和参数，但是它并不完全向下兼容 apt-get、apt-cache 等命令，即可以用 apt 命令取代这些命令的部分子命令（注意，不是全部）。apt 还有一些自己的命令。apt 常用命令及其功能说明如表 6-1 所示。

表 6-1　apt 常用命令及其功能说明

apt 常用命令	取代的命令	命令的功能
apt install	apt-get install	安装软件包
apt remove	apt-get remove	移除软件包
apt purge	apt-get purge	移除软件包及删除该软件包的配置文件
apt update	apt-get update	更新软件包列表
apt upgrade	apt-get upgrade	升级所有可升级的软件包
apt autoremove	apt-get autoremove	自动删除不需要的软件包
apt full-upgrade	apt-get dist-upgrade	在升级软件包时自动处理依赖关系
apt search	apt-cache search	搜索应用程序
apt list	无	列出包含条件（已安装、可升级等）的包
apt edit-sources	无	编辑源列表

【**例 6-4**】使用 apt 查询软件包。

使用 apt 安装和卸载软件包时必须准确提供软件包的名称。可以使用 apt 命令在 apt 的软件包缓存中搜索软件包，收集软件包的信息，获知哪些软件包可以在 Ubuntu 上安装。由于 apt 支持模糊查询，因此查询非常方便。

```
root@Server01:~# apt list vim      #apt list 软件包名：如果不指定软件包名，则列出所有可用软件包的名称
正在列表... 完成
vim/jammy-security,jammy-updates 2:8.2.3995-1ubuntu2.3 amd64
vim/jammy-security,jammy-updates 2:8.2.3995-1ubuntu2.3 i386
root@Server01:~# apt search vim    #apt search 软件包名：查找指定名称的软件包的相关信息
正在排序... 完成
全文搜索... 完成
acr/jammy,jammy 1.9.4-1 all
  autoconf like tool

aerc/jammy 0.8.2-1 amd64
  World's Best Email Client
...
root@Server01:~# apt show vim      #apt show 软件包名：查看指定名称的软件包的详细信息
Package: vim
```

```
Version: 2:8.2.3995-1ubuntu2.3
Priority: optional
Section: editors
Origin: Ubuntu
Maintainer: Ub
...
 vim 是一个与 UNIX 编辑器 vi 几乎完全兼容的版本。
 .
 vim 在 vi 的基础上添加了许多特性：多次撤销、语法高亮、命令行历史、在线帮助、文件名补全、块操作、折叠、Unicode 支持等。
 .
 此软件包提供了一个带有一系列标准功能的 vim。它不提供 vim 的图形界面，如果您需要更多（或更少）的功能，请查看其他 vim-*软件包。

N: 有 1 条附加记录。请加上'-a'参数来查看它们
root@Server01:~# apt depends vim
#apt depends 软件包名：查看指定名称的软件包所依赖的软件包
vim
  依赖: vim-common (= 2:8.2.3995-1ubuntu2.3)
  依赖: vim-runtime (= 2:8.2.3995-1ubuntu2.3)
  依赖: libacl1 (>= 2.2.23)
  依赖: libc6 (>= 2.34)
  依赖: libgpm2 (>= 1.20.7)
  依赖: libpython3.10 (>= 3.10.0)
  依赖: libselinux1 (>= 3.1~)
  依赖: libsodium23 (>= 1.0.14)
  依赖: libtinfo6 (>= 6)
  建议: <ctags>
    exuberant-ctags
    universal-ctags
  建议: vim-doc
  建议: vim-scripts
root@Server01:~# apt policy vim
#apt policy 软件包名：显示指定名称的软件包的安装状态和版本信息
vim:
  已安装：(无)
  候选： 2:8.2.3995-1ubuntu2.3
  版本列表:
     2:8.2.3995-1ubuntu2.3 500
        500 http://mirrors.aliy**.com/ubuntu jammy-security/main amd64 Packages
        500 http://mirrors.aliy**.com/ubuntu jammy-updates/main amd64 Packages
     2:8.2.3995-1ubuntu2 500
        500 http://mirrors.aliy**.com/ubuntu jammy/main amd64 Packages
```

【例 6-5】使用 apt 安装软件包。

建议用户在每次安装和更新软件包之前，先使用 apt update 命令更新系统中 apt 缓存中的软件包信息。

```
root@Server01:~# apt update
命中:1 http://mirrors.aliy**.com/ubuntu jammy InRelease
获取:2 http://mirrors.aliy**.com/ubuntu jammy-security InRelease [110 kB]
```

```
获取:3 http://mirrors.aliy**.com/ubuntu jammy-updates InRelease [119 kB]
获取:4 http://mirrors.aliy**.com/ubuntu jammy-proposed InRelease [270 kB]
获取:5 http://mirrors.aliy**.com/ubuntu jammy-backports InRelease [107 kB]
获取:6 http://mirrors.aliy**.com/ubuntu jammy-security/main amd64 DEP-11 M
...
已下载 2,756 kB，耗时 9 秒 (299 kB/s)
正在读取软件包列表... 完成
正在分析软件包的依赖关系树... 完成
正在读取状态信息... 完成
有 229 个软件包可以升级。请执行 'apt list --upgradable' 来查看它们。
root@Server01:~# apt install vim    # 安装 vim 软件
正在读取软件包列表... 完成
正在分析软件包的依赖关系树... 完成
正在读取状态信息... 完成
建议安装:
  ctags vim-doc vim-scripts
下列【新】软件包将被安装:
  vim
升级了 0 个软件包，新安装了 1 个软件包，要卸载 0 个软件包，有 229 个软件包未被升级。
需要下载 1,727 kB 的归档。
解压缩后会消耗 4,011 kB 的额外空间。
...
(正在读取数据库 ... 系统当前共安装有 202325 个文件和目录。)
准备解压 .../vim_2%3a8.2.3995-1ubuntu2.3_amd64.deb  ...
正在解压 vim (2:8.2.3995-1ubuntu2.3) ...
正在设置 vim (2:8.2.3995-1ubuntu2.3) ...
...
```

【例 6-6】使用 apt 卸载软件包。

使用 apt remove 命令可以卸载一个已安装的软件包，但会保留该软件包的配置文件。如果要删除该软件包及其所依赖的、不再使用的软件包，则要使用 apt autoremove 命令。

```
root@Server01:~# apt remove vim
正在读取软件包列表... 完成
正在分析软件包的依赖关系树... 完成
正在读取状态信息... 完成
下列软件包是自动安装的并且现在不需要了:
  vim-common vim-runtime xxd
使用'apt autoremove'来卸载它(它们)。
下列软件包将被【卸载】:
  vim
升级了 0 个软件包，新安装了 0 个软件包，要卸载 1 个软件包，有 229 个软件包未被升级。
解压缩后将会空出 4,011 kB 的空间。
您希望继续执行吗? [Y/n] y  # 输入"y"
(正在读取数据库 ... 系统当前共安装有 202334 个文件和目录。)
正在卸载 vim (2:8.2.3995-1ubuntu2.3) ...
```

apt 会将下载的 DEB 软件包缓存在/var/cache/apt/archives 目录下，已安装或已卸载的软件包的 DEB 文件都会在该目录进行备份。为释放被占用的空间，可以使用 apt clean 命令来删除已安装的软件包的备份（这样并不会影响软件的使用）。如果要删除已经卸载的软件包的备份，则可以使用 apt autoclean 命令。

```
root@Server01:~# apt clean
root@Server01:~# apt autoclean
正在读取软件包列表... 完成
正在分析软件包的依赖关系树... 完成
正在读取状态信息... 完成
```

任务 6-4　Snap 包管理

Snap 包是跨多种 Linux 发行版的应用程序及其依赖项的一个包，可以通过官方的 Snap Store 获取和安装。要安装和使用 Snap 包，本地系统中需要有相应的 Snap 环境，包括用于管理 Snap 包的后台服务（守护进程 snapd）和安装、管理 Snap 包的命令行工具。Ubuntu 16.04 以后的版本预装有 snapd。查看系统环境中 Snap 的版本的实例如下。

```
root@Server01:~# snap version
snap     2.58
snapd    2.58
series   16
ubuntu   22.04
kernel   5.15.0-43-generic
```

如果没有安装 snapd，则可以执行 **apt install snapd** 命令进行安装。

```
root@Server01:~# apt install snapd
正在读取软件包列表... 完成
正在分析软件包的依赖关系树... 完成
正在读取状态信息... 完成
...
正在处理用于 man-db (2.10.2-1) 的触发器 ...
正在处理用于 dbus (1.12.20-2ubuntu4.1) 的触发器 ...
正在处理用于 mailcap (3.70+nmu1ubuntu1) 的触发器 ...
正在处理用于 desktop-file-utils (0.26-1ubuntu3) 的触发器 ...
```

【例 6-7】搜索要安装的 Snap 包。

可以使用 **snap find** 命令搜索要安装的 Snap 包。

```
root@Server01:~# snap find vim    #snap find 软件包名
名称                   版本              发布者           注记   摘要
vim-language-server   2.3.0             alexmurray✪      -     VimScript Language Server
vimix-themes          2020-02-24-15     gantonayde       -     Vimix GTK and Icon Themes
                      -g426d7e0                                for GTK Snaps
vim-editor            8.2.788           zilongzhaobur    -     vim, the text editor
vimix                 0.7.1             bruno-herbelin   -     Live video mixing
vim-deb               0.1               bugwolf          -     A deb package for vim.
...
```

【例 6-8】查看 Snap 包的详细信息。

可以使用 **snap info** 命令查看 Snap 包的详细信息。

```
root@Server01:~# snap info vlc
name:       vlc
summary:    The ultimate media player
publisher:  VideoLAN✓
store-url:  https://snapcra**.io/vlc
```

```
  contact:    https://www.videol**.org/support/
  license:    GPL-2.0+
  description: |
    VLC is the VideoLAN project's media player.

    Completely open source and privacy-friendly, it plays every multimedia file and
 streams.

    It notably plays MKV, MP4, MPEG, MPEG-2, MPEG-4, DivX, MOV, WMV, QuickTime,
WebM, FLAC, MP3,
    Ogg/Vorbis files, BluRays, DVDs, VCDs, podcasts, and multimedia streams from
various network
    sources. It supports subtitles, closed captions and is translated in numerous
languages.
  snap-id: RT9mcUhVsRYrDLG8qnvGiy26NKvv6Qkd
  channels:
    latest/stable:    3.0.18                        2022-10-28 (3078) 336MB -
    latest/candidate: 3.0.18                        2022-10-28 (3078) 336MB -
    latest/beta:      3.0.18-82-g9568550010         2023-02-14 (3310) 336MB -
    latest/edge:      4.0.0-dev-22603-g86cb8fd2e2 2023-02-13 (3309) 691MB -
```

【例 6-9】安装 Snap 包。

可以使用 snap install 命令安装 Snap 包。

```
  root@Server01:~# snap install vlc
确保"vlc"的先决条件可用
确保"vlc"的先决条件可用
确保"vlc"的先决条件可用
确保"vlc"的先决条件可用
确保"vlc"的先决条件可用
确保"vlc"的先决条件可用
确保"vlc"的先决条件可用
确保"vlc"的先决条件可用
确保"vlc"的先决条件可用
下载 snap"core18"(2679)，来自频道"stable"
  ...
```

【例 6-10】列出已经安装的 Snap 包。

可以使用 Snap list 命令列出已经安装的 Snap 包。

```
  root@Server01:~# snap list
  名称                 版本                修订版本  追踪                发布者       注记
  bare                 1.0                 5         latest/stable       canonical✓   base
  core18               20230118            2679      latest/stable       canonical✓   base
  core20               20230126            1822      latest/stable       canonical✓   base
  firefox              109.0.1-1           2311      latest/stable/…     mozilla✓     -
  gnome-3-38-2004      0+git.6f39565       119       latest/stable/…     canonical✓   -
  gtk-common-themes    0.1-81-g442e511     1535      latest/stable/…     canonical✓   -
  snap-store           41.3-66-gfe1e325    638       latest/stable/…     canonical✓   -
  snapd                2.58                17950     latest/stable       canonical✓   snapd
  snapd-desktop        0.1                 49        latest/stable/…     canonical✓   -
  -integration
```

```
vlc                 3.0.18            3078   latest/stable     videolan✓    -
```

【例 6-11】更新、还原、启用或暂时禁用已经安装的 Snap 包。

```
root@Server01:~# snap refresh Snap 包名   #更新已经安装的 Snap 包
root@Server01:~# snap revent Snap 包名    #还原已经安装的 Snap 包
root@Server01:~# snap enable Snap 包名    #启用已经安装的 Snap 包
root@Server01:~# snap disabled Snap 包名 #暂时禁用已经安装的 Snap 包
```

【例 6-12】卸载已经安装的 Snap 包。

```
root@Server01:~# snap remove Snap 包名
```

默认情况下，该 Snap 包的所有修订版本也会被删除。要删除特定的修订版本，在命令中添加以下参数即可：--revision=<revision-number>。

6.4 拓展阅读　图灵奖

图灵奖（Turing Award）全称 A.M. 图灵奖（A.M. Turing Award），是由美国计算机协会（Association for Computing Machinery，ACM）于 1966 年设立的计算机奖项，其名称取自艾伦・马西森・图灵（Alan Mathison Turing），旨在奖励对计算机事业做出重要贡献的个人。图灵奖的获奖条件要求极高，评奖程序极严，一般每年仅授予一名计算机科学家。图灵奖是计算机领域的国际最高奖项，被誉为“计算机界的诺贝尔奖”。

2000 年，科学家姚期智获图灵奖。

6.5 项目实训　软件包的安装与管理

1. 项目实训目的

- 掌握软件源的配置方法。
- 掌握软件的安装与管理方法。

2. 项目背景

某系统需要使用 ifconfig 安装软件，并需要在修改软件源后进行安装。

3. 项目实训内容

熟悉 Linux 操作系统下软件的安装与管理工作。

4. 做一做

完成项目实训，检查学习效果。

6.6 练习题

一、选择题

1. Ubuntu 使用的软件包的格式是（　　）。

A. DEB　　B. RPM　　C. RAR　　D. APT

2. dpkg 命令各选项中用于显示软件包内文件列表的是（　　）。

A. -1　　B. -c　　C. -S　　D. -r

3. apt 子命令中用于下载、安装软件包并自动解决依赖问题的是（　　）。

A. apt update　　B. apt upgrade　　C. apt install　　D. apt remove

4. snap 子命令中用于更新已经安装的 Snap 包的是（　　）。

A. snap install　　B. snap list　　C. snap revert　　D. snap refresh

二、简答题

1. 简述 Linux 软件包管理的发展过程。
2. 简述高级软件包管理工具 APT 的主要功能。
3. 简述如何配置软件源。
4. 简述什么是 Snap 包。

学习情境三

shell 编程与调试

项目 7　Linux 编程基础

项目 8　学习 shell script

项目 9　使用 gcc 和 make 调试程序

工欲善其事，必先利其器。

——《论语・卫灵公》

项目7
Linux编程基础

07

项目导入

系统管理员有一项重要工作是利用 shell 编程来减小网络管理的难度和强度，而 shell 的文本处理工具、重定向和管道操作、正则表达式等是 shell 编程的基础，也是必须掌握的内容。

职业能力目标

- 了解 shell 的强大功能和 shell 的命令解释过程。
- 掌握 grep 的高级用法。
- 掌握正则表达式。
- 学会使用重定向和管道命令。

素养目标

- "高山仰止，景行行止"。为计算机事业做出过巨大贡献的王选院士，应是青年学生崇拜的对象，也是师生学习和前行的动力。
- 坚定文化自信。"大江歌罢掉头东，邃密群科济世穷。面壁十年图破壁，难酬蹈海亦英雄。"为中华之崛起而读书，从来都不仅限于纸上。

7.1 项目知识准备

shell 支持具有字符串值的变量。shell 变量不需要专门的说明语句，可通过赋值语句完成变量说明与赋值。在命令行或 shell 脚本文件中，使用$name 的形式引用变量 name 的值。

7.1.1 变量的定义和引用

在 shell 中，为变量赋值的格式为：

```
name=string
```

其中，name 是变量名，它的值是 string，“=”是赋值符号。变量名由以字母或下画线开头的字母、数字和下画线字符序列组成。

通过在变量名（name）前加“$”字符（如$name）引用变量的值，引用的结果就是用字符串 string 代替$name，此过程也称为变量替换。

在定义变量时，若 string 中包含空格、制表符和换行符，则 string 必须使用'string'或"string"的形式，即用单引号或双引号对其进行标识。双引号内允许变量替换，而单引号内则不允许。

下面给出一个定义和使用 shell 变量的例子。

```
//显示字符常量
root@Server01:~# echo who are you
who are you
root@Server01:~# echo 'who are you'
who are you
root@Server01:~# echo "who are you"
who are you
//由于要输出的字符串中没有特殊字符，所以使用' '和" "的效果是一样的，不用""但相当于使用了""
root@Server01:~# echo Je t'aime
>
//要使用特殊字符“'”
//“'”不匹配，shell 认为命令行没有结束，按“Enter”键后会出现系统第二提示符
//它会让用户继续输入命令行，按“Ctrl+C”组合键结束输入
root@Server01:~#
//为了解决这个问题，可以使用下面两种方法
root@Server01:~# echo "Je t'aime"
Je t'aime
root@Server01:~# echo Je t\'aime
Je t'aime
```

7.1.2 shell 变量的作用域

与程序设计语言中的变量一样，shell 变量有其规定的作用范围（作用域）。shell 变量分为局部变量和全局变量。

- 局部变量的作用域被限制在其命令行所在的 shell 或 shell 脚本文件中。
- 全局变量的作用域则包括本 shell 进程及其所有子进程。
- 可以使用 export 内置命令将局部变量转换为全局变量。

下面给出一个 shell 变量作用域的实例。

```
//在当前 shell 中定义变量 var1
root@Server01:~# var1=Linux
//在当前 shell 中定义变量 var2 并将其输出
root@Server01:~# var2=unix
root@Server01:~# export var2
//引用变量的值
root@Server01:~# echo $var1
Linux
root@Server01:~# echo $var2
unix
```

```
//显示当前 shell 的 PID
root@Server01:~# echo $$
2277
//调用子 shell
root@Server01:~# bash

//显示当前 shell 的 PID
root@Server01:~# echo $$
4284
//由于 var1 没有被输出，所以在子 shell 中已无值
root@Server01:~# echo $var1
//由于 var2 被输出，所以在子 shell 中仍有值
root@Server01:~# echo $var2
unix
//返回主 shell，并显示变量的值
root@Server01:~# exit
exit
root@Server01:~# echo $$
2277
root@Server01:~# echo $var1
Linux
root@Server01:~# echo $var2
unix
```

7.1.3 环境变量

环境变量是指由 shell 定义和赋初值的 shell 变量。shell 用环境变量来确定查找路径、注册目录、终端类型、终端名称、用户名等。所有环境变量都是全局变量，并可以由用户重新设置。表 7-1 所示为 shell 中常用的环境变量。

表 7-1 shell 中常用的环境变量

环境变量	说 明	环境变量	说 明
EDITOR、FCEDIT	bash fc 命令的默认编辑器	PATH	bash 寻找可执行文件的搜索路径
HISTFILE	用于存储历史命令的文件	PS1	命令行的一级提示符
HISTSIZE	表示历史命令列表的大小	PS2	命令行的二级提示符
HOME	当前用户的用户目录	PWD	当前工作目录
OLDPWD	前一个工作目录	SECONDS	当前 shell 开始后所经过的秒数

不同类型的 shell 的环境变量有不同的设置方法。在 bash 中，设置环境变量用 set 命令，该命令的格式为：

```
set 环境变量=变量的值
```

例如，设置用户的主目录为/home/john，可以使用以下命令。

```
root@Server01:~# set HOME=/home/john
```

不加任何参数直接使用 set 命令可以显示用户当前所有环境变量的设置，如下所示。

```
root@Server01:~# set
BASH=/usr/bin/bash
（略）
_=HOME=/home/john
var1=Linux
var2=unix
```

可以看到其中路径 PATH 的设置为（使用 set |grep PATH 命令过滤需要的内容）：

```
root@Server01:~# set  | grep  PATH
PATH=/usr/local/sbin:/usr/local/bin:/usr/sbin:/usr/bin:/sbin:/bin:/usr/games:/usr
/local/games:/snap/bin
```

总共有 5 个目录，bash 会在这些目录中依次搜索用户输入的命令对应的可执行文件。

在环境变量前面加上“$”，表示引用环境变量的值，例如：

```
root@Server01:~# cd  $HOME
```

该命令将把目录切换到用户的主目录。

修改 PATH 变量时，若要将一个路径/tmp 添加到 PATH 变量前，则按照如下方式设置：

```
root@Server01:~# PATH=/tmp:$PATH
root@Server01:~# set  | grep  PATH
//此时已经添加/tmp 目录
PATH=/tmp:/usr/local/sbin:/usr/local/bin:/usr/sbin:/usr/bin:/sbin:/bin:/usr/games:
/usr/local/games:/snap/bin
```

此时是在保存原有 PATH 路径的基础上对/tmp 目录进行添加。在执行命令前，shell 会先查找这个目录。

要将环境变量重新设置为系统默认值，可以使用 unset 命令。例如，下面的命令用于将当前的语言环境重新设置为默认的英文状态。

```
root@Server01:~# unset  LANG
```

7.1.4 环境设置文件

shell 环境依赖于多个文件的设置。用户并不需要每次登录系统后都对各种环境变量进行手动设置，通过环境设置文件，用户工作环境的设置可以在登录时由系统自动完成。环境设置文件有两种：一种是系统中的用户环境设置文件，另一种是用户设置的环境设置文件。

（1）系统中的用户环境设置文件。

登录环境设置文件：/etc/profile。

（2）用户设置的环境设置文件。

- 登录环境设置文件：$HOME/.bash_profile。
- 非登录环境设置文件：$HOME/.bashrc。

> **注意** 只有在特定的情况下才读取 profile 文件，确切地说，是在用户登录时读取 profile 文件。运行 shell 脚本以后，就无须再读取 profile 文件了。

系统中的用户环境设置文件对所有用户均生效，而用户设置的环境设置文件仅对用户自身生效。用户可以修改自己的用户环境设置文件来覆盖系统环境设置文件中的全局设置。例如，用户可以将自定义的环境变量存放在$HOME/.bash_profile 中，将自定义的别名存放在$HOME/.bashrc 中，以便在每次登录和调用子 shell 时自定义的环境变量和别名生效。

7.2 项目设计与准备

本项目要用到 Server01，完成的任务如下。

（1）理解命令运行的判断依据。

（2）掌握 grep 的高级用法。

（3）掌握正则表达式的使用。

（4）学会使用重定向和管道命令。

7.3 项目实施

7-1

Linux 编程基础

Server01 的 IP 地址为 192.168.10.1/24。

任务 7-1 命令运行的判断依据：;、&&、||

在某些情况下，要想使一次输入的多条命令按顺序执行，该怎么办呢？有两个选择：一是通过项目 8 要介绍的 shell script 撰写脚本去执行命令，二是通过下面介绍的方法来一次性执行多重命令。

1. cmd ; cmd（不考虑命令相关性的连续命令执行）

在某些时候，我们希望可以一次运行多条命令，例如，在关机时，希望可以先运行两次 sync 同步化写入磁盘后才关机，那么应该怎么操作呢？

```
root@Server01:~# sync; sync; shutdown -h now
```

命令与命令利用“;”隔开，这样一来，“;”前的命令运行完后会立刻运行后面的命令。

我们看下面的例子：要求在某个目录下面创建一个文件。如果该目录已经存在，则直接创建这个文件；如果不存在，则不进行创建操作。也就是说，这两条命令是相关的，前一条命令是否成功运行与后一条命令是否要运行有关。这就要用到“&&”或“||”。

2. “$?”（命令回传值）与“&&”或“||”

两条命令之间有相关性，而这个相关性的主要判断源于前一条命令运行的结果是否正确。在 Linux 中，若前一条命令运行的结果正确，则在 Linux 中会回传一个 $? = 0 的值。那么我们怎么通过这个回传值来判断后续的命令是否要运行呢？这就要用到“&&”及“||”，具体命令执行情况与说明如表 7-2 所示。

表 7-2 “&&”及“||”的命令执行情况与说明

命令执行情况	说明
cmd1 && cmd2	若 cmd1 运行完毕且正确运行（$?=0），则开始运行 cmd2；若 cmd1 运行完毕但为错误运行（$?≠0），则 cmd2 不运行
cmd1 || cmd2	若 cmd1 运行完毕且正确运行（$?=0），则 cmd2 不运行；若 cmd1 运行完毕但为错误运行（$?≠0），则开始运行 cmd2

注意 两个“&”之间是没有空格的，“|”则是按“Shift+\”组合键的结果。

上述的 cmd1 及 cmd2 都是命令。现在回到我们刚刚假设的情况。

- 先判断一个目录是否存在。
- 若存在，则在该目录下面创建一个文件。

由于我们尚未介绍条件判断式（test）的使用方法，所以这里使用 ls 以及回传值来判断目录是否存在。

【例 7-1】使用 ls 查阅目录/tmp/abc 是否存在，若存在，则用 touch 创建/tmp/abc/hehe。

```
root@Server01:~# ls /tmp/abc && touch /tmp/abc/hehe
ls: 无法访问'/tmp/abc': 没有那个文件或目录
# 说明找不到该目录，但没有与 touch 相关的错误，表示 touch 并没有运行
root@Server01:~# mkdir  /tmp/abc
root@Server01:~# ls /tmp/abc && touch /tmp/abc/hehe
root@Server01:~# ll  /tmp/abc
总用量 8
drwxr-xr-x  2 root root 4096  2月 09 22:45 ./
drwxrwxrwt 23 root root 4096  2月 09 22:45 ../
-rw-r--r--  1 root root    0   2月 09 22:45 hehe
```

若/tmp/abc 不存在，touch 就不会被运行；若/tmp/abc 存在，touch 就会开始运行。在上面的例子中，我们还必须手动创建目录，这样的操作很麻烦。能不能在判断没有该目录时自动创建该目录呢？看下面的例子。

【例 7-2】测试/tmp/abc 是否存在，若不存在，则予以创建；若存在，则不做任何事情。

```
root@Server01:~# rm  -r  /tmp/abc              #先删除此目录以方便测试
root@Server01:~# ls  /tmp/abc  ||  mkdir  /tmp/abc
ls: 无法访问'/tmp/abc': 没有那个文件或目录
root@Server01:~# ll  /tmp/abc
总用量 8              #结果出现了，能访问到该目录，不报错，说明运行了 mkdir 命令
drwxr-xr-x  2 root root 4096  2月 11 22:47 ./
drwxrwxrwt 23 root root 4096  2月 11 22:47 ../
```

重复执行 ls /tmp/abc || mkdir /tmp/abc，也不会重复出现 mkdir 的错误。这是因为/tmp/abc 已经存在，所以后续的 mkdir 不会执行。

【例 7-3】如果不管/tmp/abc 存在与否，都要创建/tmp/abc/hehe 文件，该怎么办呢？

```
root@Server01:~# ls /tmp/abc || mkdir /tmp/abc && touch /tmp/abc/hehe
```

例 7-3 总是会创建/tmp/abc/hehe，无论/tmp/abc 是否存在。那么例 7-3 应该如何解释呢？由于 Linux 中的命令都是从左往右执行的，所以例 7-3 有下面两种结果。

- 若/tmp/abc 不存在，则回传$?≠0。因为“||”遇到不为 0 的$?，所以开始执行 mkdir/tmp/abc，由于 mkdir /tmp/abc 会成功执行，所以回传$?=0；因为“&&”遇到$?=0，所以会执行 touch/ tmp/abc/hehe，最终/tmp/abc/hehe 就被创建了。
- 若/tmp/abc 存在，则回传$?=0。因为“||”遇到$?=0 不会执行，此时$?=0 继续向后传；而“&&”遇到$?=0 就开始创建/tmp/abc/hehe，所以最终/tmp/abc/hehe 被创建。

命令运行的流程如图 7-1 所示。

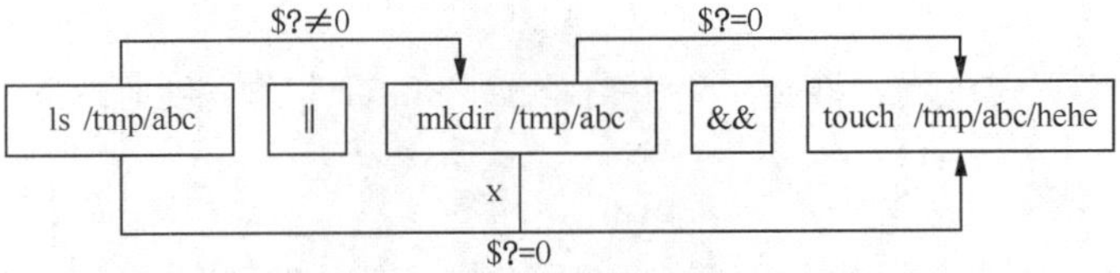

图 7-1 命令运行的流程

在图 7-1 显示的两股数据中，上方的线段为不存在 /tmp/abc 时所进行的命令行为，下方的线段则为存在/tmp/abc 时所进行的命令行为。如上所述，下方线段由于存在 /tmp/abc，所以使$?=0，中间的 mkdir 就不运行了，并将$?=0 继续往后传给后续的 touch 使用。

我们再来看看下面这个实例。

【例 7-4】以 ls 测试/tmp/bobbying 是否存在：若存在，则显示“exist”；若不存在，则显示“not exist”。

这又涉及逻辑判断的问题：如果存在就显示某个数据，如果不存在就显示其他数据。那么我们可以这样做：

```
ls  /tmp/bobbying  &&  echo "exist"  ||  echo  "not exist"
```

意思是说，在 ls /tmp/bobbying 运行后，若正确，就运行 echo "exist"；若不正确，就运行 echo "not exist"。那么如果写成如下的方式又会如何呢？

```
ls  /tmp/bobbying  ||  echo  "not exist"  &&  echo "exist"
```

这其实是有问题的，为什么呢？由图 7-1 所示的流程介绍可知，命令一个一个往后执行，因此在上面的例子中，如果/tmp/bobbying 不存在，则进行如下动作。

① 若 ls /tmp/bobbying 不存在，则回传一个非 0 的数值。

② 经过“||”的判断，发现前一个命令回传非 0 的数值；程序开始运行 echo "not exist"，而 echo "not exist" 程序肯定可以运行成功，因此会回传一个 0 值给后面的命令。

③ 经过“&&”的判断，则开始运行 echo "exist"。

这样，在这个例子中会同时出现 not exist 与 exist，是不是很有意思呢？请读者仔细思考。

特别提示 经过这个例题的练习，你应该了解，由于命令是一个接着一个运行的，因此如果使用判断，那么“&&”与“||”的顺序就不能搞错。假设判断式有 3 个，则应如“command1 && command2 || command3”所示，且它们的顺序通常不会变，因为一般来说，command2 与 command3 会放置肯定可以运行成功的命令，因此，依据上面例 7-4 的逻辑分析可知，必须按此顺序放置各命令，请读者一定注意。

任务 7-2 掌握 grep 的高级使用

7-2 拓展阅读

了解正则表达式

简单地说，正则表达式就是处理字符串的方法，它以“行”为单位来处理字符串。正则表达式通过一些特殊符号的辅助，让用户可以轻易地查找、删除、替换某些或某个特定的字符串。

例如，如果只想找到 MYweb（前面两个字母为大写字母）或 Myweb（仅有第一个字母是大写字母）字符串（MYWEB、myweb 等都不符合要求），该如何处理？如果是在没有正则表达式的环境（如 MS Word）中，你或许要使用忽略大小写的办法，或者分别以 MYweb 及 Myweb 进行查找，即查找两遍。但是，忽略大小写可能会搜寻到 MYWEB/myweb/MyWeB 等不需要的字符串而造成困扰。

grep 是 shell 中处理字符很方便的命令，该命令的格式为：

```
grep  [-A] [-B]  [--color=auto]  '查找字符串'  filename
```

选项与参数的含义如下。

-A：为之后的意思，后面可加数字，除了列出该行外，后续的 *n* 行也可列出来。

-B：为之前的意思，后面可加数字，除了列出该行外，前面的 *n* 行也可列出来。

--color=auto：可将查找出的正确数据用特殊颜色标记。

7-3 拓展阅读

了解语系对正则表达式的影响

【例 7-5】使用 dmesg 列出核心信息，再通过 grep 找出内含 IPv6 的行。

```
root@Server01:~# dmesg  | grep  'IPv6'
[    1.622327] Segment Routing with IPv6
[    1.622338] In-situ OAM (IOAM) with IPv6
# 使用 dmesg 可列出核心信息，通过 grep 获取 IPv6 的相关信息
```

【例 7-6】承接例 7-5，要将获取到的关键字显色，且加上行号（-n）来表示。

```
root@Server01:~# dmesg  | grep  -n  --color=auto  'IPv6'
1312:[    1.622327] Segment Routing with IPv6
1313:[    1.622338] In-situ OAM (IOAM) with IPv6
# 除了关键字会呈现特殊颜色外，行的最前面还会显示行号
```

【例 7-7】承接例 7-6，将关键字所在行的前一行与后一行也一起找出来并显示。

```
root@Server01:~# dmesg  | grep  -n  -A1  -B1  --color=auto  'IPv6'
1311-[    1.618072] Freeing initrd memory: 60900K
1312:[    1.622327] Segment Routing with IPv6
1313:[    1.622338] In-situ OAM (IOAM) with IPv6
1314-[    1.622357] NET: Registered PF_PACKET protocol family
# 如上所示，你会发现关键字 1312 所在行的前后各一行及 1313 所在行的前后各一行也都被显示出来
# 这样可以让你将关键字前后数据找出来进行分析
```

任务 7-3 练习基础正则表达式

练习文件 sample.txt 的内容如下。文件共有 22 行，最末行为空白行。该文本文件已上传到人民邮电出版社人邮教育社区中以供读者下载，也可加编者 QQ（QQ 号为 68433059）获取。现将该文件复制到 root 的家目录/root 下。

```
root@Server01:~# pwd
/root
root@Server01:~# cat  /root/sample.txt
"Open Source" is a good mechanism to develop programs.
apple is my favorite food.
Football game does not use feet only.
this dress doesn't fit me.
However, this dress is about $ 3183 dollars.^M
GNU is free air not free beer.^M
Her hair is very beautiful.^M
I can't finish the test.^M
Oh! The soup taste good.^M
```

```
motorcycle is cheaper than car.
This window is clear.
the symbol '*' is represented as star.
Oh!     My god!
The gd software is a library for drafting programs.^M
You are the best means you are the NO. 1.
The word <Happy> is the same with "glad".
I like dogs.
google is a good tool for search keyword.
goooooogle yes!
go! go! Let's go.
# I am Bobby
```

1. 查找特定字符串

假设我们要从文件 sample.txt 中取得“the”这个特定字符串，最简单的方式是：

```
root@Server01:~# grep  -n  'the'  /root/sample.txt
8:I can't finish the test.
12:the symbol '*' is represented as star.
15:You are the best means you are the NO. 1.
16:The word <Happy> is the same with "glad".
```

如果想要反向选择呢？也就是说，只有没有“the”这个字符串的行才显示在屏幕上。

```
root@Server01:~# grep  -vn  'the'   /root/sample.txt
```

你会发现，屏幕上出现除了第 8、12、15、16 行这 4 行之外的其他行。接下来，如果想要获得不区分大小写的“the”这个字符串，则执行：

```
root@Server01:~# grep  -in  'the'  /root/sample.txt
8:I can't finish the test.
9:Oh! The soup taste good.
12:the symbol '*' is represented as star.
14:The gd software is a library for drafting programs.
15:You are the best means you are the NO. 1.
16:The word <Happy> is the same with "glad".
```

除了多两行（第 9、14 行）之外，第 16 行也多了一个“The”关键字，并标出了颜色。

2. 利用“[ ]”来搜寻集合字符

对比“test”或“taste”这两个单词可以发现，它们有共同点“t?st”。这时，可以这样搜寻：

```
root@Server01:~# grep  -n  't[ae]st'  /root/sample.txt
8:I can't finish the test.
9:Oh! The soup taste good.
```

其实“[ ]”中无论有几个字符，都只代表某一个字符，所以上面的例子说明需要的字符串是 tast 或 test。而想要搜寻到有“oo”的字符时，使用如下命令。

```
root@Server01:~# grep  -n  'oo'  /root/sample.txt
1:"Open Source" is a good mechanism to develop programs.
2:apple is my favorite food.
3:Football game does not use feet only.
9:Oh! The soup taste good.
18:google is a good tool for search keyword.
19:goooooogle yes!
```

但是，如果不想“oo”前面有“g”的行显示出来，则可以利用集合字节的反向选择[^]来完成。

```
root@Server01:~# grep  -n  '[^g]oo'  /root/sample.txt
2:apple is my favorite food.
3:Football game does not use feet only.
18:google is a good tool for search keyword.
19:goooooogle yes!
```

第 1、9 行不见了，因为这两行的 oo 前面出现了 g。第 2、3 行没有消失，因为 foo 与 Foo 均可被接受。第 18 行虽然有 google 的 goo，但是因为该行后面出现了 tool 的 too，所以该行也被列出来。也就是说，虽然第 18 行中出现了我们不要的项目（goo），但是由于有需要的项目（too），因此其是符合字符串搜寻要求的。

至于第 19 行，同样，因为 goooooogle 中的 oo 前面可能是 o，如 go(ooo)oogle，所以这一行也是符合搜寻要求的。

再者，如果不想 oo 前面有小写字母，则可以这样写：[^abcd....z]oo。但是这样似乎不怎么方便，由于小写字母的 ASCII 编码顺序是连续的，因此，我们可以将之简化：

```
root@Server01:~# grep  -n  '[^a-z]oo'  sample.txt
3:Football game does not use feet only.
```

也就是说，如果一组集合字节是连续的，如大写英文、小写英文、数字等，就可以使用 [a-z]、[A-Z]、[0-9] 等方式来书写。如果要求字符串同时包含数字与英文呢？那就将其全部写在一起，变成[a-zA-Z0-9]。例如，要获取有数字的那一行：

```
root@Server01:~# grep  -n  '[0-9]'  /root/sample.txt
5:However, this dress is about $ 3183 dollars.
15:You are the best means you are the NO. 1.
```

但考虑到语系对编码顺序的影响，所以除了连续编码使用“-”之外，也可以使用如下方法取得前面两个测试的结果。

```
root@Server01:~# grep  -n  '[^[:lower:]]oo'  /root/sample.txt
#  [:lower:]代表 a~z
root@Server01:~# grep  -n  '[[:digit:]]'  /root/sample.txt
```

至此，对于“[]”“[^]”，以及“[]”中的“-”，是不是已经很熟悉了？

3. 行首与行尾字节^ $

在前面，可以查询到一行字符串中有“the”，那么如何查询到只在行首列出“the”的行呢？

```
root@Server01:~# grep  -n  '^the'  /root/sample.txt
12:the symbol '*' is represented as star.
```

此时，就只剩下第 12 行被搜寻到，因为只有第 12 行的行首是 the。此外，如果想将开头是小写字母的那些行列出来，该怎么办呢？可以这样写：

```
root@Server01:~# grep  -n  '^[a-z]'  /root/sample.txt
2:apple is my favorite food.
4:this dress doesn't fit me.
10:motorcycle is cheaper than car.
12:the symbol '*' is represented as star.
18:google is a good tool for search keyword.
19:goooooogle yes!
20:go! go! Let's go.
```

如果不希望行的开头是英文字母，则可以这样：

```
root@Server01:~# grep  -n  '^[^a-zA-Z]'  /root/sample.txt
1:"Open Source" is a good mechanism to develop programs.
21:# I am Bobby
```

> **特别提示** “^”在字符集合符号“[ ]”之内与之外的意义是不同的。它在“[ ]”内代表“反向选择”，在“[ ]”之外代表定位在行首。反过来思考，想要找出行尾结束为“.”的那些行，该如何处理？

参考答案：

```
root@Server01:~# grep  -n  '\.$'  /root/sample.txt
1:"Open Source" is a good mechanism to develop programs.
2:apple is my favorite food.
3:Football game does not use feet only.
4:this dress doesn't fit me.
10:motorcycle is cheaper than car.
11:This window is clear.
12:the symbol '*' is represented as star.
15:You are the best means you are the NO. 1.
16:The word <Happy> is the same with "glad".
17:I like dogs.
18:google is a good tool for search keyword.
20:go! go! Let's go.
```

> **特别注意** 因为小数点具有其他意义（后文会介绍），所以必须使用跳转字节“\”来解除其特殊意义。不过，你或许会觉得奇怪，第 5～9 行最后面也是“.”，怎么无法输出？这里就涉及 Windows 平台的软件对断行字符的判断问题了。可以使用 cat -A 将第 5 行显示出来（命令 cat 中的-A 参数含义：显示不可输出的字符，行尾显示“$”）。

```
root@Server01:~# cat  -An  /root/sample.txt | head -n  10  | tail -n  6
     5  However, this dress is about $ 3183 dollars.^M$
     6  GNU is free air not free beer.^M$
     7  Her hair is very beautiful.^M$
     8  I can't finish the test.^M$
     9  Oh! The soup taste good.^M$
    10  motorcycle is cheaper than car.$
```

由此，我们可以发现第 5~9 行出现了 Windows 的断行字节“^M$”，而正常的 Linux 应该仅有第 10 行显示的“$”。所以，也就找不到第 5~9 行了。这样就可以了解“^”与“$”的含义了。

> **思考** 如果想要找出哪一行是空白行，即该行没有输入任何数据，该如何搜寻？

参考答案：

```
root@Server01:~# grep  -n  '^$'  /root/sample.txt
22:
```

因为只有行首和行尾有“^$”，所以就可以找出空白行了。

技巧 假设已经知道在一个程序脚本或者配置文件中，空白行与开头为“#”的那些行是注释行，因此要将数据输出作为参考，可以将这些数据省略以节省纸张，那么应该怎么操作呢？我们以/etc/rsyslog.conf 这个文件为范例，可以自行参考以下输出结果（-v 选项表示输出除要求行之外的所有行）。

```
root@Server01:~# cat  -n  /etc/rsyslog.conf
#从结果中可以发现有 91 行输出，其中包含很多空白行与以“#”开头的注释行

root@Server01:~# grep  -v  '^$'  /etc/rsyslog.conf | grep  -v  '^#'
# 结果仅有 10 行，命令中“-v '^$'”代表不要空白行
#  “-v '^#'”代表不要开头为“#”的行
```

4. 任意一个字符“.”与重复字节“*”

我们知道通用字符“*”可以用来代表任意（0 或多个）字符，但是正则表达式并不是通用字符，两者之间是不相同的。至于正则表达式中的“.”则表示“绝对有一个任意字符”的意思。这两个符号在正则表达式中的含义如下。

- .：代表一个任意字符。
- *：代表重复前一个字符 0 次到无穷多次，字符为组合形态。

下面直接做练习。假设需要在 sample.txt 中找出“g??d”匹配的字符串，即共有 4 个字符，开头是 g，结尾是 d，可以这样做：

```
root@Server01:~# grep  -n  'g..d'  /root/sample.txt
1:"Open Source" is a good mechanism to develop programs.
9:Oh! The soup taste good.
16:The word <Happy> is the same with "glad"
18:google is a good tool for search keyword.
```

因为强调 g 与 d 之间一定要存在两个字符，因此，第 13 行的 god 与第 14 行的 gd 不会被列出来。如果想要列出 oo、ooo、oooo 等数据，也就是说，至少要有两个及两个以上的 o，该如何操作呢？是使用 o*、oo* 还是 ooo* 呢？

因为“*”代表的是“重复 0 个或多个前面的正则表达式（Regular Expression，RE）字符”，所以 o*代表的是“拥有空字符或一个 o 以上的字符”。

特别注意 因为允许空字符（有没有字符都可以），所以使用 `grep  -n  'o*'  sample.txt` 将会把所有数据都列出来。

那么如果使用 oo*呢？第一个 o 必须存在，第二个 o 则是可有可无的，所以，凡是含有 o、oo、ooo、oooo 等的数据，都可以列出来。

同理，当需要“至少含有两个 o 的字符串”时，就需要使用 ooo*，即：

```
root@Server01:~# grep  -n  'ooo*'  /root/sample.txt
1:"Open Source" is a good mechanism to develop programs.
2:apple is my favorite food.
3:Football game does not use feet only.
9:Oh! The soup taste good.
```

```
18:google is a good tool for search keyword.
19:goooooogle yes!
```

继续做练习，如果想要字符串开头与结尾都是 g，但是两个 g 之间需存在至少一个 o，即 gog、goog、gooog 等，该如何操作呢？参考如下代码。

```
root@Server01:~# grep  -n  'goo*g'  sample.txt
18:google is a good tool for search keyword.
19:goooooogle yes!
```

想要找出以 g 开头且以 g 结尾的字符串，当中的字符可有可无，该如何操作呢？是使用 g*g 吗？参考如下代码。

```
root@Server01:~# grep  -n  'g*g'  /root/sample.txt
1:"Open Source" is a good mechanism to develop programs.
3:Football game does not use feet only.
9:Oh! The soup taste good.
13:Oh!  My god!
14:The gd software is a library for drafting programs.
16:The word <Happy> is the same with "glad".
17:I like dogs.
18:google is a good tool for search keyword.
19:goooooogle yes!
20:go! go! Let's go.
```

可以发现，测试的结果包括许多行。这是因为 g*g 中的 g* 代表“空字符或一个以上的 g”再加上后面的 g，即整个正则表达式的内容是 g、gg、ggg、gggg 等，所以，只要该行当中拥有一个以上的 g 就符合搜寻要求了。

那么该如何满足 g...g 的需求呢？可以利用任意一个字符“.”，即 g.*g。因为“*”可以重复前一个字符 0 次到无穷多次，而“.”是任意字符，所以“.*”就代表 0 个或多个任意字符。参考如下代码。

```
root@Server01:~# grep  -n  'g.*g'  /root/sample.txt
1:"Open Source" is a good mechanism to develop programs.
14:The gd software is a library for drafting programs.
18:google is a good tool for search keyword.
19:goooooogle yes!
20:go! go! Let's go.
```

因为 g.*g 代表以 g 开头并且以 g 结尾，中间任意字符均可接受，所以，第 1、14、20 行是可接受的。

> **注意** 使用“.*”的正则表达式来表示任意字符是很常见的，希望大家能够理解并且熟悉。

再来完成一个练习，如果想要找出包含“任意数字”的行列呢？因为行中仅包含数字，所以可以这样做：

```
root@Server01:~# grep  -n  '[0-9][0-9]*'  /root/sample.txt
5:However, this dress is about $ 3183 dollars.
15:You are the best means you are the NO. 1.
```

虽然使用 grep -n '[0-9]' sample.txt 也可以得到相同的结果，但希望大家能够理解上面命令中正则表达式的含义。

5. 限定连续正则表达式字符范围

在上例中，可以利用“.”、正则表达式字符及“*”来设置 0 个到无限多个重复字符，如果想要限制一个范围区间内的重复字符数该怎么办呢？例如，想要找出包含 2~5 个 o 的连续字符串，该如何操作呢？这时候就要使用限定范围的字符“{}”了。但因为“{”与“}”在 shell 中是有特殊含义的，所以必须使用转义字符“\”来让其失去特殊含义。

先来做一个练习，假设要找到包含两个 o 的字符串的行，可以这样做：

```
root@Server01:~# grep  -n  'o\{2\}'  /root/sample.txt
1:"Open Source" is a good mechanism to develop programs.
2:apple is my favorite food.
3:Football game does not use feet only.
9:Oh! The soup taste good.
18:google is a good tool for search keyword.
19:goooooogle yes!
```

上述结果似乎与搜寻 ooo* 的字符的结果没有什么差异，因为第 19 行（包含多个 o 的字符串）依旧出现了！那么换个搜寻的字符串试试。假设要找出以 g 开头，其后面接 2~5 个 o，然后接一个 g 的字符串，应该这样操作：

```
root@Server01:~# grep  -n  'go\{2,5\}g'  /root/sample.txt
18:google is the best tools for search keyword.
```

可以发现，第 19 行没有被选中（因为第 19 行有 6 个 o）。那么，如果想要的是包含两个及两个以上 o 的 goooo...g 呢？除了可以使用 gooo*g 外，也可以这样做：

```
root@Server01:~# grep  -n  'go\{2,\}g'  /root/sample.txt
18:google is a good tool for search keyword.
19:goooooogle yes!
```

任务 7-4 基础正则表达式的特殊字符汇总

经过对上面几个简单范例的讲解，可以将基础正则表达式的特殊字符汇总到表 7-3 中。

表 7-3 基础正则表达式的特殊字符

正则表达式字符	含义与范例
^word	含义：待搜寻的字符串“word”在行首。 范例：搜寻行首以“#”开始的那一行，并列出行号，代码如下。 `grep -n '^#' sample.txt`
word$	含义：待搜寻的字符串“word”在行尾。 范例：搜寻行尾为“!”的那一行，并列出行号，代码如下。 `grep -n '!$' sample.txt`
.	含义：代表一定有一个任意字节的字符。 范例：搜寻的字符串可以是“eve”“eae”“eee”“e e”，但不能仅有“ee”，即 e 与 e 中间“一定”仅有一个字符（空白字符也是字符），代码如下。 `grep -n 'e.e' sample.txt`
\	含义：转义字符，将特殊符号的特殊含义去除。 范例：搜寻含有单引号“'”的那一行，代码如下。 `grep -n \' sample.txt`

续表

正则表达式字符	含义与范例
*	含义：重复 0 个到无穷多个的前一个正则表达式字符。 范例：找出含有“es”“ess”“esss”等的字符串，注意，因为“*”可以是 0 个，所以 es 也是符合要求的搜寻字符串。另外，因为“*”为重复“前一个正则表达式字符”的符号，所以在“*”之前必须紧接着一个正则表达式字符！例如，任意字符为“.*”，代码如下。 `grep -n 'ess*' sample.txt`
[list]	含义：字符集合的正则表达式字符，里面列出想要选取的字符。 范例：搜寻含有（gl）或（gd）的那一行，需要特别留意的是，在“[ ]”中的字符“仅代表一个待搜寻的字符”，例如，“a[afl]y”代表搜寻的字符串可以是“aay”“afy”“aly”，即 [afl] 代表 a 或 f 或 l，代码如下。 `grep -n 'g[ld]' sample.txt`
[n1-n2]	含义：字符集合的正则表达式字符，里面列出想要选取的字符范围。 范例：搜寻含有任意数字的那一行！需特别留意，字符集合“[]”中的“-”是有特殊含义的，代表两个字符之间的所有连续字符！但这个连续与否与美国信息交换标准代码（American Standard Code for Information Interchange，ASCII）有关，因此，编码需要设置正确（在 bash 中，需要确定 LANG 与 LANGUAGE 的变量值是否正确！），例如，所有大写字符为[A-Z]，代码如下。 `grep -n '[A-Z]' sample.txt`
[^list]	含义：字符集合的正则表达式字符，里面列出不需要的字符串或字符范围。 范例：搜寻的字符串可以是“oog”“ood”，但不能是“oot”，“^”在“[]”内时，表示“反向选择”。例如，不选取大写字符，则为[^A-Z]。但是，需要特别注意的是，如果使用 **grep -n [^A-Z] sample.txt** 来搜寻，则发现该文件内的所有行都被列出，这是因为 [^A-Z] 是“非大写字符”的意思，而每一行均有非大写字符，代码如下。 `grep -n 'oo[^t]' sample.txt`
\{*n*,*m*\}	含义：连续 *n*~*m* 个 “前一个正则表达式字符”。 含义：若为\{*n*\}，则是连续 *n* 个的前一个正则表达式字符。 含义：若为\{*n*,\}，则是连续 *n* 个以上的前一个正则表达式字符。 范例：搜寻 g 与 g 之间有 2~3 个 o 存在的字符串，即“goog”“gooog”，代码如下。 `grep -n 'go\{2,3\}g' sample.txt`

任务 7-5 使用重定向

重定向就是不使用系统的标准输入端口、标准输出端口或标准错误端口，而对这些端口进行重新指定，所以重定向分为输入重定向、输出重定向和错误重定向。通常情况下，是重定向到一个文件。在 shell 中，要实现重定向主要依靠重定向符，即 shell 通过检查命令行中有无重定向符来决定是否需要实施重定向。表 7-4 所示为常用的重定向符。

表 7-4 常用的重定向符

重定向符	说　明
<	实现输入重定向。输入重定向并不经常使用，因为大多数命令都以参数的形式在命令行上指定输入文件的文件名。尽管如此，当使用一个不接受文件名为输入参数的命令，而需要的输入又是在一个已存在的文件中时，就需要使用输入重定向解决问题

续表

重定向符	说　明
>或>>	实现输出重定向。输出重定向比输入重定向更常用。输出重定向使用户能把一个命令的输出重定向到一个文件中，而不是显示在屏幕上。在很多情况下都可以使用这种功能。例如，如果某个命令的输出很多，在屏幕上不能完全显示，则可把它重定向到一个文件中，稍后用文本编辑器来打开这个文件
2>或 2>>	实现错误重定向
&>	同时实现输出重定向和错误重定向

要注意的是，在实际执行命令之前，命令解释程序会自动打开（如果文件不存在，则自动创建）且清空该文件（文中已存在的数据将被删除）。当命令完成时，命令解释程序会正确关闭该文件，而命令在执行时并不知道它的输出流已被重定向。

下面举几个使用重定向的实例。

（1）将 ls 命令生成的/tmp 目录的一个清单保存到当前目录下的 dir 文件中。

```
root@Server01:~# ls -l  /tmp > dir
```

（2）将 ls 命令生成的/etc 目录的一个清单以追加的方式保存到当前目录下的 dir 文件中。

```
root@Server01:~# ls -l /etc >> dir
```

（3）将 passwd 文件的内容作为 wc 命令的输入（wc 命令用来计算数字，可以计算文件的字节数、字数或列数。若不指定文件名，或所给予的文件名为“-”，则 wc 命令从标准输入设备读取数据）。

```
root@Server01:~# wc < /etc/passwd
```

（4）将 myprogram 命令的错误信息保存在当前目录下的 err_file 文件中。

```
root@Server01:~# myprogram 2 > err_file
```

（5）将 myprogram 命令的输出信息和错误信息保存在当前目录下的 output_file 文件中。

```
root@Server01:~# myprogram & > output_file
```

（6）将 ls 命令的错误信息保存在当前目录下的 err_file 文件中。

```
root@Server01:~# ls -l  2 > err_file
```

注意　该命令并没有产生错误信息，但 err_file 文件原本的内容会被清空。

当我们输入重定向符时，命令解释程序会检查目标文件是否存在。如果目标文件不存在，则命令解释程序会根据给定的文件名创建一个空文件；如果目标文件已经存在，则使用上述重定向命令时，会先将已经存在的文件的内容清空，然后将重定向的内容写入该文件，这可能导致已经存在的文件内容损毁。这种操作方式表明：当重定向到一个已经存在的文件时需要十分小心，该文件中的数据很容易在用户还没有意识到之前就丢失了。

bash 输入/输出重定向可以使用下面的选项设置不覆盖已经存在的文件。

```
root@Server01:~# set  -o  noclobber
```

这个选项仅用于对当前命令解释程序输入、输出进行重定向，其他程序仍可能覆盖已经存在的文件。

（7）/dev/null。

空设备的一个典型用法是丢弃 find 或 grep 等命令传递来的错误信息。

```
root@Server01:~# su - yangyun
yangyun@Server01:~$ grep IPv6  /etc/* 2>/dev/null
yangyun@Server01:~$ grep IPv6  /etc/*    //会显示包含许多错误的所有信息
```

上面 grep 命令的作用是从/etc 目录下的所有文件中搜索包含字符串“IPv6”的所有行。由于我们是在普通用户的权限下执行该命令的，所以 grep 命令是无法打开某些文件的，系统会显示一大堆“未得到允许”的错误提示。通过将错误重定向到空设备，可以让屏幕上只显示有用的输出。

任务 7-6　使用管道命令

许多 Linux 命令具有过滤特性，即一条命令通过标准输入端口接收一个文件中的数据，命令执行后，产生的结果数据又通过标准输出端口发送给后一条命令，作为该命令的输入数据。后一条命令也是通过标准输入端口接收输入数据的。

shell 提供管道符号“|”将这些命令衔接在一起，形成一条管道线，其格式为：

```
命令 1|命令 2|...|命令 n
```

管道线中的每一条命令都作为一个单独的进程运行，每一条命令的输出作为下一条命令的输入。由于管道线中的命令总是从左到右按顺序执行的，所以管道线是单向的。

管道线的实现创建了 Linux 操作系统管道文件并进行重定向，但是管道不同于输入/输出重定向。输入重定向使得一个程序的标准输入来自某个文件，输出重定向是将一个程序的标准输出写到一个文件中，而管道是直接将一个程序的标准输出与另一个程序的标准输入相连接，不需要经过任何中间文件。例如：

```
root@Server01:~# who  > tmpfile
```

我们运行命令 who 来查看已经登录了系统的用户的信息。该命令的输出结果中每个用户对应一行数据，其中包含一些有用的信息，我们将这些信息保存在临时文件中。

现在运行下面的命令。

```
root@Server01:~# wc -l  < tmpfile
```

该命令会统计临时文件的行数，最后的结果是登录系统的用户数。

可以将以上两个命令组合起来。

```
root@Server01:~# who | wc  -l
```

管道符号告诉命令解释程序将左边命令（在本例中为 who）的标准输出流连接到右边命令（在本例中为 wc　-l）的标准输入流。现在命令 who 的输出不经过临时文件就可以直接送到命令 wc 中了。

下面再举几个使用管道的例子。

（1）以长格式递归的方式分页显示/etc 目录下的文件和目录列表。

```
root@Server01:~# ls -Rl  /etc | more
```

（2）分页显示文本文件/etc/passwd 的内容。

```
root@Server01:~# cat /etc/passwd | more
```

（3）统计文本文件/etc/passwd 的行数、字数和字符数。

```
root@Server01:~# cat /etc/passwd | wc
```

（4）查看是否存在 john 和 yangyun 用户账号。

```
root@Server01:~# cat /etc/passwd | grep john
root@Server01:~# cat /etc/passwd | grep yangyun
yangyun:x:1000:1000:yangyun:/home/yangyun:/bin/bash
```

（5）查看系统是否安装了 SSH 软件包。

```
root@Server01:~# rpm -qa | grep ssh
```

（6）显示文本文件中的若干行。

```
root@Server01:~# tail -15 /etc/passwd | head -3
```

管道仅能控制命令的标准输出流。如果标准错误输出未重定向，那么任何写入其中的信息都会在终端的屏幕上显示。管道可用来连接两个以上的命令。由于 Linux 中使用了一种被称为过滤器的服务程序，所以多级管道在 Linux 中是很普遍的。过滤器只是一段程序，它从自己的标准输入流读入数据，然后写到自己的标准输出流中，这样就能沿着管道过滤数据。在下例中：

```
root@Server01:~#  who | grep  root | wc  -l
```

who 命令的输出结果由 grep 命令处理，而 grep 命令则过滤（丢弃）所有不包含字符串“root”的行。这个输出结果经过管道送到命令 wc，而该命令的功能是统计剩余的行数，这些行数与网络用户数相对应。

Linux 操作系统一个最大的优势就是可以按照管道方式将一些简单的命令连接起来，形成更复杂的、功能更强的命令。那些标准的服务程序仅是一些管道应用的单元模块，在管道中它们的作用更加明显。

7.4 拓展阅读　为计算机事业做出过巨大贡献的王选院士

王选院士曾经为我国的计算机事业做出过巨大贡献，并因此获得国家最高科学技术奖。你知道王选院士吗?

王选院士（1937—2006 年）是享誉国内外的著名科学家，汉字激光照排技术创始人，中国科学院院士、中国工程院院士、发展中国家科学院院士。北京大学王选计算机研究所主要创建者，历任副所长、所长，博士生导师。他曾任第十届全国政协副主席、九三学社中央委员会副主席、中国科学技术协会副主席。

王选院士发明的汉字激光照排系统两次获国家科技进步一等奖（1987 年、1995 年），两次被评为中国十大科技成就（1985 年、1995 年），并获国家重大技术装备成果奖特等奖。王选院士一生荣获了国家最高科学技术奖、联合国教科文组织科学奖、陈嘉庚科学奖、美洲中国工程师学会个人成就奖、何梁何利基金科学与技术进步奖等 20 多项重大成果和荣誉。

1975 年开始，以王选院士为首的科研团队决定跨越当时日本流行的光机式二代机和欧美流行的阴极射线管式三代机阶段，开创性地研制当时国外尚无商品的第四代激光照排系统。针对汉字印刷的特点和难点，他们发明了高分辨率字形的高倍率信息压缩技术和高速复原方法，率先设计出相应的专用芯片，在世界上首次使用控制信息（参数）描述笔画特性。第四代激光照排系统获 1 项欧洲专利和 8 项中国专利，并获第 14 届日内瓦国际发明展金奖、中国专利发明创造金奖，2007 年入选“首届全国杰出发明专利创新展”。

7.5 练习题

一、填空题

1. 由于内核在内存中是受保护的区块，所以必须通过________将我们输入的命令与内核沟通，以便让内核可以控制硬件正确无误地工作。

2. 系统合法的 shell 均写在________文件中。

3. 用户默认登录取得的 shell 记录于________的最后一个字段。

4. shell 变量有其规定的作用域，可以分为________与________。

5. ________命令显示目前 bash 环境下的所有变量。

6. 通配符主要有________、________、________等。

7. 正则表达式就是处理字符串的方法，是以________为单位来处理字符串的。

8. 正则表达式通过一些特殊符号的辅助，可以让用户轻易地________、________、________某个或某些特定的字符串。

9. 正则表达式与通配符是完全不一样的。在正则表达式中，________代表的是 bash 操作接口的一个功能，________则是一种字符串处理的表示方式。

二、简述题

1. 什么是重定向？什么是管道？

2. shell 变量有哪两种？分别如何定义？

3. 如何设置用户自己的工作环境？

4. 关于正则表达式的练习。首先要设置好环境，执行以下命令。

```
root@Server01:~# cd
root@Server01:~# cd  /etc
root@Server01:~# ls  -a  >~/data
root@Server01:~# cd
```

这样，/etc 目录下所有文件的列表都保存在你的主目录下的 data 文件中。

写出可以在 data 文件中查找包含满足以下条件的字符串的所有行的正则表达式。

（1）以“P”开头。

（2）以“y”结尾。

（3）以“m”开头，以“d”结尾。

（4）以“e”“g”或“l”开头。

（5）包含“o”，后面跟着“u”。

（6）包含“o”，隔一个字母之后是“u”。

（7）以小写字母开头。

（8）包含一个数字。

（9）以“s”开头，包含一个“n”。

（10）只含有 4 个字母。

（11）只含有 4 个字母，但不包含“f”。

项目8 学习shell script

08

项目导入

想要管理好主机，一定要好好学习 shell script。shell script 有点像早期的批处理，即将一些命令汇总起来一次运行。但是 shell script 拥有更强大的功能，即它可以进行类似程序（program）的撰写，并且不需要经过编译（compile）就能够运行，非常方便。同时，用户还可以通过 shell script 来简化日常的工作管理。在整个 Linux 的环境中，一些服务（service）的启动都是通过 shell script 来运行的，如果对 shell script 不了解，一旦发生问题，就会求助无门。

职业能力目标

- 理解 shell script。
- 掌握判断式的用法。
- 掌握条件判断式的用法。
- 掌握循环的用法。

素养目标

- 明确职业技术岗位所需的职业规范和精神，树立社会主义核心价值观。
- 坚定文化自信。“求木之长者，必固其根本；欲流之远者，必浚其泉源。”发展是安全的基础，安全是发展的条件。青年学生要努力为信息安全贡献自己的力量！

8.1 项目知识准备

什么是 shell script（程序化脚本）呢？本节将对 shell script 进行介绍。另外本项目均在 Server01 服务器上编写、调试和运行，工作目录为/root/scripts。

8.1.1 了解 shell script

就字面上的含义，我们将 shell script 分为两部分。“shell”部分在项目 7 中已经提过了，它是在命令行界面下让我们与系统沟通的一个工具接口。那么“script”是什么？script 字面上的含义是“脚本、剧本”。总的来说，shell script 就是针对 shell 所写的“脚本”。

其实，shell script 是利用 shell 的功能所写的一个“程序”。这个程序使用纯文本文件，将一些 shell 的语法与命令（含外部命令）写在里面，搭配正则表达式、管道命令与数据流重定向等功能，以达到想要的处理目的。

所以，简单地说，shell script 就像早期“DOS 年代”的批处理（.bat），其最简单的功能是将许多命令写在一起，让用户很轻易地就能够处理复杂的操作（运行一个文件“shell script”就能够一次运行多条命令）。shell script 能提供数组、循环、条件与逻辑判断等重要功能，让用户可以直接以 shell 来撰写程序，而不必使用类似 C 程序语言等传统程序撰写的语法。

shell script 可以简单地看成批处理文件，也可以看成程序语言，并且这个程序语言是利用 shell 与相关工具命令组成的，所以不需要编译即可运行。另外，shell script 还具有不错的排错（debug）工具，所以，它可以帮助系统管理员快速管理好主机。

8.1.2 编写与执行一个 shell script

编写任何一个计算机程序都要养成好习惯，编写 shell script 也不例外。

1. 编写 shell script 的注意事项

（1）命令的执行是从上到下、从左到右进行的。

（2）命令、选项与参数间的多个空格都会被忽略掉。

（3）空白行也将被忽略掉，并且按“Tab”键生成的空白同样被视为空白行。

（4）如果读取到一个 Enter 符号，就尝试开始运行该行（或该串）命令。

（5）如果一行的内容太多，则可以使用“\[Enter]”来将内容延伸至下一行。

（6）“#”可作为注解。任何加在“#”后面的数据将全部被视为注解文字而被忽略。

2. 运行 shell script

现在假设程序文件名是 /home/dmtsai/shell.sh，那么如何运行这个文件呢？很简单，可以使用下面几种方法。

（1）直接下达命令（shell.sh 文件必须具备读与执行的权限）。

- 绝对路径：使用/home/dmtsai/shell.sh 来下达命令。
- 相对路径：假设工作目录在/home/dmtsai/，则使用./shell.sh 来运行。
- 使用变量“PATH”功能：将 shell.sh 放在 PATH 指定的目录内，如~/bin/。

（2）以 bash 程序来运行（通过 bash shell.sh 或 sh shell.sh 来运行）。

由于 Linux 默认家目录下的~/bin 目录会被设置到$PATH 内，所以也可以将 shell.sh 创建在/home/dmtsai/bin/下面（~/bin 目录需要自行设置）。此时，若 shell.sh 在 ~/bin 内且具有读与执行的权限，则直接输入 shell.sh 即可运行该脚本。

为何也可以通过 sh shell.sh 来运行呢？这是因为/bin/sh 其实就是/bin/bash（连接档），使用 sh shell.sh 即告诉系统，我想要直接以 bash 的功能来运行 shell.sh 这个文件内的相关命令，所以此时 shell.sh 只要有读的权限即可运行。也可以利用 sh 的选项，如利用-n 及-x 来检查与追踪 shell.sh 的语法是否正确。

3. 编写第一个 shell script

编写的第一个 shell script 如下。

```
root@Server01:~# cd; mkdir  /root/scripts;  cd /root/scripts
root@Server01:~/scripts# vi  sh01.sh
#!/bin/bash
# Program:
# This program shows "Hello World!" in your screen
# History:
# 2023/01/08 Bobby   First release
PATH=/bin:/sbin:/usr/bin:/usr/sbin:/usr/local/bin:/usr/local/sbin:~/bin
export PATH
echo -e "Hello World! \a \n"
exit 0
```

在本项目中，请将所有撰写的 shell script 放置到家目录下的~/scripts 目录内，以利于管理。下面分析上面的程序。

（1）第一行#!/bin/bash 用于宣告这个 shell script 使用的 shell 名称。

因为我们使用的是 bash，所以必须以“#!/bin/bash”来宣告这个文件内的语法使用 bash 的语法。当这个程序被运行时，就能够加载 bash 的相关环境配置文件（一般来说就是 non-login shell 的 ~/.bashrc），并且运行 bash 使下面的命令能够运行，这很重要。在很多情况下，如果没有设置好这一行，那么编写的程序很可能无法运行，因为系统可能无法判断该程序需要使用什么 shell 来运行。

（2）程序内容的说明。

在整个 shell script 当中，除了第一行的“#!”是用来声明 shell 的，其他的“#”都是用来表示“注释”的。所以在上面的程序中，第二行以下的语句是用来说明整个程序的基本数据的。

建议 一定要养成说明 shell script 的内容与功能、版本信息、作者与联络方式、版权声明方式、历史记录等习惯。这将有助于未来程序的改写与调试。

（3）主要环境变量的声明。

务必将一些重要的环境变量设置好，其中设置好 PATH 与 LANG（如果使用与输出相关的信息）是最重要的。如此一来，可让这个程序在运行时直接执行一些外部命令，而不必写绝对路径。

（4）主要程序部分。

在这个例子中，主要程序部分就是包含 echo 的那一行。

（5）运行成果告知（定义回传值）。

一个命令的运行成功与否可以使用“$?”查看，也可以利用 exit 命令来让程序中断，并且给系统回传一个数值。在这个例子中，使用 exit 0 代表离开 shell script 并且回传一个 0 给系统，所以当运行完这个 shell script 后，若接着执行“echo $?”，则可得到 0 的值。读者应该知道，利用 exit n（n 是数字）的功能，还可以自定义错误信息，让这个程序变得更加智能。

该程序的运行结果如下。

```
root@Server01:~/scripts# sh  sh01.sh
Hello World !
```

同时，运行上述程序应该还会听到“咚”的一声，为什么呢？这是因为 echo 加上了 -e 选项

（开启转义）。当你完成这个 shell script 之后，是不是感觉写脚本很简单呢？

另外，你也可以利用“chmod a+x sh01.sh; ./sh01.sh”来运行这个 shell script。

8.1.3 养成良好的 shell script 撰写习惯

养成良好习惯是很重要的，但大家在刚开始撰写程序时，最容易忽略这一点，可能会认为程序写出来就好了，其他的不重要。其实，将程序的说明写清楚对自己是有很大帮助的。

建议养成良好的 shell script 撰写习惯。在每个 shell script 的文件头处包含如下内容。

- shell script 的功能。
- shell script 的版本信息。
- shell script 的作者与联络方式。
- shell script 的版权声明方式。
- shell script 的历史记录。
- shell script 内较特殊的命令，使用“绝对路径”的方式来执行。
- shell script 运行时需要的环境变量预先声明与设置。

除了记录这些信息之外，在较为特殊的程序部分建议加上注解与说明。此外，程序的撰写建议使用嵌套方式，最好能以“Tab”键的空格缩排。这样程序会显得非常漂亮、有条理，方便阅读与调试程序。另外，撰写 shell script 的工具最好使用 vim 而不是 vi，因为 vim 有额外的语法检验机制，能够在撰写时就发现语法方面的问题。

8.2 项目设计与准备

本项目要用到 Server01，完成的任务如下。

（1）编写简单的 shell script。

（2）用好判断式（test 和“[ ]”）。

（3）学习利用条件判断式。

（4）学习利用循环。

Server01 的 IP 地址为 192.168.10.1/24。

> **特别提醒** 本项目所有实例的工作目录都在用户的家目录的 scripts 下，即**/root/scripts** 下面，切记！

8.3 项目实施

任务 8-1 通过简单范例学习 shell script

下面先看 3 个简单实例。

8-1

学习 shell script

1. 对话式脚本：变量内容由用户决定

很多时候我们需要用户输入一些内容，让程序可以顺利运行。

要求：使用 read 命令撰写一个 shell script。在用户输入 first name 与 last name 后，在屏幕上显示“Your full name is: ”的内容。

（1）编写程序。

```
root@Server01:~/scripts# vi  sh02.sh
#!/bin/bash
# Program:
#User inputs his first name and last name.  Program shows his full name
# History:
# 2023/01/08 Bobby   First release
PATH=/bin:/sbin:/usr/bin:/usr/sbin:/usr/local/bin:/usr/local/sbin:~/bin
export PATH

read -p "Please input your first name: " firstname      # 提示用户输入
read -p "Please input your last name:  " lastname       # 提示用户输入
echo -e "\nYour full name is: $firstname $lastname"     # 结果显示在屏幕上
```

（2）运行程序。

```
root@Server01:~/scripts# sh  sh02.sh
```

2. 随日期变化：利用 date 取得需要的文件名

假设服务器内有数据库，数据库的数据每天都不一样。当备份数据库时，希望将每天的数据都备份到文件名不同的文件中，这样才能让旧的数据也保存下来不被覆盖。

考虑到每天的“日期”并不相同，将文件名取成类似“backup.2022-09-14.data”的形式，不就可以让每天的数据文件名不同了吗？确实如此。那么 2022-09-14 是怎么来的呢？

看下面的例子：假设想要通过 touch 创建 3 个空文件，文件名由用户输入，以及由前天、昨天和今天的日期决定。例如，用户输入“filename”，而今天的日期是 2022/08/15，则 3 个文件名分别为 filename_20220813、filename_20220814 和 filename_20220815。该如何编写程序？

（1）编写程序。

```
root@Server01:~/scripts# vi  sh03.sh
#!/bin/bash
# Program:
#Program creates three files, which named by user's input and date command
# History:
# 2023/01/08 Bobby  First release
PATH=/bin:/sbin:/usr/bin:/usr/sbin:/usr/local/bin:/usr/local/sbin:~/bin
export PATH
#  让用户输入文件名称，并取得变量 fileuser
echo -e "I will use 'touch' command to create 3 files."     # 只显示信息
read -p "Please input your filename: "  fileuser            # 提示用户输入
#  为了避免用户随意按“Enter”键，利用变量功能分析文件名是否设置
filename=${fileuser:-"filename"}
# 开始判断是否设置了文件名。如果在上面输入文件名时直接按“Enter”键，那么 fileuser 值为空，
# 这时系统会将"filename"赋给变量 filename；否则将 fileuser 的值赋给变量 filename
#  开始利用 date 命令来取得需要的文件名
```

```
date1=$(date --date='2 days ago'  +%Y%m%d)      # 前两天的日期，注意“+”前面有一个空格
date2=$(date --date='1 days ago'  +%Y%m%d)      # 前一天的日期，注意“+”前面有一个空格
date3=$(date +%Y%m%d)                           # 今天的日期
# 以下 3 行用于设置文件名
file1=${filename}${date1}
file2=${filename}${date2}
file3=${filename}${date3}
#  创建文件
touch "$file1"
touch "$file2"
touch "$file3"
```

（2）运行程序。

```
root@Server01:~/scripts# sh  sh03.sh
root@Server01:~/scripts# ll
```

分两种情况运行 sh03.sh：一种是直接按“Enter”键查阅文件名；另一种是输入一些字符，判断脚本设计是否正确。

3．数值运算：简单的加减乘除

可以使用 declare 来定义变量的类型，利用“$((计算式))”来进行数值运算。不过可惜的是，系统默认仅支持整数。

下面的例子要求当用户输入两个变量后，运行程序将两个变量的内容相乘，并输出相乘的结果。

（1）编写程序。

```
root@Server01:~/scripts# vi  sh04.sh
#!/bin/bash
# Program:
#User inputs 2 integer numbers; program will cross these two numbers
# History:
# 2023/01/08 Bobby  First release
PATH=/bin:/sbin:/usr/bin:/usr/sbin:/usr/local/bin:/usr/local/sbin:~/bin
export PATH
echo -e "You SHOULD input 2 numbers, I will cross them! \n"
read -p "first number:  " firstnu
read -p "second number: " secnu
total=$(($firstnu*$secnu))
echo -e "\nThe result of $firstnu*$secnu is ==> $total"
```

（2）运行程序。

```
root@Server01:~/scripts# sh  sh04.sh
```

在数值的运算上，可以使用 declare -i total=$firstnu*$secnu，也可以使用上面的方式来表示。建议使用下面的方式进行运算。

```
var=$((运算内容))
```

这种方式不但容易记忆，而且使用起来比较方便。因为两个圆括号内可以加上空白字符。至于数值运算上的处理，则可以使用“+”“-”“*”“/”“%”等方法，其中“%”表示取余数。

```
root@Server01:~/scripts# echo  $((13 %3))
1
```

任务 8-2 了解脚本运行方式的差异

使用不同的脚本运行方式会得到不一样的结果，尤其会对 bash 环境产生很大影响。脚本除了可以利用前文提到的方式来运行，还可以利用 source 或“.”来运行。那么这些运行方式有何不同呢？

1. 利用直接运行的方式来运行脚本

当使用前文提到的直接命令（无论是绝对路径、相对路径，还是$PATH 内的路径），或者利用 bash（或 sh）来运行脚本时，该脚本都会使用一个新的 bash 环境来运行脚本内的命令。也就是说，使用这种运行方式时，其实脚本是在子程序的 bash 内运行的，并且当子程序运行完成后，在子程序内的各项变量将会失效、动作将会结束而不会传回到父程序中。这是什么意思呢？

我们以任务 8-1 中的 sh02.sh 脚本来说明。该脚本可以让用户自行配置两个变量，分别是 firstname 与 lastname。想一想，如果直接运行该命令，则该命令配置的 firstname 会不会生效？请看下面的运行结果。

```
root@Server01:~/scripts# echo  $firstname  $lastname <==首先确认变量并不存在
root@Server01:~/scripts# sh   sh02.sh
Please input your first name: Bobby                   <==这两个名字由用户自行输入
Please input your last name: Yang

Your full name is: Bobby Yang                         <==在脚本运行中，这两个变量会生效
root@Server01:~/scripts# echo   $firstname  $lastname
    <==事实上，这两个变量在父程序的 bash 中还是不存在
```

从上面的结果可以看出，sh02.sh 配置好的变量竟然在 bash 环境下无效。这是怎么回事呢？这里用图 8-1 来说明。当使用直接运行的方法来处理时，系统会开辟一个新的 bash 来运行 sh02.sh 中的命令。因此 firstname、lastname 等变量其实是在图 8-1 所示的子程序 bash 内运行的。当 sh02.sh 运行完毕，子程序 bash 内的所有数据便被移除。因此在上面的练习中，在父程序下执行 echo $firstname $lastname 时，就看不到任何东西了。

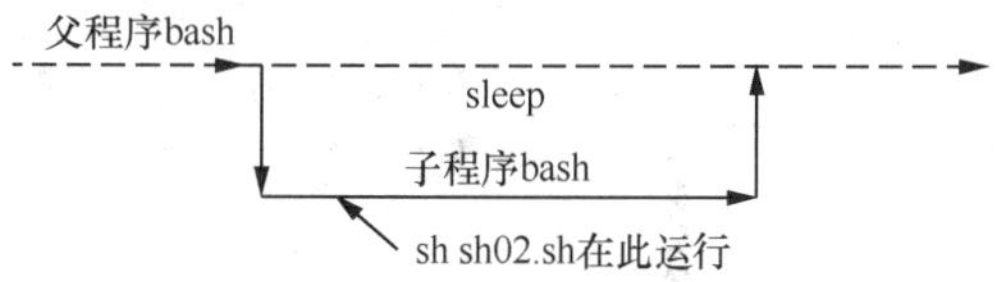

图 8-1 sh02.sh 在子程序 bash 内运行

2. 利用 source 运行脚本：在父程序中运行

如果利用 source 来运行脚本，会出现什么情况呢？请看下面的运行结果。

```
root@Server01:~/scripts# source  sh02.sh
Please input your first name: Bobby <==这两个名字由用户自行输入
Please input your last name: Yang

Your full name is: Bobby Yang        <==在脚本运行中，这两个变量会生效
root@Server01:~/scripts# echo  $firstname  $lastname
Bobby Yang                           <==有数据产生
```

变量竟然生效了，这是为什么呢？source 对 shell script 的运行方式可以使用图 8-2 来说明。sh02.sh 会在父程序 bash 内运行，因此各项操作都会在原来的

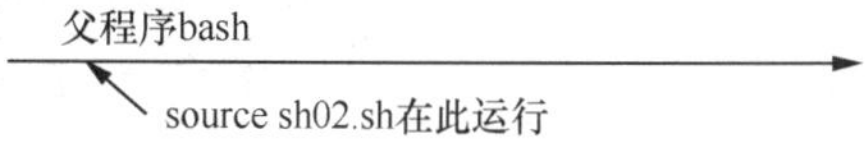

图 8-2 sh02.sh 在父程序 bash 内运行

bash 内生效。这也是当你不注销系统而要让某些写入~/.bashrc 的设置生效时，应该使用“source ~/.bashrc”而不能使用“bash~/.bashrc”的原因。

任务 8-3　利用 test 命令的测试功能

在项目 7 中，我们提到过“$?”这个变量的含义。在项目 7 的讨论中，想要判断一个目录是否存在，使用的是 ls 命令搭配数据流重定向，最后配合“$?”来决定后续的命令进行与否。但是否有更简单的方式来进行“条件判断”呢？有，那就是使用“test”命令。

当需要检测系统中的某些文件或者相关的属性时，test 命令是较好的选择。例如，要检查/dmtsai 是否存在时，可以使用如下命令。

```
root@Server01:~/scripts# test  -e  /dmtsai
```

运行结果并不会显示任何信息，但最后可以通过“$?”“&&”“||”来显示整个结果。例如，将上面的例子改写成如下形式（也可以测试/etc 目录是否存在）。

```
root@Server01:~/scripts# test  -e  /dmtsai  &&  echo  "exist"  ||  echo  "Not
exist"
Not exist  <==结果显示不存在
```

最终的结果会告诉我们是“exist”还是“Not exist”。-e 选项是用来测试一个“文件或目录名”是否存在的，如果还想测试该文件名是什么，还有哪些选项可以用来判断呢？我们可以查看表 8-1～表 8-6。

表 8-1　test 命令各选项的作用——关于文件类型

选项	作用
-e	该文件名是否存在（常用）
-f	该文件名是否存在且为文件（常用）
-d	该文件名是否存在且为目录（常用）
-b	该文件名是否存在且为一个块设备文件
-c	该文件名是否存在且为一个字符设备文件
-S	该文件名是否存在且为一个 Socket（套接字）文件
-p	该文件名是否存在且为一个管道文件
-L	该文件名是否存在且为一个连接文档

表 8-1 中的选项用于对某个文件的类型相关内容进行判断，如 test -e filename 表示判断文件名是否存在。

表 8-2　test 命令各选项的作用——关于文件权限检测

选项	作用
-r	检测该文件名是否存在且具有“读”权限
-w	检测该文件名是否存在且具有“写”权限
-x	检测该文件名是否存在且具有“执行”权限
-u	检测该文件名是否存在且具有“SUID”属性

续表

选项	作用
-g	检测该文件名是否存在且具有“SGID”属性
-k	检测该文件名是否存在且具有“Sticky bit”属性
-s	检测该文件名是否存在且为非空白文件

表 8-2 中的选项用于对某个文件的权限相关内容进行检测，如 test -r filename 表示检测文件名是否存在且具有“读”权限，但 root 用户权限常有例外。

表 8-3　test 命令各选项的作用——关于两个文件之间的比较

选项	作用
-nt	判断 file1 是否比 file2 新
-ot	判断 file1 是否比 file2 旧
-ef	判断 file1 与 file2 是否为同一文件，可用在硬链接的判定上。主要用于判定两个文件是否均指向同一个索引节点

表 8-3 中的选项用于进行两个文件之间的比较，如 test file1 -nt file2 表示判断 file1 是否比 file2 新。

表 8-4　test 命令各选项的作用——关于两个整数之间数值大小关系的判定

选项	作用
-eq	判定两数值是否相等
-ne	判定两数值是否不等
-gt	判定 n1 是否大于 n2
-lt	判定 n1 是否小于 n2
-ge	判定 n1 是否大于或等于 n2
-le	判定 n1 是否小于或等于 n2

表 8-4 中的选项用于两个整数之间数值大小关系的判定，如 test n1 -eq n2 表示判定 n1 和 n2 是否在数值上相等。

表 8-5　test 命令各选项的作用——关于判定字符串数据

选项	作用
test -z string	判定字符串是否为 0。若 string 为空字符串，则为 true
test -n string	判定字符串是否非 0。若 string 为空字符串，则为 false 注：-n 也可省略
test str1 = str2	判定 str1 是否等于 str2。若相等，则回传 true
test str1 != str2	判定 str1 是否不等于 str2。若相等，则回传 false

表 8-5 中的选项用于字符串之间的判定，如 test -z s1 表示 s1 字符串是否为 0。

表 8-6　test 命令各选项的作用——关于多重条件判定

选项	作用
-a	判定两状况是否同时成立。例如，test -r file -a -x file，只有 file 同时具有读与执行权限时，才回传 true
-o	判定两状况中的任何一个是否成立。例如，test -r file -o -x file，只要 file 具有读或执行权限，就可回传 true
!	反相状态，例如，test ! -x file，当 file 不具有执行权限时，回传 true

表 8-6 中的选项用于多重条件判定，如 test -r filename -a -x filename 表示判定 file 是否同时具有读与执行权限。

现在利用 test 来举几个简单的例子。首先输入一个文件名，然后做如下判断。

- 这个文件是否存在，若不存在，则给出“Filename does not exist”的信息，并中断程序。
- 若这个文件存在，则判断其是普通文件还是目录，结果输出“Filename is regular file”或“Filename is directory”。
- 判断执行者的身份对这个文件或目录拥有的权限，并输出权限数据。

注意　读者可以先自行创建，再与下面的结果比较。注意利用 test、“&&”“||”等标志。

接下来通过一个实例进行学习。

```
root@Server01:~/scripts# vi  sh05.sh
#!/bin/bash
# Program:
# User input a filename, program will check the flowing:
# 1.) exist? 2.) file/directory? 3.) file permissions
# History:
# 2023/01/08 Bobby   First release
PATH=/bin:/sbin:/usr/bin:/usr/sbin:/usr/local/bin:/usr/local/sbin:~/bin
export PATH

#  让用户输入文件名，并判断用户是否输入了字符串
echo -e "Please input a filename, I will check the filename's type and \
permission. \n\n"
read -p "Input a filename : " filename
test -z $filename && echo "You MUST input a filename." && exit 0
#  判断文件是否存在，若不存在，则显示信息并中断程序
test ! -e $filename && echo "The filename '$filename' DO NOT exist" && exit 0
# 开始判断文件类型与属性
test -f $filename && filetype="regular file"
test -d $filename && filetype="directory"
test -r $filename && perm="readable"
test -w $filename && perm="$perm writable"
test -x $filename && perm="$perm executable"
# 开始输出信息
```

```
echo "The filename: $filename is a $filetype"
echo "And the permissions are : $perm"
```

执行如下命令。

```
root@Server01:~/scripts# sh  sh05.sh
```

运行这个脚本会对用户输入的文件名进行检查。先判断文件是否存在，若存在，则再判断它是文件还是目录，最后判断其权限。但是必须注意的是，由于很多权限的限制对 root 用户都是无效的，所以使用 root 的身份来运行这个脚本时，常常会发现与 ls -l 观察到的结果并不相同。所以，建议使用普通用户来运行这个脚本。不过必须先使用 root 的身份将这个脚本转移给普通用户，否则普通用户无法进入/root 目录。

任务 8-4　利用判断符号“[]”

除了使用 test 之外，还可以利用判断符号“[]”（方括号）来判断数据状态。例如，想要知道 $HOME 变量是否为空，可以这样做：

```
root@Server01:~/scripts#  [  -z  "$HOME"  ]  ; echo $?
```

-z string 的含义是，若 string 长度为 0，则为真。使用方括号必须特别小心，因为方括号可以用在很多地方，包括通配符与正则表达式等，所以要在 bash 的语法中使用方括号作为 shell 的判断式，必须注意，方括号的两端需要采用空格符来分隔。假设空格符使用“□”符号表示，那么下面这些地方都需要有空格符。

```
[□"$HOME"□==□"$MAIL"□]
 ↑        ↑   ↑       ↑
```

注意 ① 上面的判断式中使用了两个等号“==”。其实在 bash 中使用一个等号与使用两个等号的结果是一样的。不过在一般惯用程序中，一个等号代表“变量的设置”，两个等号代表“逻辑判断”（是否之意）。由于方括号内的重点在于“判断”而非“设置变量”，因此建议使用两个等号。

② 当判断式的值为真时，“$?”的值为 0。

上面的例子说明，两个字符串$HOME 与$MAIL 有相同的意思，相当于 test $HOME = $MAIL。如果没有空格符分隔，例如，写成 [$HOME==$MAIL]，bash 就会显示错误信息。因此，一定要注意以下几点。

- 方括号内的每个组件都需要采用空格符来分隔。
- 方括号内的变量最好都以双引号标注。
- 方括号内的常数最好都以单引号或双引号标注。

为什么要这么麻烦呢？例如，设置了 name="Bobby Yang"，然后这样判定：

```
root@Server01:~/scripts# name="Bobby Yang"
root@Server01:~/scripts# [ $name == "Bobby" ]
bash: [: 参数太多
```

怎么会发生错误呢？bash 显示的错误信息是“参数太多”。为什么呢？因为如果$name 没有使用双引号标注，那么上面的判断式会变成：

```
[ Bobby Yang == "Bobby" ]
```

该判断式肯定不对。因为一个判断式仅能用于两个数据的比对，上面的 Bobby、Yang 和 Bobby 是 3 个数据。正确的形式应该是下面这样的。

```
[ "Bobby Yang" == "Bobby" ]
```

另外，方括号的使用方法与 test 的几乎一模一样。只是方括号经常用在条件判断式 if...then...fi 中。

下面使用方括号来设计一个小案例，案例要求如下。

- 当运行一个程序时，这个程序会让用户选择 Y、y 或 N、n。
- 用户输入 Y 或 y 后，显示“OK, continue”。
- 用户输入 N 或 n 后，显示“Oh, interrupt!”
- 如果用户输入的不是 Y、y、N、n 这 4 个字符之一，就显示“I don't know what your choice is”。

分析：需要利用“[]”“&&”“||”。

```
root@Server01:~/scripts# vim  sh06.sh
#!/bin/bash
# Program:
# This program shows the user's choice
# History:
# 2023/01/08 Bobby   First release
PATH=/bin:/sbin:/usr/bin:/usr/sbin:/usr/local/bin:/usr/local/sbin:~/bin
export PATH

read -p "Please input (Y/N): " yn
[ "$yn" == "Y" -o "$yn" == "y" ] && echo "OK, continue" && exit 0
[ "$yn" == "N" -o "$yn" == "n" ] && echo "Oh, interrupt!" && exit 0
echo "I don't know what your choice is" && exit 0
```

运行结果：

```
root@Server01:~/scripts# bash  sh06.sh
Please input (Y/N): y
OK, continue
root@Server01:~/scripts# bash sh06.sh
Please input (Y/N): u
I don't know what your choice is
root@Server01:~/scripts# bash sh06.sh
Please input (Y/N): n
Oh, interrupt!
```

提示 由于输入正确的方法有大小写之分，所以输入 Y 或 y 都是可以的，此时判断式内要有两个判断条件才行。由于只需任何一个输入（Y/y）成立即可，所以这里使用-o（或）连接两个判断条件。

任务 8-5 利用 if...then 条件判断式

只要讲到“程序”，条件判断式“if...then”就肯定是要提及的。因为很多时候，我们必须依据某些数据来判断程序该如何进行。例如，在任务 8-4 中的 sh06.sh 范例中会根据输入“Y/N”输

出不同的信息。简单的方式是利用“&&”“||”，但如果还想运行其他命令呢？那就得用到 if...then 了。

if...then 是十分常见的条件判断式。简单地说，当符合某个条件判断式时，进行某项工作。if...then 的判断还有多层次的情况，下面分别对各种情况进行介绍。

1. 单层、简单条件判断式

如果只有一个判断式，那么可以简单地写为：

```
if [条件判断式]; then
      当条件判断式成立时，可以进行的命令工作内容；
fi    <==将 if 反过来写，就成为 fi 了，fi 具有结束 if 之意
```

至于条件判断式的判断方法，与任务 8-4 的介绍相同。比较特别的是，如果有多个条件要判断，除了案例 sh06.sh 所写的，也就是“将多个条件写入一个方括号内”的情况之外，还可以由多个方括号来隔开。而方括号与方括号之间则以“&&”或“||”来隔开，二者的含义如下。

- “&&”代表与。
- “||”代表或。

所以，在使用方括号的判断式中，“&&”“||”就与命令执行的状态不同了。例如，sh06.sh 中的判断式：

```
[ "$yn" == "Y" -o "$yn" == "y" ]
```

可以修改为：

```
[ "$yn" == "Y" ] || [ "$yn" == "y" ]
```

之所以这样改，有的人是因为习惯，有的人是因为喜欢让一对方括号中仅有一个判断式。下面将 sh06.sh 脚本修改为 if...then 的形式。

```
root@Server01:~/scripts# cp  sh06.sh  sh06-2.sh   <==这样改得比较快
root@Server01:~/scripts# vi  sh06-2.sh
#!/bin/bash
# Program:
# This program shows the user's choice
# History:
# 2023/01/08    Bobby   First release
PATH=/bin:/sbin:/usr/bin:/usr/sbin:/usr/local/bin:/usr/local/sbin:~/bin
export PATH

read -p "Please input (Y/N): " yn

if [ "$yn" == "Y" ] || [ "$yn" == "y" ]; then
      echo "OK, continue"
      exit 0
fi
if [ "$yn" == "N" ] || [ "$yn" == "n" ]; then
      echo "Oh, interrupt!"
      exit 0
fi
echo "I don't know what your choice is" && exit 0
```

运行结果参照 sh06.sh 的运行结果。

sh06.sh 还算比较简单。但是如果以逻辑概念来看，在任务 8-4 的范例中，我们使用了两个条件判断式。明明仅有一个$yn 变量，为何要进行两次比较呢？为了简化比较，此时最好使用多重条

件判断式。

2. 多重、复杂条件判断式

在同一个数据的判断中，如果该数据需要进行多种不同的判断，那么应该怎么做呢？

例如，在任务 8-4 中的 sh06.sh 脚本中，只想进行一次$yn 的判断（仅进行一次 if），不想进行多次$yn 的判断，此时必须用到下面的语法。

```
# 一次条件判断，分成功进行与失败进行 (else)
if [条件判断式]; then
      当条件判断式成立时，可以进行的命令工作内容;
else
      当条件判断式不成立时，可以进行的命令工作内容;
fi
```

如果需要考虑更复杂的情况，则可以使用：

```
# 多重条件判断 (if...elif...elif...else) 分多种不同情况运行
if [条件判断式一]; then
      当条件判断式一成立时，可以进行的命令工作内容;
elif [条件判断式二]; then
      当条件判断式二成立时，可以进行的命令工作内容;
else
      当条件判断式一与条件判断式二均不成立时，可以进行的命令工作内容;
fi
```

注意 elif 后也有一个条件判断式，因此 elif 后面都要接 then 来处理。但是 else 已经是最后的没有成立的结果了，所以 else 后面并没有 then。

将 sh06-2.sh 修改为如下形式。

```
root@Server01:~/scripts# cp  sh06-2.sh  sh06-3.sh
root@Server01:~/scripts# vi  sh06-3.sh
#!/bin/bash
# Program:
# This program shows the user's choice
# History:
# 2023/01/08    Bobby   First release
PATH=/bin:/sbin:/usr/bin:/usr/sbin:/usr/local/bin:/usr/local/sbin:~/bin
export PATH

read -p "Please input (Y/N): " yn
if [ "$yn" == "Y" ] || [ "$yn" == "y" ]; then
      echo "OK, continue"
elif [ "$yn" == "N" ] || [ "$yn" == "n" ]; then
      echo "Oh, interrupt!"
else
      echo "I don't know what your choice is"
fi
```

运行结果参照 sh06.sh 的运行结果。

程序变得很简单，而且依序判断可以避免重复判断。使用这种方法很容易设计程序。

下面再来进行另外一个案例的设计。一般来说，如果你不希望用户从键盘输入额外的数据，那么可以使用参数功能（$1），让用户在执行命令时将参数带进去。现在我们想让用户输入“hello”关键字，利用参数的方法可以按照以下内容依序设计。

- 判断 $1 是否为 hello，如果是，就显示“Hello, how are you ?”。
- 如果没有加任何参数，就提示用户必须使用的参数。
- 如果加入的参数不是 hello，就提示用户仅能使用 hello 为参数。

整个程序如下。

```
root@Server01:~/scripts# vi  sh09.sh
#!/bin/bash
# Program:
# Check $1 is equal to "hello"
# History:
# 2023/01/08   Bobby   First release
PATH=/bin:/sbin:/usr/bin:/usr/sbin:/usr/local/bin:/usr/local/sbin:~/bin
export PATH

if [ "$1" == "hello" ]; then
      echo "Hello, how are you ?"
elif [ "$1" == "" ]; then
      echo "You MUST input parameters, ex> {$0 someword}"
else
      echo "The only parameter is 'hello', ex> {$0 hello}"
fi
```

执行这个程序，在$1 的位置正确输入 hello，或没有输入及随意输入，可以看到不同的输出。下面继续完成较复杂的例子。

```
root@Server01:~/scripts# bash sh09.sh hello                    //正确输入
Hello, how are you ?
root@Server01:~/scripts# bash sh09.sh                          //没有输入
You MUST input parameters, ex> {sh09.sh someword}
root@Server01:~/scripts# bash sh09.sh  Linux                   //随意输入
The only parameter is 'hello', ex> {sh09.sh hello}
root@Server01:~/scripts#
```

我们在前面已经学会了使用 grep 命令，现在再学习 netstat 命令。这个命令可以查询到目前主机开启的网络服务端口（service port）。可以利用 netstat -tuln 来取得目前主机启动的服务信息，取得的信息如下。

```
root@Server01:~/scripts# netstat  -tuln
激活 Internet 连接 （仅服务器）
Proto Recv-Q Send-Q Local Address          Foreign Address         State
tcp        0      0 127.0.0.1:631            0.0.0.0:*             LISTEN
tcp        0      0 127.0.0.53:53            0.0.0.0:*             LISTEN
tcp6       0      0 ::1:631                  :::*                  LISTEN
udp        0      0 127.0.0.53:53            0.0.0.0:*
udp        0      0 0.0.0.0:51584            0.0.0.0:*
udp        0      0 0.0.0.0:631              0.0.0.0:*
udp        0      0 0.0.0.0:5353             0.0.0.0:*
udp6       0      0 :::51067                 :::*
udp6       0      0 :::5353                  :::*
#封包格式                  本地 IP 地址:端口          远程 IP 地址:端口       是否监听
```

上面这些信息中的重点是“Local Address”（本地 IP 地址与端口对应）列，该列用于表示本机启动的网络服务。IP 地址部分说明该服务位于哪个接口上，若为 127.0.0.1，则代表仅针对本机开放；若为 0.0.0.0 或:::，则代表对整个互联网开放。每个端口都有其特定的网络服务，几个常见的端口与相关网络服务的关系如下。

- 80：WWW（World Wide Web，万维网）。
- 22：SSH。
- 21：FTP。
- 25：Mail。
- 111：RPC（Remote Procedure Call，远程过程调用）。
- 631：CUPS（Common UNIX Printing System，通用 UNIX 打印系统）。

假设需要检测的是比较常见的端口 21、22、25 及 80，那么如何通过 netstat 检测主机是否开启了这 4 个主要的网络服务端口呢？由于每个服务的关键字都接在“ : ”后面，所以可以选取类似“ :80”来检测。请看下面的程序。

```
root@Server01:~/scripts# vim  sh10.sh
#!/bin/bash
# Program:
# Using netstat and grep to detect WWW,SSH,FTP and Mail services
# History:
# 2021/08/28    Bobby    First release
PATH=/bin:/sbin:/usr/bin:/usr/sbin:/usr/local/bin:/usr/local/sbin:~/bin
export PATH

#  提示信息
echo "Now, I will detect your Linux server's services!"
echo -e "The www, ftp, ssh, and mail will be detect! \n"

#  开始进行一些测试的工作，并且也输出一些信息
testing=$(netstat -tuln | grep ":80 ")     # 检测端口 80 是否存在
if [ "$testing" != "" ]; then
      echo "WWW is running in your system."
fi
testing=$(netstat -tuln | grep ":22 ")     # 检测端口 22 是否存在
if [ "$testing" != "" ]; then
      echo "SSH is running in your system."
fi
testing=$(netstat -tuln | grep ":21 ")     # 检测端口 21 是否存在
if [ "$testing" != "" ]; then
      echo "FTP is running in your system."
fi
testing=$(netstat -tuln | grep ":25 ")     # 检测端口 25 是否存在
if [ "$testing" != "" ]; then
      echo "Mail is running in your system."
fi
```

运行如下命令查看程序运行结果。

```
root@Server01:~/scripts# sh sh10.sh
```

任务 8-6　利用 case...in...esac 条件判断

任务 8-5 提到的“if...then...fi”对变量的判断是以“比较”的方式进行的，即如果符合状态就进行某些行为，并且通过较多层次（如 elif...）来撰写含多个变量的程序，如 sh09.sh。但是，假如有多个既定的变量内容，例如，sh09.sh 中所需的变量是“hello”及两个空字符，那么这时只要针对这两个变量来设置就可以了。这时使用 case...in...esac 更为方便。

```
case  $变量名称 in         <==关键字为 case，变量前有“$”
  "第一个变量内容")        <==每个变量内容建议用双引号标注，关键字则用圆括号标注
      程序段
      ;;                   <==使用两个连续的分号作为每个类别的结尾
 "第二个变量内容")
      程序段
      ;;
  *)                       <==最后一个变量内容都会用“*”来代表所有其他值
      不包含第一个变量内容与第二个变量内容的其他程序运行段
      exit 1
      ;;
esac                       <==最终的结尾！思考一下 case 反过来写是什么
```

要注意的是，这段代码以 case 开头，结尾自然就是将 case 的英文反过来写。另外，每一个变量内容的程序段最后都需要两个分号来代表该程序段落的结束。那么为何需要用“*”来作为最后一个变量内容呢？这是因为，这样可以在用户不是输入变量内容一或变量内容二时告诉用户相关的信息。将案例 sh09.sh 修改成如下。

```
root@Server01:~/scripts# vi  sh09-2.sh
#!/bin/bash
# Program:
# Show "Hello" from $1.... by using case .... esac
# History:
# 2023/01/08 Bobby   First release
PATH=/bin:/sbin:/usr/bin:/usr/sbin:/usr/local/bin:/usr/local/sbin:~/bin
export PATH

case $1 in
  "hello")
      echo "Hello, how are you ?"
      ;;
  "")
      echo "You MUST input parameters, ex> {$0 someword}"
      ;;
  *)   # 其实它相当于通配符，表示 0 到无穷多个任意字符
      echo "Usage $0 {hello}"
      ;;
esac
```

运行结果：

```
root@Server01:~/scripts# sh sh09-2.sh
You MUST input parameters, ex> {sh09-2.sh someword}
root@Server01:~/scripts# sh sh09-2.sh smile
```

```
Usage sh09-2.sh {hello}
root@Server01:~/scripts# sh sh09-2.sh hello
Hello, how are you ?
```

在案例 sh09-2.sh 中，如果执行“sh sh09-2.sh smile”，那么屏幕上会出现“Usage sh09-2.sh {hello}”的字样，告诉用户仅能够使用“hello”作为输入。这样的方式对于需要某些固定字符作为变量内容来执行的程序而言就显得更加方便。系统很多服务的启动脚本使用的都是这种写法。

一般来说，使用“case　$变量 in”时，“$变量”一般有以下两种获取方式。

- 直接执行式：例如，利用“script.sh variable”的方式来直接给出$1 变量的内容，这也是/etc/init.d 目录下大多数程序的设计方式。
- 互动式：通过 read 命令来让用户输入变量的内容。

下面以一个例子来进一步说明：让用户能够输入 one、two、three，并且将用户的变量显示到屏幕上；如果不是 one、two、three，就告诉用户仅有这 3 种选择。

```
root@Server01:~/scripts# vim  sh12.sh
#!/bin/bash
# Program:
# This script only accepts the flowing parameter: one, two or three
# History:
# 2023/01/08 Bobby   First release
PATH=/bin:/sbin:/usr/bin:/usr/sbin:/usr/local/bin:/usr/local/sbin:~/bin
export PATH

echo "This program will print your selection !"
# read -p "Input your choice: " choice     # 暂时取消，可用于替换
# case $choice in                          # 暂时取消，可用于替换
case $1 in                                 # 现在使用，可以用上面两行替换
  "one")
      echo "Your choice is ONE"
      ;;
  "two")
      echo "Your choice is TWO"
      ;;
  "three")
      echo "Your choice is THREE"
      ;;
  *)
      echo "Usage $0 {one|two|three}"
      ;;
esac
```

运行结果：

```
root@Server01:~/scripts# sh sh12.sh two
This program will print your selection !
Your choice is TWO
root@Server01:~/scripts# sh sh12.sh test
This program will print your selection !
Usage sh12.sh {one|two|three}
```

此时，可以使用“sh sh12.sh two”的方式来执行命令。上面使用的是直接执行式，而如果使用互动式，则只需将上面第 10、11 行的“#”去掉，并在第 12 行开头加上“#”，就可以让用户输入参数了。

任务 8-7 while do done、until do done（不定循环）

除了 if...then...fi 这种条件判断式之外，循环也是程序中一个重要的结构。循环可以不停地运行某个程序段，直到用户配置的条件达成为止。所以，循环的重点是那个达成的条件是什么。除了这种依据条件达成与否的不定循环之外，还有另外一种已知固定要运行多少次的循环，可称为固定循环。下面就来谈一谈循环（loop）。

一般来说，不定循环常见的形式有以下两种。一种是：

```
while [ condition ]      <==方括号内的状态就是判断式
do                       <==do 是循环的开始
      程序段
done                     <==done 是循环的结束
```

while 的含义是“当……时”，所以这种形式表示“当条件成立时，就进行循环，直到条件不成立才停止”。另外一种是：

```
until [ condition ]
do
      程序段
done
```

这种形式恰恰与 while 相反，它表示“当条件成立时，终止循环，否则持续运行循环的程序段”。我们以 while 来进行简单的练习。假设要让用户输入 yes 或者 YES 才结束程序的运行，否则一直运行程序并提示用户输入字符。

```
root@Server01:~/scripts# vi  sh13.sh
#!/bin/bash
# Program:
# Repeat question until user input correct answer
# History:
# 2023/01/08 Bobby   First release
PATH=/bin:/sbin:/usr/bin:/usr/sbin:/usr/local/bin:/usr/local/sbin:~/bin
export PATH

while [ "$yn" != "yes" -a "$yn" != "YES" ]
do
      read -p "Please input yes/YES to stop this program: " yn
done
echo "OK! you input the correct answer."
```

上面这个例子说明“当变量$yn 不是‘yes’也不是‘YES’时，才运行循环内的程序；当$yn 是‘yes’或‘YES’时，会离开循环”，那么使用 until 呢？

```
root@Server01:~/scripts# vim  sh13-2.sh
#!/bin/bash
# Program:
# Repeat question until user input correct answer
# History:
```

```
# 2023/01/08 Bobby   First release
PATH=/bin:/sbin:/usr/bin:/usr/sbin:/usr/local/bin:/usr/local/sbin:~/bin
export PATH

until [ "$yn" == "yes" -o "$yn" == "YES" ]
do
      read -p "Please input yes/YES to stop this program: " yn
done
echo "OK! you input the correct answer."
root@Server01:~/scripts# bash  sh13-2.sh
```

提醒 仔细比较这两个程序的不同。

利用循环计算 1+2+3+…+100 的值，程序如下。

```
root@Server01:~/scripts# vi  sh14.sh
#!/bin/bash
# Program:
# Use loop to calculate "1+2+3+…+100" result
# History:
# 2023/01/08 Bobby   First release
PATH=/bin:/sbin:/usr/bin:/usr/sbin:/usr/local/bin:/usr/local/sbin:~/bin
export  PATH

s=0                               # 这是累加的数值变量
i=0                               # 这是要进行累加的数值，即 1, 2, 3,…
while [ "$i" != "100" ]
do
      i=$(($i+1))                 # 每次 i 都会增加 1
      s=$(($s+$i))                # 每次都会累加一次
done
echo "The result of '1+2+3+…+100' is ==> $s"
```

运行“sh sh14.sh”之后，可以得到 5050 这个数据。

```
root@Server01:~/scripts# sh sh14.sh
The result of '1+2+3+…+100' is ==> 5050
```

思考 如果想让用户自行输入一个数字，让程序计算 1+2+…，直到累加到输入的数字为止，该如何撰写程序呢？

任务 8-8 for...do...done（固定循环）

while、until 循环必须符合某个条件才能停止循环，而 for 循环则从一开始就已经知道要进行几次循环。for 循环的语法如下。

```
for var in con1 con2 con3 ...
do
      程序段
```

```
done
```

以上面的例子来说，$var 变量的内容在循环执行时会发生以下改变。

- 第一次循环时，$var 的内容为 con1。
- 第二次循环时，$var 的内容为 con2。
- 第三次循环时，$var 的内容为 con3。

……

我们可以进行一个简单的练习。假设有 3 种动物，分别是 dog、cat、elephant，如果每一行都要求按照“There are dogs...”的形式输出，则可以撰写程序如下。

```
root@Server01:~/scripts# vi  sh15.sh
#!/bin/bash
# Program:
# Using for ... loop to print 3 animals
# History:
# 2023/08/01 Bobby   First release
PATH=/bin:/sbin:/usr/bin:/usr/sbin:/usr/local/bin:/usr/local/sbin:~/bin
export PATH

for animal in dog cat elephant
do
      echo "There are ${animal}s... "
done
```

运行结果：

```
root@Server01:~/scripts# sh sh15.sh
There are dogs...
There are cats...
There are elephants...
```

让我们想象另外一种情况，由于系统中的各种账号都是写在/etc/passwd 的第一列的，能不能在通过管道命令 cut 找出账号名称后，用 id 检查用户的识别码呢？由于不同 Linux 操作系统中的账号不同，所以实际去查找/etc/passwd 并使用循环处理是一个可行的方案。

程序如下。

```
root@Server01:~/scripts# vi  sh16.sh
#!/bin/bash
# Program
# Use id, finger command to check system account's information
# History
# 2023/01/08    Bobby   first release
PATH=/bin:/sbin:/usr/bin:/usr/sbin:/usr/local/bin:/usr/local/sbin:~/bin
export PATH
users=$(cut -d ':' -f1 /etc/passwd)       # 获取账号名称
for username in $users                    # 开始循环
do
        id $username
done
```

运行结果：

```
root@Server01:~/scripts# sh sh16.sh
uid=0(root) gid=0(root) 组=0(root)
```

```
uid=1(bin) gid=1(bin) 组=1(bin)
uid=2(daemon) gid=2(daemon) 组=2(daemon)
……
```

程序运行后，系统账号会被找出来。这个程序还可以用在每个账号的删除、重整操作上。

换个角度来看，如果现在有一连串的数字需要进行循环呢？例如，想要利用 ping 这个可以判断网络状态的命令来进行网络状态的实际检测，要侦测的域是本机所在的 192.168.10.1～192.168.10.100。一共有 100 台主机，但在 for 后面输入 1～100 是效率较低的做法。此时可以撰写如下程序。

```
root@Server01:~/scripts# vi  sh17.sh
#!/bin/bash
# Program
# Use ping command to check the network's PC state
# History
# 2023/01/08    Bobby   first release
PATH=/bin:/sbin:/usr/bin:/usr/sbin:/usr/local/bin:/usr/local/sbin:~/bin
export PATH
network="192.168.10"                           # 先定义一个网络号（网络 ID）
for sitenu in $(seq 1 100)                     # seq 为连续（sequence）之意
do
      # 下面的语句用于判断取得 ping 的回传值是否成功
    ping -c 1 -w 1 ${network}.${sitenu} &> /dev/null && result=0  ||  result=1
                # 若成功（回传值为 0），则显示启动（UP），否则显示禁用（DOWN）
    if [ "$result" == 0 ]; then
            echo "Server ${network}.${sitenu} is UP."
    else
            echo "Server ${network}.${sitenu} is DOWN."
    fi
done
```

运行结果：

```
root@Server01:~/scripts# sh sh17.sh
Server 192.168.10.1 is UP.
Server 192.168.10.2 is DOWN.
Server 192.168.10.3 is DOWN.
……
```

上面这一串命令运行之后可以显示出 192.168.10.1～192.168.10.100 这 100 台主机目前能否与你的机器连通。其实这个范例的重点在$(seq ..)，seq 代表后面接的两个数值是一直连续的。如此一来，就能够轻松地将连续数字带入程序中了。

最后，尝试使用判断式加上循环的功能撰写程序。如果想让用户输入某个目录名后找出该目录内文件的权限，该怎么做呢？程序如下。

```
root@Server01:~/scripts# vi  sh18.sh
#!/bin/bash
# Program:
# User input dir name, I find the permission of files
# History:
# 2023/01/08 Bobby   First release
PATH=/bin:/sbin:/usr/bin:/usr/sbin:/usr/local/bin:/usr/local/sbin:~/bin
export PATH
```

```
#  先看看这个目录是否存在
read -p "Please input a directory: " dir
if [ "$dir" == ""  -o  ! -d  "$dir" ]; then
      echo "The $dir is NOT exist in your system."
      exit 1
fi

#  开始测试文件
filelist=$(ls $dir)                        # 列出所有在该目录下文件的名称
for filename in $filelist
do
      perm=""
      test -r "$dir/$filename" && perm="$perm readable"
      test -w "$dir/$filename" && perm="$perm writable"
      test -x "$dir/$filename" && perm="$perm executable"
      echo "The file $dir/$filename's permission is $perm "
done
```

运行结果：

```
root@Server01:~/scripts# sh sh18.sh
Please input a directory: /var
```

任务 8-9　for...do...done 的数值处理

除了上述语法之外，for 循环还有另外一种语法，具体如下。

```
for (( 初始值; 限制值; 执行步长 ))
do
      程序段
done
```

这种语法适合数值方式的运算，for 后面圆括号内参数的含义如下。

- 初始值：某个变量在循环当中的起始值，应直接以类似 i=1 的方式设置好。
- 限制值：当变量的值在这个限制值的范围内时，继续执行循环，如 i<=100。
- 执行步长：每执行一次循环时变量的变化量，例如，对于 i=i+1，步长为 1。

注意　在“执行步长”的设置上，如果每次增加 1，则可以使用类似 i++的方式。下面以这种方式来完成从 1 累加到用户输入的数值的循环示例。

```
root@Server01:~/scripts# vi  sh19.sh
#!/bin/bash
# Program:
# Try do calculate 1+2+…+${your_input}
# History:
# 2023/01/08 Bobby    First release
PATH=/bin:/sbin:/usr/bin:/usr/sbin:/usr/local/bin:/usr/local/sbin:~/bin
export PATH

read -p "Please input a number, I will count for 1+2+…+your_input: " nu
```

```
s=0
for (( i=1; i<=$nu; i=i+1 ))
do
  s=$(($s+$i))
done
echo "The result of '1+2+3+…+$nu' is ==> $s"
```

运行结果：

```
root@Server01:~/scripts# bash sh19.sh
Please input a number, I will count for 1+2+…+your_input: 10000
The result of '1+2+3+…+10000' is ==> 50005000
```

任务 8-10　查询 shell script 错误

脚本在运行之前，最怕的就是出现语法问题了！那么该如何调试脚本呢？有没有办法不需要运行脚本就可以判断其是否有语法问题呢？当然是有的！下面直接以 sh 命令的相关选项来进行判断，其格式如下。

```
sh  [-nvx] scripts.sh
```

sh 命令的选项如下。

-n：不执行脚本，仅查询语法问题。

-v：在执行脚本前，先将脚本内容显示到屏幕上。

-x：将使用到的脚本内容显示到屏幕上，这是很有用的选项！

范例 1：测试 sh16.sh 有无语法问题。

```
root@Server01:~/scripts# sh  -n sh16.sh
# 若没有语法问题，则不会显示任何信息！
```

范例 2：将 sh15.sh 的运行过程全部显示出来。

```
root@Server01:~/scripts# sh  -x  sh15.sh
+ PATH=/bin:/sbin:/usr/bin:/usr/sbin:/usr/local/bin:/usr/local/sbin:/root/bin
+ export PATH
+ for animal in dog cat elephant
+ echo 'There are dogs... '
There are dogs...
+ for animal in dog cat elephant
+ echo 'There are cats... '
There are cats...
+ for animal in dog cat elephant
+ echo 'There are elephants... '
There are elephants...
```

注意　上面范例 2 中执行的结果并不会使用不同颜色进行显示。为了方便说明，“+”之后的数据都加粗显示了。在输出的信息中，“+”后面的数据其实都是命令串，使用 sh -x 的方式来将命令执行过程也显示出来，用户可以判断程序代码执行到哪一段时会出现哪些相关的信息。这个功能非常棒！通过完整的命令串，用户能够依据输出的错误信息来订正脚本。

8.4 项目实训 实现 shell 编程

1. 项目实训目的

- 掌握 shell 环境变量、管道、输入/输出重定向的使用方法。
- 熟悉 shell 程序设计。

2. 项目背景

（1）利用循环计算 1+3+5+…+99 的值，该怎样编写程序?

如果想让用户自行输入一个数字，让程序计算 1+3+5+…，直到累加到输入的数字为止，该如何撰写程序呢?

（2）创建一个脚本，名为/root/batchusers。此脚本能为系统创建本地用户，并且这些用户的用户名来自一个包含用户名列表的文件，同时需满足下列要求。

- 此脚本要求提供一个参数，此参数就是包含用户名列表的文件。
- 如果没有提供参数，则此脚本应该给出提示信息“Usage: /root/batchusers”，然后退出并返回相应的值。
- 如果提供一个不存在的文件名，则此脚本应该给出提示信息“input file not found”，然后退出并返回相应的值。
- 创建的用户登录 shell 为/bin/false。
- 此脚本需要为用户设置默认密码“123456”。

3. 项目要求

练习 shell 程序设计方法及 shell 环境变量、管道、输入/输出重定向的使用方法。

4. 做一做

完成项目实训，检查学习效果。

8.5 练习题

一、填空题

1. shell script 是利用________的功能所写的一个“程序”。这个程序使用纯文本文件，将一些________写在里面，搭配________、________与________等功能，以达到想要的处理目的。

2. 在 shell script 的文件中，命令是从________到________、从________到________进行分析与执行的。

3. shell script 的运行至少需要有________权限，若需要直接执行命令，则需要拥有________权限。

4. 养成良好的程序撰写习惯，第一行要声明________，第二行以后则声明________、________、________等。

5. 对话式脚本可使用________命令达到目的。要创建每次运行脚本都有不同结果的数据，可使用________命令来完成。

6. 若以 source 来运行脚本，则代表在________的 bash 内运行。

7. 若需要判断式，则可使用________或________来处理。

8. 条件判断式可使用________来判断，在固定变量内容的情况下，可使用________来处理。

9. 循环主要分为________以及________，配合 do、done 来完成所需任务。

10. 假如脚本文件名为 script.sh，可使用________命令来调试程序。

二、实践习题

1. 创建一个脚本，运行该脚本时，显示：你目前的身份（用 whoami）；你目前所在的目录（用 pwd）。

2. 创建一个程序，计算“你还有几天可以过生日”。

3. 创建一个程序，让用户自行输入一个数字，计算 1+2+3+…，一直累加到用户输入的数字为止。

4. 撰写一个程序，其作用是：先查看/root/test/logical 这个名称是否存在。若不存在，则创建一个以该名称命名的文件（使用 touch 来创建），创建完成后离开；若存在，则判断该名称是否为文件，若为文件，则将其删除后创建一个目录，目录名为 logical，之后离开，若为目录，则移除此目录。

5. 我们知道，/etc/passwd 中以“:”为分隔符，第一栏为账号名称。编写程序，将/etc/ passwd 的第一栏取出，而且每一栏都以一行字符串“The 1 account is "root" ”显示，其中 1 表示行数。

项目9
使用gcc和make调试程序

09

项目导入

程序写好了，接下来做什么呢？调试！程序调试对于程序员或管理员来说也是至关重要的。

职业能力目标

- 理解程序调试。
- 掌握使用 gcc 进行调试的方法。
- 掌握使用 make 编译的方法。

素养目标

- 明确操作系统在新一代信息技术中的重要地位，激发科技报国的家国情怀和使命担当。
- 坚定文化自信。“天行健，君子以自强不息”“明德至善、格物致知”，青年学生要有“感时思报国，拔剑起蒿莱”的报国之志和家国情怀。

9.1 项目知识准备

编程是一项复杂的工作，难免会出错。据说有这样一个故事：早期的计算机体积都很大，有一次一台计算机不能正常工作，工程师们找了半天原因，最后发现是一只臭虫钻进计算机中造成的。从此以后，程序中的错误被称作臭虫（bug），而找到这些 bug 并加以纠正的过程就叫作调试（debug）。有时候调试是非常复杂的工作，要求程序员概念明确、逻辑清晰、性格沉稳，可能还需要有一点运气。调试的技能在后续的学习中慢慢培养，但首先要清楚程序中的 bug 分为哪几类。

9.1.1 编译时错误

编译器只能编译语法正确的程序，否则会编译失败，无法生成可执行文件。对于自然语言来说，一点语法错误不是很严重的问题，因为我们仍然可以读懂句子。但编译器就没那么宽容了，哪怕只有一个很小的语法错误，编译器都会输出一条错误提示信息，然后“罢工”，用户就无法得到想要的结果。虽然大部分情况下，编译器给出的错误提示信息就是出错的代码行，但有时候编译器给出的错误提示信息作用不大，甚至会误导你。在开始学习编程的前几个星期，你可能会花大量的时间来纠正自己的语法错误。等到有一些经验之后，还是会犯这样的错误，不过错误数量会少得多，而且你能更快地发现产生错误的原因。等到经验更丰富之后你就会觉得，语法错误是最简单、最低级的错误。编译器的错误提示也就那么几种，即使错误提示可能会误导你，你也能够快速找出真正的错误原因。相比 9.1.2 和 9.1.3 小节讲解的运行时错误、逻辑错误和语义错误而言，编译时错误是比较简单的。

9.1.2 运行时错误

编译器检查不出运行时错误，因此虽然可以生成可执行文件，但仍可能在运行时出错而导致程序崩溃。对于编写的简单程序来说，运行时错误很少见，到了后面会遇到越来越多的运行时错误。读者在以后的学习中要时刻注意区分编译时和运行时这两个概念，不仅在调试时需要区分这两个概念，在学习其他语言（如 C 语言）的很多语法时也需要区分这两个概念。有些事情在编译时做，有些事情则在运行时做。

9.1.3 逻辑错误和语义错误

如果程序里有逻辑错误，则编译和运行都会很顺利，也不会产生任何错误信息，但是程序没有做它该做的事情，而是做了别的事情。当然不管怎么样，计算机只会按你写的程序去做，关键问题在于你写的程序不是你真正想要的。这意味着程序的意思（语义）是错的。找到程序中的逻辑错误需要头脑十分清醒，还要通过观察程序的输出回过头来判断它到底在做什么。

读者应掌握的最重要的技巧之一就是调试。调试过程中的失败可能会让人感到沮丧，但调试也是编程中最需要动脑、最有挑战性和最有乐趣的部分。从某种角度看，调试就像做侦探工作，根据掌握的线索来推断是什么原因和过程导致了错误的结果。调试也像是一门实验科学——每次想到哪里可能有错，就修改程序再试一次。调试时，如果假设是对的，就能得到预期的正确结果，就可以接着调试下一个 bug，一步一步靠近正确的程序；如果假设是错的，则只好另外找思路再做假设。当你把不可能的结果全部剔除，剩下的就一定是事实。

也有一种观点认为，编程和调试是一回事。编程的过程就是逐步调试程序，直到获得期望的结果的过程。你应该总是从一个能正确运行的小规模程序开始，每做一步小的改动就立刻进行调试，这样的好处是总有一个正确的程序可作为参考：如果正确，就继续编程；如果不正确，那么很可能是刚才的小改动出了问题。例如，Linux 操作系统包含成千上万行代码，但它也不是一开始就规划好了内存管理、设备管理、文件系统、网络等大的模块，一开始它仅是莱纳斯用来琢磨 Intel 80386 芯片而写的小程序。据拉里·格林菲尔德（Larry Greenfield）说，Linus 的早期工程之一是编写一个交替输出 AAAA 和 BBBB 的程序，这个程序后来进化成了 Linux。

9.2 项目设计与准备

本项目要用到 Server01，完成的任务如下。

（1）利用 gcc 进行程序调试。

（2）使用 make 编译程序。

Server01 的 IP 地址为 192.168.10.1/24。

> **特别提醒**　本项目实例的工作目录在用户的家目录即/root 和/c 下面，切记！

9.3 项目实施

9-1

使用 gcc 和 make 调试程序

经过上面的介绍之后，你应该比较清楚地知道原始码、编译器、函数库与可执行文件之间的相关性了。不过，你对详细的流程可能还不是很清楚，所以在这里以一个简单的程序范例来说明整个编译的过程！赶紧进入 Linux 操作系统，执行下面的任务吧！

任务 9-1　安装 gcc

1. 认识 gcc

GNU 编译器集合（GNU Compiler Collection，gcc）是一套由 GNU 开发的编程语言编译器。它是一套 GNU 编译器，是以 GPL 发行的自由软件，也是 GNU 计划的关键部分。gcc 原本是 GNU 操作系统的官方编译器，现已被大多数类 UNIX 操作系统（如 Linux、BSD、macOS 等）采纳为标准的编译器。gcc 同样适用于微软的 Windows 操作系统。gcc 是自由软件发展过程中的范例。

gcc 原名为 GNU C 语言编译器，因为它原本只能处理 C 语言。但 gcc 后来得到了扩展，变得既可以处理 C++，又可以处理 Fortran、Go、Objective-C、D，以及 Ada 与其他语言。

2. 安装 gcc

（1）检查是否安装了 gcc。

```
root@Server01:~$ gcc -v
Command 'gcc' not found, but can be installed with:
apt install gcc
请咨询您的管理员
```

上述结果表示未安装 gcc。默认情况下，Ubuntu 并没有提供 C/C++的编译环境，需要用户自行安装。上述结果提示用户用管理员账户执行“apt install gcc” 安装，但不建议用户这么做。因为在 Linux C/C++开发环境中，不只有 gcc 编译器，而且手动安装和配置开发环境较为烦琐。

（2）使用 build-essential 软件包配置开发环境。

```
root@Server01:~$ apt-cache depends build-essential
build-essential
  |依赖: libc6-dev
```

```
依赖: <libc-dev>
  libc6-dev
依赖: gcc
依赖: g++
依赖: make
  make-guile
依赖: dpkg-dev
```

安装了 build-essential 软件包，编译 C/C++所需要的软件包也都会被安装。因此如果想在 Ubuntu 中编译 C/C++程序，只需要安装 build-essential 软件包就可以。由依赖关系可知，在 build-essential 安装过程中，系统会自动安装 libc6-dev、gcc、g++、make、dpkg-de 等必需的软件包。

```
root@Server01:~$ apt install build-essential
正在读取软件包列表... 完成
正在分析软件包的依赖关系树... 完成
正在读取状态信息... 完成
将会同时安装下列软件:
  binutils binutils-common
  binutils-x86-64-linux-gnu dpkg-dev
  fakeroot g++ g++-11 gcc gcc-11
...（略）
正在设置 gcc (4:11.2.0-1ubuntu1) ...
正在设置 g++ (4:11.2.0-1ubuntu1) ...
update-alternatives: 使用 /usr/bin/g++ 来在
自动模式中提供 /usr/bin/c++ (c++)
正在设置 build-essential (12.9ubuntu3) ...
正在处理用于 man-db (2.10.2-1) 的触发器 ...
正在处理用于 libc-bin (2.35-0ubuntu3.1) 的
触发器 ...
root@Server01:~$
```

安装完成后，可以执行如下命令检查安装效果。

```
root@Server01:~$ gcc -v
Using built-in specs.
COLLECT_GCC=gcc
COLLECT_LTO_WRAPPER=/usr/lib/gcc/x86_64-linux-gnu/11/lto-wrapper
OFFLOAD_TARGET_NAMES=nvptx-none:amdgcn-amdhsa
OFFLOAD_TARGET_DEFAULT=1
...（略）
```

可以看到已经成功安装 gcc，不再显示命令未找到，并且可以查看 gcc 的版本。至此，开发环境已配置完成。

任务 9-2 编写单一程序：输出“Hello World”

我们以 Linux 上常见的 C 语言来撰写第一个程序。该程序就是在屏幕上输出“Hello World”。如果你对 C 语言感兴趣，请自行查阅相关资料，本书只介绍简单的例子。

提示 请先确认你的 Linux 操作系统中已经安装了 gcc。如果尚未安装，请使用 APT 安装，安装好 gcc 之后，再继续学习下面的内容。

1. 编辑程序代码（即源码）

```
root@Server01:~$ vim  hello.c    <==用 C 语言写的程序扩展名建议用.c
#include <stdio.h>
int main(void)
{
        printf("Hello World\n");
}
```

上面是用 C 语言的语法写成的一个程序文件。hello.c 中第 1 行的“#”并不是注解。

2. 开始编译与测试运行

```
root@Server01:~$ gcc  hello.c
root@Server01:~$ ll  hello.c  a.out
-rwxrwxr-x 1 root root 15960 2月 08 12:48 a.out*  <==此时会生成这个文件名
-rw-rw-r-- 1 root root    71  2月 08 12:47 hello.c
root@Server01:~$ ./a.out
Hello World                                       <==运行结果
```

在默认状态下，如果直接以 gcc 编译源码，并且没有加上任何参数，则可执行文件的文件名被自动设置为 a.out，能够直接执行./a.out 这个可执行文件。

上面的例子很简单，hello.c 是源码，gcc 是编译器，a.out 是编译成功的可执行文件。但如果想要生成目标文件（object file）来进行其他操作，而且可执行文件的文件名也不使用默认的 a.out，那么该如何做呢？其实可以将上面的第 2 个步骤改成下面这样。

```
root@Server01:~$ gcc  -c  hello.c
root@Server01:~$ ll  hello*
-rw-rw-r-- 1 root root    71   2月 08 12:47 hello.c
-rw-rw-r-- 1 root root 1496  2月 08 12:51 hello.o    <==这就是生成的目标文件
root@Server01:~$ gcc  -o  hello  hello.o             <==小写字母 o
root@Server01:~$ ll  hello*
-rwxrwxr-x 1 root root 15960  2月 08 12:52 hello*    <==这就是可执行文件（-o 的结果）
-rw-rw-r-- 1 root root    71  2月 08 12:47 hello.c
-rw-rw-r-- 1 root root  1496  2月 08 12:51 hello.o
root@Server01:~$ ./hello
Hello World
```

这个步骤主要是利用 hello.o 这个目标文件生成一个名为 hello 的可执行文件，详细的 gcc 语法会在后面继续介绍。通过这个步骤可以得到 hello 及 hello.o 两个文件，真正可以执行的是 hello 这个二进制文件（该源码程序可在人民邮电出版社人邮教育社区下载）。

任务 9-3　编译与链接主程序和子程序

有时会在一个主程序中调用另一个子程序。这是很常见的程序写法，因为这样做可以简化整个程序。在下面的例子中，我们用主程序 thanks.c 调用子程序 thanks_2.c，写法很简单。

1. 撰写主程序、子程序

```
root@Server01:~$ vim  thanks.c
#include <stdio.h>
int main(void)
{
        printf("Hello World\n");
```

```
        thanks_2();
}
```

下面的 thanks_2 就是要调用的子程序。

```
root@Server01:~$ vim  thanks_2.c
#include <stdio.h>
void thanks_2(void)
{
        printf("Thank you!\n");
}
```

2. 编译与链接程序

（1）将源码编译为可执行的二进制文件（警告信息可忽略）。

```
root@Server01:~$ gcc  -c  thanks.c  thanks_2.c
root@Server01:~$ ll  thanks*
-rw-rw-r-- 1 root root   75  2月 10 12:55 thanks_2.c
-rw-rw-r-- 1 root root 1504  2月 10 12:58 thanks_2.o   <==编译生成的目标文件
-rw-rw-r-- 1 root root   91  2月 10 12:55 thanks.c
-rw-rw-r-- 1 root root 1560  2月 10 12:58 thanks.o     <==编译生成的目标文件
root@Server01:~$ gcc -o thanks thanks.o thanks_2.o     <==小写字母 o
root@Server01:~$ ll thanks
-rwxrwxr-x 1 root root 16032  2月 10 13:00 thanks*     <==最终结果会生成可执行文件
```

（2）运行可执行文件。

```
root@Server01:~$ ./thanks
Hello World
Thank you!
```

为什么要制作目标文件呢？因为我们的源码文件有时并非只有一个文件，无法直接进行编译。这时就需要先生成目标文件，再以链接制作成二进制可执行文件。另外，如果有一天，你升级了 thanks_2.c 这个文件的内容，则只要重新编译 thanks_2.c 来产生新的 thanks_2.o，再以链接制作出新的二进制可执行文件即可，而不必重新编译其他没有改动过的源码文件。对于软件开发者来说，这是一个很重要的功能，因为有时候要将偌大的源码全部编译完会花很长的一段时间。

此外，如果想要让程序在运行时具有比较好的性能，或者具有其他调试功能，则可以在编译过程中加入适当的选项，例如：

```
root@Server01:~$ gcc  -O  -c  thanks.c  thanks_2.c  <== -O 为生成优化的选项
root@Server01:~$ gcc  -Wall  -c  thanks.c  thanks_2.c
thanks.c: In function ‘main’:
thanks.c:5:9: warning: implicit declaration of function 'thanks_2'
[-Wimplicit-function-declaration]
    5 |         thanks_2();
      |         ^~~~~~~~
```

使用-Wall 可以产生更详细的编译过程信息。上面的信息为警告信息，不理会也没有关系。

> **提示**　至于更多的 gcc 额外参数功能，请使用 man　gcc 命令查看、学习。

任务 9-4　调用外部函数库：加入链接的函数库

任务 9-3 讲解的只是在屏幕上面输出一些文字而已，如果要计算数学式该怎么办呢？例如，我们想要计算出三角函数中的 sin90°。要注意的是，大多数程序语言都使用弧度而不是“角度”，180°约等于 3.14 弧度。我们来写一个程序：

```
root@Server01:~$ vim  sin.c
#include <stdio.h>
int main(void)
{
        float value;
        value = sin ( 3.14 / 2 );
        printf("%f\n",value);
}
```

要如何编译这个程序呢？我们先直接编译：

```
root@Server01:~$ gcc  sin.c
sin.c: In function 'main':
sin.c:5:17: warning: implicit declaration of function 'sin' [-Wimplicit-function-
declaration]
    5 |         value = sin ( 3.14 / 2 );
      |                 ^~~
sin.c:2:1: note: include '<math.h>' or provide a declaration of 'sin'
    1 | #include <stdio.h>
  +++ |+#include <math.h>
    2 | int main(void)
sin.c:5:17: warning: incompatible implicit declaration of built-in function
'sin' [-Wbuiltin-declaration-mismatch]
    5 |         value = sin ( 3.14 / 2 );
      |                 ^~~
sin.c:5:17: note: include '<math.h>' or provide a declaration of 'sin'
# 注意，上面黑体部分为错误信息，代表没有成功
```

为什么没有编译成功？黑体部分的意思是“包含<math.h>库文件或者提供 sin 的声明”，为什么会这样呢？这是因为 C 语言中的 sin 函数是写在 libm.so 函数库中的，而我们并没有在源码中将这个函数库功能加进去。

可以这样更正：在 sin.c 中的第 2 行加入语句 **#include <math.h>**，且编译时加入额外函数库的链接。

```
root@Server01:~$ vim sin.c
#include <stdio.h>
#include <math.h>
int main(void)
{
        float value;
        value = sin ( 3.14 / 2 );
        printf("%f\n",value);
}

root@Server01:~$ gcc  sin.c  -lm  -L/lib  -L/usr/lib  <==重点在 -lm
root@Server01:~$ ./a.out                               <==尝试执行新文件
```

```
1.000000
```

特别注意 使用 gcc 编译时加入的-lm 是有意义的，可以拆成两部分来分析。

- -l：表示加入某个函数库（library）。
- m：libm.so 函数库，其中，lib 与扩展名（.a 或.so）不需要写。

所以-lm 表示使用 libm.so（或 libm.a）这个函数库。那-L 后面接的路径的作用是什么呢？这表示程序需要的函数库 libm.so 请到/lib 或/usr/lib 中寻找。

注意 由于 Linux 默认将函数库放置在/lib 与/usr/lib 中，所以即便没有写-L/lib 与-L/usr/lib，也没有关系。不过，如果使用的函数库并没有放置在这两个目录下，-L/path 就很重要了，如果不写则会找不到函数库。

除了链接的函数库之外，你或许已经发现一个奇怪的地方，那就是 sin.c 中的第 1 行“#include <stdio.h>”。这行说明的是要将一些定义数据由 stdio.h 文件读入，包括 printf 的相关设置。这个文件其实是放置在/usr/include/stdio.h 中的。万一这个文件并非放置在这里呢？此时可以使用下面的方式来定义要读取的 include 文件的放置目录。

```
root@Server01:~$ gcc  sin.c  -lm  -I/usr/include
```

-I 后面接的路径就是相关的 include 文件的目录。不过，默认值同样放置在/usr/include 下面，除非 include 文件放置在其他路径中，否则也可以略过这个选项。

通过上面的几个范例，你应该对 gcc 以及源码有一定程度的认识了，接下来整理 gcc 的简易使用方法。

任务 9-5 使用 gcc（编译、参数与链接）

前文说过，gcc 是 Linux 中最标准的编译器，是 GNU 计划的关键部分（感兴趣的读者请参考相关资料）。既然 gcc 对 Linux 中的开放源码这么重要，下面就列举 gcc 常见的几个参数及其功能。

（1）仅将原始码编译成目标文件，并不制作链接等。

```
root@Server01:~$ gcc  -c  hello.c
```

上述程序会自动生成 hello.o 文件，但是并不会生成二进制可执行文件。

（2）在编译时，依据作业环境优化执行速度。

```
root@Server01:~$ gcc  -O  hello.c  -c
```

上述程序会自动生成 hello.o 文件，并对其进行优化。

（3）在制作二进制可执行文件时，将链接的函数库与相关的路径填入。

```
root@Server01:~$ gcc  sin.c  -lm  -L/usr/lib  -I/usr/include
```

- 在最终链接成二进制可执行文件时，这个命令经常执行。
- -lm 指的是 libm.so 或 libm.a 函数库文件。
- -L 后面接的路径是函数库的搜索目录。
- -I 后面接的是源码内的 include 文件所在的目录。

（4）将编译的结果生成为某个特定文件。

```
root@Server01:~$ gcc  -o  hello  hello.c
```

在程序中，-o 后面接的是要输出的二进制可执行文件的文件名。

（5）在编译时，输出较多的信息说明。

```
root@Server01:~$ gcc  -o  hello  hello.c  -Wall
```

加入-Wall 之后，程序的编译会变得较为严谨，所以警告信息也会显示出来。

我们通常称-Wall 或者-o 这些非必要的选项为标志（FLAGS）。因为我们使用的是 C 语言，所以有时候也会简称这些标志为 CFLAGS。这些标志偶尔会被使用，尤其是在后文介绍 make 相关用法的时候。

任务 9-6　使用 make 进行宏编译

在本项目一开始我们提到过 make 的功能是简化编译过程下达的命令，同时它还具有很多其他方便的功能！下面使用 make 来简化下达编译命令的流程。

1. 为什么要使用 make

先来想象一个案例：假设执行文件包含 4 个源码文件，分别是 main.c、haha.c、sin_value.c 和 cos_value.c，这 4 个文件的功能如下。

- main.c：让用户输入角度数据与调用其他 3 个子程序。
- haha.c：输出一些信息。
- sin_value.c：计算用户输入的角度（360°）的正弦数值。
- cos_value.c：计算用户输入的角度（360°）的余弦数值。

> **提示**　这 4 个文件可在人民邮电出版社网站上下载，或通过 QQ（QQ 号为 68433059）联系编者获取。

这 4 个文件的内容如下。

```
root@Server01:~# mkdir /c
root@Server01:~# cd /c
root@Server01:/c# vim  main.c
#include <stdio.h>
#define pi 3.14159
char name[15];
float angle;
int main(void)
{    printf ("\n\nPlease input your name: ");
     scanf  ("%s", &name );
     printf ("\nPlease enter the degree angle (ex> 90): " );
     scanf  ("%f", &angle );
     haha(name);
     sin_value(angle);
     cos_value(angle);
}
```

```
root@Server01:/c# vim haha.c
#include <stdio.h>
```

```
int haha(char name[15])
{   printf ("\n\nHi, Dear %s, nice to meet you.", name);
}
```

```
root@Server01:/c# vim sin_value.c
#include <stdio.h>
#include <math.h>
#define pi 3.14159
extern float angle;

void sin_value(void)
{
    float value;
    value = sin ( angle / 180. * pi );
    printf ("\nThe Sin is: %5.2f\n",value);
}
```

```
root@Server01:/c# vim cos_value.c
#include <stdio.h>
#include <math.h>
#define pi 3.14159
extern float angle;

void cos_value(void)
{
    float value;
    value = cos ( angle / 180. * pi );
    printf ("The Cos is: %5.2f\n",value);
}
```

由于这 4 个文件具有相关性，并且还用到了数学函数，所以如果想让这个程序运行，那么需要进行编译。

（1）编译文件

① 先进行目标文件的编译，最终会有 4 个*.o 文件出现。

```
root@Server01:/c# gcc  -c  main.c
root@Server01:/c# gcc  -c  haha.c
root@Server01:/c# gcc  -c  sin_value.c
root@Server01:/c# gcc  -c  cos_value.c
```

② 再将其链接成可执行文件 main，并加入 libm 的数学函数（"\"是命令换行符，若命令太长，一行不能写完，则只需按"Enter"键后，在下一行继续输入未输入完的命令即可）。

```
root@Server01:/c# gcc  -o  main  main.o  haha.o  sin_value.o  cos_value.o \
 -lm  -L/usr/lib  -L/lib
```

③ 本程序的运行结果如下。必须输入姓名、以 360° 为主的角度来完成计算。

```
root@Server01:/c# ./main
Please input your name: Bobby   <==这里先输入姓名
Please enter the degree angle (ex> 90): 30    <==输入以 360° 为主的角度
Hi, Dear Bobby, nice to meet you.     <==这 3 行为输出的结果
The Sin is:  0.50
```

```
The Cos is:  0.87
```

编译的过程需要进行许多操作，如果要重新编译，则上述流程要重复一遍，只是找出这些命令就够麻烦的了。如果可以，能不能使用一个步骤就完成上面所有的操作呢？能，那就是利用 make 这个工具。先试着在这个目录下创建一个名为 makefile 的文件。

（2）使用 make 编译

① 先编辑规则文件 makefile，其用于制作出可执行文件 main。

```
root@Server01:/c# vim  makefile
main: main.o haha.o sin_value.o cos_value.o
        gcc -o main main.o haha.o sin_value.o cos_value.o -lm
```

特别注意 第 3 行的 gcc 之前是按“Tab”键产生的空格，不是真正的空格，否则会出错！

② 尝试使用 makefile 制订的规则进行编译。

```
root@Server01:/c# rm  -f  main  *.o    <==先将之前的目标文件删除
root@Server01:/c# make
cc    -c -o main.o main.c
（忽略警告）
cc    -c -o haha.o haha.c
cc    -c -o sin_value.o sin_value.c
cc    -c -o cos_value.o cos_value.c
gcc  -o main main.o haha.o sin_value.o cos_value.o -lm
root@Server01:/c# ll
总用量 60
drwxr-xr-x  2 root root  4096  2月 10 01:21 ./
drwxr-xr-x 21 root root  4096  2月 10 13:13 ../
-rw-r--r--  1 root root   200  2月 10 01:16 cos_value.c
-rw-r--r--  1 root root  1776  2月 10 01:21 cos_value.o
-rw-r--r--  1 root root   104  2月 10 01:04 haha.c
-rw-r--r--  1 root root  1536  2月 10 01:21 haha.o
-rwxr-xr-x  1 root root 16352  2月 10 01:21 main*
-rw-r--r--  1 root root   312  2月 10 01:03 main.c
-rw-r--r--  1 root root  2272  2月 10 01:21 main.o
-rw-r--r--  1 root root    99  2月 10 01:21 makefile
-rw-r--r--  1 root root   202  2月 10 01:15 sin_value.c
-rw-r--r--  1 root root  1776  2月 10 01:21 sin_value.o
```

此时 make 会读取 makefile 的内容，并根据内容直接编译相关的文件，警告信息可忽略。

③ 在不删除任何文件的情况下，重新进行一次编译。

```
root@Server01:/c# make
make: “main”已是最新。
```

看到了吧！是否很方便呢？这里只进行了更新的操作。

```
root@Server01:/c# ./main
Please input your name: yy
Please enter the degree angle (ex> 90): 60
Hi, Dear yy, nice to meet you.
The Sin is:  0.87
The Cos is:  0.50
```

2. 了解 makefile 的基本语法与变量

make 的语法相当多且复杂，感兴趣的读者可以到 GNU 官网查阅相关的说明。这里仅列出一些基本的守则，重点在于让读者在接触原始码时不会太紧张。基本的 makefile 守则如下。

```
目标(target): 目标文件1 目标文件2
<tab>    gcc  -o  欲创建的可执行文件 目标文件1 目标文件2
```

目标就是我们想要创建的信息，而目标文件就是具有相关性的文件。创建可执行文件的语法在按“Tab”键开头的第 2 行。要特别留意，命令行必须以按“Tab”键产生的空格作为开头。语法规则如下。

- makefile 中的“#”代表注解。
- 需要在命令行（如 gcc 这个编译器命令）的第一个字节按“Tab”键。
- 目标与相关文件（就是目标文件）之间需以“:”隔开。

同样，我们以前文的范例做进一步说明，如果想要进行两个以上的执行操作，例如，执行一个命令就直接清除所有目标文件与可执行文件，那么该如何制作 makefile 文件呢?

（1）先编辑 makefile 来建立新的规则，此规则的目标名称为 clean。

```
root@Server01:/c# vim  makefile
main: main.o haha.o sin_value.o cos_value.o
      gcc -o main main.o haha.o sin_value.o cos_value.o -lm
clean:
      rm -f main main.o haha.o sin_value.o cos_value.o
```

特别注意 第 3 行和第 5 行的开头是按“Tab”键产生的空格，不是真正的空格，否则会出错！

（2）以新的目标测试，看看执行 make 的结果。

```
root@Server01:/c# make  clean   <==就是这里！使用 make 命令对 clean 进行编译
rm -rf main main.o haha.o sin_value.o cos_value.o
```

如此一来，makefile 中至少具有两个目标，分别是 main 与 clean，如果想要创建 main，就输入“make main”；如果想要清除信息，则输入“make clean”。而如果想要先清除目标文件再编译 main 这个程序，就可以输入“make clean main”，如下所示。

```
root@Server01:/c# make  clean  main
rm -rf main main.o haha.o sin_value.o cos_value.o
cc    -c -o main.o main.c
cc    -c -o haha.o haha.c
cc    -c -o sin_value.o sin_value.c
cc    -c -o cos_value.o cos_value.c
gcc -o main main.o haha.o sin_value.o cos_value.o -lm
```

不过，makefile 中重复的数据还是有点多。我们可以通过 shell script 的“变量”来简化 makefile。

```
root@Server01:/c# vim  makefile
LIBS = -lm
OBJS = main.o haha.o sin_value.o cos_value.o
main: ${OBJS}
        gcc -o main ${OBJS} ${LIBS}
clean:
```

```
        rm -f main ${OBJS}
```

特别注意 第 5 行和第 7 行开头是按“Tab”键产生的空格，不是真正的空格，否则会出错！

与 shell script 的语法不太相同，变量的基本语法如下。

- 变量与变量内容以“=”隔开，同时两边可以有空格。
- 变量左边不可以有按“Tab”键生成的空格，例如，上面范例的第 2 行 LIBS 左边不可以有按“Tab”键生成的空格。
- 变量与变量内容在“=”两边不能有“:”。
- 习惯上，变量最好以“大写字母”为主。
- 运用变量时，使用 $ {变量}或 $ (变量)。
- 环境变量是可以被套用的，例如，提到的 CFLAGS 这个变量。
- 在命令行模式也可以定义变量。

由于 gcc 在进行编译的行为时，会主动读取环境变量 CFLAGS，所以可以直接在 shell 中定义这个环境变量，也可以在 makefile 文件中定义，或者在命令行中定义。例如：

```
root@Server01:/c# CFLAGS="-Wall" make clean main
# 这个操作在 make 上进行编译时，会读取 CFLAGS 的变量内容
```

也可以这样：

```
root@Server01:/c# vim  makefile
LIBS = -lm
OBJS = main.o haha.o sin_value.o cos_value.o
CFLAGS = -Wall
main: ${OBJS}
        gcc -o main ${OBJS} ${LIBS}
clean:
        rm -f main ${OBJS}
```

可以利用命令行输入环境变量，也可以在文件内直接指定环境变量。但如果 CFLAGS 的内容在命令行中与 makefile 中的并不相同，那么该以哪种方式的输入为主呢？环境变量使用的规则如下。

- make 命令行后面加上的环境变量优先。
- makefile 中指定的环境变量第二。
- shell 原本具有的环境变量第三。

此外，还有一些特殊的变量需要了解。$@代表目前的目标。

所以也可以将 makefile 改成如下形式（$@ 就是 main）。

```
root@Server01:/c# vim  makefile
LIBS = -lm
OBJS = main.o haha.o sin_value.o cos_value.o
CFLAGS = -Wall
main: ${OBJS}
      gcc -o $@ ${OBJS} ${LIBS}
clean:
      rm -f main ${OBJS}
```

9.4 项目实训　使用 gcc 和 make 调试程序

1. 项目实训目的

- 学会搭建 C 语言编译环境。
- 学会使用 gcc 程序调试。
- 学会使用 make 程序调试。

2. 项目要求

（1）搭建 C 语言编译环境。

（2）编译、链接和运行简单的 C 语言程序。

（2）使用 make 进行编译。

3. 做一做

完成项目实训，检查学习效果。

9.5 练习题

一、填空题

1. 源码其实大多是________文件，需要通过________操作后，才能够制作出 Linux 操作系统能够认识的可运行的________。

2. ________可以加速软件的升级速度，让软件效能更快、漏洞修补更及时。

3. 在 Linux 操作系统中，最标准的编译器为________。

4. 在编译的过程中，可以通过其他软件提供的________来使用该软件的相关机制与功能。

5. 为了简化编译过程中复杂的命令输入，可以通过________与________规则定义来简化程序的升级、编译与链接等操作。

二、简答题

简述 bug 的分类。

学习情境四

网络服务器配置与管理

项目 10　配置与管理 samba 服务器

项目 11　配置与管理 DHCP 服务器

项目 12　配置与管理 DNS 服务器

项目 13　配置与管理 Apache 服务器

项目 14　配置与管理 FTP 服务器

运筹策帷帐之中，决胜于千里之外。

——《史记·高祖本纪》

项目10 配置与管理samba服务器

10

项目导入

是谁最先在 Windows 和 Linux 之间架起了一座沟通的“桥梁”，并且提供不同系统间的共享服务，还拥有强大的输出服务功能？答案就是 samba。samba 的应用范围非常广泛。当然 samba 的魅力远远不止这些。

职业能力目标

- 了解 samba 环境及协议。
- 掌握 samba 的工作原理。
- 掌握主配置文件 smb.conf 的配置方法。
- 掌握 samba 服务密码文件的配置方法。
- 掌握 samba 文件和输出共享的设置方法。
- 掌握 Linux 和 Windows 客户端共享 samba 服务器资源的方法。

素养目标

- “技术是买不来的”。国产操作系统的未来前途光明！只有瞄准核心科技埋头攻关，助力我国软件产业从价值链中低端向高端迈进，才能为高质量发展和国家信息产业安全插上腾飞的“翅膀”。
- “少壮不努力，老大徒伤悲。”“劝君莫惜金缕衣，劝君惜取少年时。”盛世之下，青年学生要惜时如金，学好知识和技术，报效祖国。

10.1 项目知识准备

对于刚接触 Linux 的用户来说，听得最多的就是 samba 服务，为什么呢？原因是 samba 最先在 Windows 和 Linux 之间架起了一座沟通的“桥梁”。通过 samba，我们可以在 Linux 和 Windows 之间互相通信，如复制文件、实现不同操作系统之间的资源共享等。我们可以将其架设成一个功能非常强大的文件服务器，也可以将其架设成提供本地和远程联机输出的服务器，甚至可以使用

samba 服务器完全取代 Windows Server 2016 中的域控制器，使域管理工作变得非常方便。

10.1.1 了解 samba 应用环境

samba 应用环境如下。

- 文件和打印机共享：文件和打印机共享是 samba 的主要功能，samba 通过服务器消息块（Server Message Block，SMB）协议实现资源共享，将文件和打印机发布到网络中，以供用户访问。
- 身份验证和权限设置：smbd 服务支持 user mode 和 domain mode 等身份验证和权限设置模式，通过加密方式保护共享的文件和打印机。
- 名称解析：samba 通过 nmbd 服务可以搭建 NetBIOS 名称服务器（NetBIOS Name Server，NBNS），提供名称解析功能，将计算机的 NetBIOS 名称解析为 IP 地址。
- 浏览服务：在局域网中，samba 服务器可以成为本地主浏览器（Local Master Browser，LMB），保存可用资源列表。当用户使用客户端访问 Windows 网上邻居时，会为其提供浏览列表，显示共享目录、打印机等资源。

10.1.2 了解 SMB 协议

SMB 协议可以看作局域网上共享文件和打印机的一种协议。它是微软公司和英特尔公司在 1987 年制定的协议，主要作为 Microsoft 网络的通信协议，而 samba 将 SMB 协议用到 UNIX 系统中。通过“NetBIOS over TCP/IP”，使用 samba 不但能与局域网主机共享资源，而且能与全世界的计算机共享资源。因为互联网上千千万万的主机所使用的通信协议就是 TCP/IP。SMB 协议是会话层和表示层，以及小部分应用层上的协议，它使用了 NetBIOS 的应用程序接口（Application Program Interface，API）。另外，它是一个开放性的协议，允许协议扩展，这使它变得庞大而复杂，其中大约有 65 个最上层的作业，而每个作业都有超过 120 个函数。

10.2 项目设计与准备

在实施项目前先了解 samba 服务器的配置流程。

10.2.1 了解 samba 服务器的配置流程

首先对服务器进行设置：告诉 samba 服务器需要将哪些目录共享给客户端进行访问，并根据需要设置其他选项，例如，添加对共享目录内容的简单描述信息和访问权限等具体设置。

1. 基本的 samba 服务器的搭建流程

基本的 samba 服务器的搭建流程主要分为以下 5 个步骤。

（1）编辑主配置文件 smb.conf，指定需要共享的目录，并为共享目录设置共享权限。

（2）在 smb.conf 文件中指定日志文件名称和存放路径。

（3）设置共享目录的本地系统权限。

（4）重新加载配置文件或重新启动 SMB 服务，使配置生效。

（5）关闭防火墙，同时设置 SELinux 为允许。

2. samba 的工作流程

samba 的工作流程如图 10-1 所示。

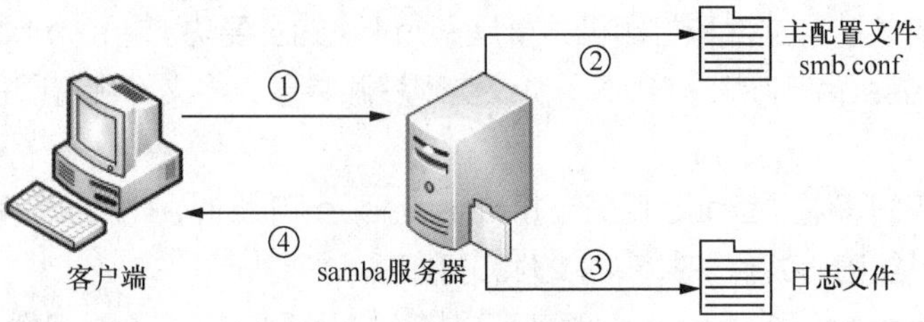

图 10-1　samba 的工作流程

（1）客户端请求访问 samba 服务器上的共享目录。

（2）samba 服务器接收到请求后，查询主配置文件 smb.conf，了解是否共享了目录，如果共享了目录，则查看客户端是否有访问权限。

（3）samba 服务器会将本次访问信息记录在日志文件中，日志文件的名称和路径都需要用户设置。

（4）如果客户端满足访问权限设置，则允许客户端进行访问。

10.2.2 设备准备

本项目要用到 Server01、Client3 和 Client1。服务器和客户端使用的设备情况如表 10-1 所示。

表 10-1　服务器和客户端使用的设备情况

主机名	操作系统	IP 地址	网络连接方式
samba 共享服务器：Server01	Ubuntu 22.04	192.168.10.1/24	Vmnet8（NAT 模式）
Windows 客户端：Client3	Windows 10	192.168.10.40/24	Vmnet8（NAT 模式）
Linux 客户端：Client1	Ubuntu 22.04	192.168.10.21/24	Vmnet8（NAT 模式）

10.3 项目实施

10-1
配置与管理
samba 服务器

任务 10-1　安装并启动 samba 服务

安装 samba 包，执行命令如下所示。

```
root@Server01:~# apt install samba
正在读取软件包列表... 完成
正在分析软件包的依赖关系树... 完成
正在读取状态信息... 完成
...
samba-ad-dc.service is a disabled or a static unit, not starting it.
```

```
正在设置 libgfapi0:amd64 (10.1-1) ...
正在处理用于 ufw (0.36.1-4build1) 的触发器 ...
正在处理用于 man-db (2.10.2-1) 的触发器 ...
正在处理用于 libc-bin (2.35-0ubuntu3.1) 的触发器 ...
```

成功安装后，启动 smbd 服务，并查看 smbd 服务是否激活，执行命令如下所示。

```
root@Server01:~# systemctl start smbd
root@Server01:~# systemctl enable smbd
Synchronizing state of smbd.service with SysV service script with /lib/systemd/systemd-sysv-install.
Executing: /lib/systemd/systemd-sysv-install enable smbd
root@Server01:~# systemctl reload smbd
root@Server01:~# systemctl is-active smbd
active
```

任务 10-2　了解主配置文件 smb.conf

samba 的配置文件一般放在/etc/samba 目录中，主配置文件名为 smb.conf。

1. samba 服务程序中的参数及其作用

使用 ll 命令查看 smb.conf 文件属性，并使用命令 vim　/etc/samba/smb.conf 查看文件的详细内容。

```
root@Server01:~# cd /etc/samba/
root@Server01:/etc/samba# ll
总用量 36
drwxr-xr-x   3 root root  4096  3月 8 20:28 ./
drwxr-xr-x 135 root root 12288  3月 8 20:28 ../
-rw-r--r--   1 root root     8  1月 10 23:04 gdbcommands
-rw-r--r--   1 root root  8950  3月 8 20:28 smb.conf
drwxr-xr-x   2 root root  4096  1月 10 23:04 tls/
root@Server01:/etc/samba# vi smb.conf
```

显示结果如图 10-2 所示（使用“：set nu”加行号，后面做同样处理，不赘述）。

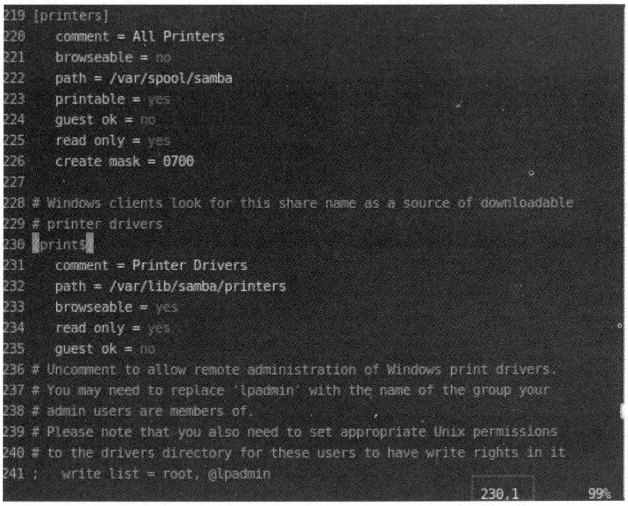

图 10-2　查看 smb.conf 配置文件的详细内容

为了更清楚地了解配置文件，建议研读/etc/samba/smb.conf.example。samba 开发组按照功能不同，对 smb.conf 文件进行了分段划分，条理非常清楚。表 10-2 所示为 samba 服务程序中的参数及其作用。

表 10-2　samba 服务程序中的参数及其作用

作用范围	参　数	作　用
[global]	workgroup = MYGROUP	工作组名，如 workgroup=SmileGroup
	server string = samba Server Version %v	服务器描述，参数%v 为 SMB 版本号
	log file = /var/log/samba/log.%m	定义日志文件的存放位置与名称，参数%m 为来访的主机名
	max log size = 50	定义日志文件的最大容量为 50KB
	security = user	安全验证的方式，需验证来访主机提供的口令后才可以访问；提高了安全性，系统默认方式
	security = server	使用独立的远程主机验证来访主机提供的口令（集中管理账户）
	security = domain	使用域控制器进行身份验证
	passdb backend = tdbsam	定义用户后台的类型，共 3 种。第一种表示创建数据库文件并使用 pdbedit 命令建立 samba 服务程序的用户
	passdb backend = smbpasswd	第二种表示使用 smbpasswd 命令为系统用户设置 samba 服务程序的密码
	passdb backend = ldapsam	第三种表示基于轻量目录访问协议（Lightweight Directory Access Protocol，LDAP）服务进行账户验证
	load printers = yes	设置在 samba 服务启动时是否共享打印机设备
	cups options = raw	打印机选项
[homes]	comment = Home Directories	描述信息
	browseable = no	指定共享信息是否在“网上邻居”中可见
	writable = yes	定义是否可以执行写入操作，作用与“read only”的相反

技巧　为了方便配置，建议先备份 smb.conf，一旦发现错误可以随时从备份文件中恢复主配置文件。操作如下。

```
root@Server01:/etc/samba# cp smb.conf smb.conf.bak
root@Server01:/etc/samba# ll
总用量 48
drwxr-xr-x   3 root root  4096  3月 8 20:47 ./
drwxr-xr-x 135 root root 12288  3月 8 20:28 ../
-rw-r--r--   1 root root     8  1月 10 23:04 gdbcommands
-rw-r--r--   1 root root  8950  3月 8 20:28 smb.conf
-rw-r--r--   1 root root  8950  3月 8 20:47 smb.conf.bak #备份
drwxr-xr-x   2 root root  4096  1月 10 23:04 tls/
```

2. Share Definitions 共享服务的定义

Share Definitions 设置对象为共享目录和打印机，如果想发布共享资源，则需要对 Share Definitions 部分进行配置。Share Definitions 的字段非常丰富，且在设置上十分灵活。

我们先来看几个常用的字段。

（1）设置共享名。

共享资源发布后，必须为每个共享目录或打印机设置不同的共享名，以供网络用户访问时使用，并且共享名可以与原目录名不同。

共享名的设置非常简单，格式为：

```
[共享名]
```

（2）共享资源描述。

网络中存在各种共享资源，为了方便用户识别，可以为其添加备注信息，方便用户查看其中的内容。

格式为：

```
comment = 备注信息
```

（3）共享路径。

共享资源的原始完整路径可以使用 path 字段进行发布，务必正确指定。

格式为：

```
path = 绝对地址路径
```

（4）设置匿名访问。

设置是否允许对共享资源进行匿名访问，可以通过更改 public 字段实现。

格式为：

```
public = yes        #允许匿名访问
public = no         #禁止匿名访问
```

【例 10-1】samba 服务器中有个目录为/share，需要将该目录发布为共享目录，定义共享名为 public，要求：允许浏览、只读、允许匿名访问。对该目录的设置如下所示。

```
[public]
   comment = public
   path = /share
   browseable = yes
   read only = yes
   public = yes
```

（5）设置访问用户。

如果共享资源中存在重要数据，需要对访问用户进行审核，可以使用 valid users 字段进行设置。

格式为：

```
valid users = 用户名
valid users = @组名
```

【例 10-2】samba 服务器的/share/tech 目录中存放了公司技术部数据，该目录只允许技术部员工和经理访问，技术部组为 tech，经理账号为 manager。

```
[tech]
        comment=tech
        path=/share/tech
        valid users=@tech,manager
```

（6）设置目录只读。

共享目录如果需要限制用户的读/写操作，则可以通过 read only 实现。

格式为：

```
read only = yes        #只读
read only = no         #读写
```

（7）设置过滤主机。

注意网络地址的写法！

相关示例如下。

```
hosts allow = 192.168.10.   server.abc.com
```

上述程序表示允许来自 192.168.10.0 网络或 server.abc.com 的访问者访问 samba 服务器资源。

```
hosts deny = 192.168.2.
```

上述程序表示不允许来自 192.168.2.0 网络的主机访问当前 samba 服务器资源。

【例 10-3】samba 服务器的公共目录/public 中存放了大量共享数据，为保证目录安全，仅允许来自 192.168.10.0 网络的主机访问，并且只允许读取，禁止写入。

```
[public]
        comment=public
        path=/public
        public=yes
        read only=yes
        hosts allow = 192.168.10.
```

（8）设置目录可写。

共享目录如果需要限制用户进行写操作，则可以使用 writable 或 write list 两个字段进行设置。

writable 格式：

```
writable = yes         #读写
writable = no          #只读
```

write list 格式：

```
write list = 用户名
write list = @组名
```

注意 [homes]为特殊共享目录，表示用户主目录。[printers]表示共享打印机。

任务 10-3 samba 服务的日志文件和密码文件

日志文件对于 samba 而言非常重要，它存储着客户端访问 samba 服务器的信息，以及 samba 服务的错误提示信息等，可以通过分析日志，帮助解决客户端访问和服务器维护等问题。

1. samba 服务日志文件

在/etc/samba/smb.conf 文件中，log file 为设置 samba 服务日志文件的字段，如下所示。

```
log file = /var/log/samba/log.%m
```

samba 服务的日志文件默认存放在/var/log/samba/中，其中 samba 会为每个连接到 samba 服务器的计算机分别建立日志文件。使用 **ls -a /var/log/samba** 命令可以查看日志的所有文件。

当客户端通过网络访问 samba 服务器后，会自动添加与该客户端相关的日志。所以，Linux 管理员可以根据这些日志来查看用户的访问情况和服务器的运行情况。另外，当 samba 服务器工作异常时，也可以通过/var/log/samba/的日志进行分析。

2. samba 服务密码文件

samba 服务器发布共享资源后，客户端访问 samba 服务器，需要提交用户名和密码进行身份验证，验证通过后才可以登录。samba 服务为了实现客户端的身份验证功能，将用户名和密码信息存放在/etc/samba/smbpasswd 中，在客户端访问时，将用户提交的资料与 smbpasswd 中存放的信息进行比对，只有完全匹配，并且 samba 服务器其他安全设置允许，客户端与 samba 服务器的连接才能成功建立。

那么如何建立 samba 账号呢？samba 账号并不能直接建立，需要先建立与 Linux 系统账号同名的系统账号。例如，如果要建立一个名为 yy 的 samba 账号，那么 Linux 操作系统中必须提前存在一个同名的 yy 系统账号。

在 samba 中，添加账号的命令为 smbpasswd，格式为：

```
smbpasswd  -a  用户名
```

【例 10-4】在 samba 服务器中添加 samba 账号 reading。

（1）建立 Linux 系统账号 reading。

```
root@Server01:~# useradd reading
root@Server01:~# passwd reading
#设置密码为 12345678，由于该密码过于简单，需要再输入一遍进行确认。
新的 密码:
无效的密码： 密码未通过字典检查 - ????????????/?????????
重新输入新的 密码:
passwd：已成功更新密码
```

（2）添加 reading 用户的 samba 账号。

```
root@Server01:~# smbpasswd -a reading
New SMB password:
Retype new SMB password:
Added user reading.
```

samba 账号添加完毕。如果在添加 samba 账号时输入完两次密码后出现错误信息“Failed to modify password entry for user amy”，则是因为 Linux 本地用户里没有 reading 这个用户，此时只需要提前在 Linux 操作系统中添加此用户就可以了。

> **提示** 在建立 samba 账号之前，一定要先建立一个与 samba 账号同名的 Linux 系统账号。

经过上面的设置，再次访问 samba 共享文件时就可以使用 reading 账号了。

任务 10-4　user 服务器实例解析

samba 服务程序默认使用用户口令认证（user）模式。这种认证模式可以确保仅让有密码且受信任的用户访问共享资源，而且验证过程十分简单。

【例 10-5】如果公司有多个部门，因工作需要，就必须分门别类地建立相应部门的目录。要求将销售部的资料存放在 samba 服务器的/companydata/sales 目录下集中管理，以便销售部员工浏览，并且该目录只允许销售部员工访问。

需求分析：在/companydata/sales 目录中存放有销售部的重要数据，为了保证其他部门无法查看其中的内容，需要将全局配置中的 security 设置为 user 安全级别。这样就启用了 samba 服务器的身份验证机制。然后在共享目录/companydata/sales 下设置 valid users 字段，确定只允许销售部员工访问这个共享目录。

1. 在 Server01 上配置 samba 服务器（任务 10-1 已安装 samba 服务组件）

（1）建立共享目录，并在目录下建立测试文件。

```
root@Server01:~# mkdir -p /companydata/sales
root@Server01:~# touch /companydata/sales/test_share.tar
```

（2）添加销售部用户和组并添加与其对应的 samba 账号。

① 使用 groupadd 命令添加 sales 组，然后执行 useradd 命令和 passwd 命令，以添加销售部员工的用户名及密码。此处单独增加一个 test_user1 账号，该账号不属于 sales 组，供测试使用。

```
root@Server01:~# groupadd sales                    #建立销售组 sales
root@Server01:~# useradd -g sales sale1            #建立用户 sale1，并将其添加到 sales 组
root@Server01:~# useradd -g sales sale2            #建立用户 sale2，并将其添加到 sales 组
root@Server01:~# useradd test_user1                #供测试使用
root@Server01:~# passwd sale1                      #设置用户 sale1 的密码
新的 密码:
无效的密码： 密码未通过字典检查 - ????????????/?????????
重新输入新的 密码:
passwd：已成功更新密码
root@Server01:~# passwd sale2                      #设置用户 sale2 的密码
新的 密码:
无效的密码： 密码未通过字典检查 - ????????????/?????????
重新输入新的 密码:
passwd：已成功更新密码
root@Server01:~# passwd test_user1                 #设置用户 test_user1 的密码
新的 密码:
无效的密码： 密码未通过字典检查 - ????????????/?????????
重新输入新的 密码:
passwd：已成功更新密码
```

② 为销售部用户添加与其对应的 samba 账号。

```
root@Server01:~# smbpasswd -a sale1
New SMB password:
Retype new SMB password:
Added user sale1.
root@Server01:~# smbpasswd -a sale2
New SMB password:
Retype new SMB password:
Added user sale2.
```

（3）通过 **vim /etc/samba/smb.conf** 修改 samba 主配置文件。直接在原文件末尾添加以下内容，但要注意须将原文件的[global]删除或用“#”注释掉，因为**文件中不能有两个同名的[global]**。当然也可直接在原来的[global]上修改。

```
# Change this to the workgroup/NT-domain name your samba server will part of
   workgroup = WORKGROUP
# server string is the equivalent of the NT Description field
```

```
#server string = %h server (samba, Ubuntu)
   server string = File Server
   security = user
#设置 user 安全级别模式，取默认值
   passdb backend = tdbsam
   printing = cups
   printcap name = cups
   load printers = yes
   cups options = raw
[sales]
#设置共享目录的共享名为 sales
   comment=sales
   path=/companydata/sales
#设置共享目录的绝对路径
   writable = yes
   browseable = yes
   valid users = @sales
#设置可以访问的用户为 sales 组
```

2. 设置本地系统权限和防火墙（Server01）

（1）设置共享目录的本地系统权限和属组。

```
root@Server01:~# chmod  770  /companydata/sales -R
root@Server01:~# chown  :sales  /companydata/sales  -R
```

-R 选项用于递归调用，一定要添加。请读者再次复习前文的权限相关内容。

（2）让防火墙放行，这一步很重要。

```
root@Server01:~# ufw allow samba
规则已添加
规则已添加 (v6)
root@Server01:~# ufw status
状态： 激活

至                          动作          来自
-                           --            --
8080                        DENY          Anywhere
3306/tcp                    ALLOW         Anywhere
samba                       ALLOW         Anywhere
8080 (v6)                   DENY          Anywhere (v6)
3306/tcp (v6)               ALLOW         Anywhere (v6)
samba (v6)                  ALLOW         Anywhere (v6)
```

（3）重新加载 samba 服务并设置开机时自动启动。

```
root@Server01:~# systemctl restart smbd
root@Server01:~# systemctl enable smbd
  Synchronizing state of smbd.service with SysV service script with /lib/systemd/
systemd-sysv-install.
  Executing: /lib/systemd/systemd-sysv-install enable smbd
```

3. Windows 客户端访问 samba 共享测试

测试方法有两种：一种是在 Windows 中利用资源管理器进行测试，另一种是利用 Linux 客户端进行测试。本例在 Windows 10 中利用资源管理器进行测试。以下的操作在 Client3 上进行。

（1）使用 UNC 路径直接访问

按“Windows+R”组合键，在弹出的“运行”对话框中输入通用命名约定（Universal Naming Convention，UNC）路径直接进行访问，如\\192.168.10.1。打开“Windows 安全”对话框，如图 10-3 所示。在该对话框的文本框中分别输入 sale1 或 sale2 及其密码，登录后可以正常访问。

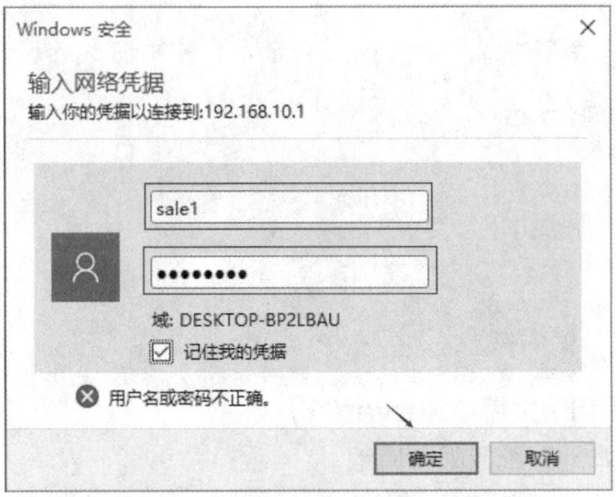

图 10-3　“Windows 安全”对话框

试一试　注销 Windows 10 客户端，使用 test_user1 用户及其密码登录会出现什么情况？

（2）使用映射网络驱动器访问 samba 服务器共享目录

Windows 10 默认不会在桌面上显示“此电脑”图标，所以首先要让“此电脑”图标在桌面上显示。

① 在桌面空白处单击鼠标右键，在弹出的快捷菜单中选择“个性化”命令。

② 单击“主题”→“桌面图标设置”。

③ 勾选“计算机”复选框，单击“应用”→“确定”按钮。

④ 回到桌面，发现“此电脑”图标已出现在桌面上了。

⑤ 双击“此电脑”图标，打开“此电脑”窗口，单击“计算机”→“映射网络驱动器”下拉按钮。

⑥ 在下拉列表中选择“映射网络驱动器”命令，如图 10-4 所示，在弹出的“映射网络驱动器”对话框中选择 Z 驱动器，并在“文件夹”文本框中输入 sales 共享目录的地址，如\\192.168.10.1\sales，单击“完成”按钮，如图 10-5 所示。

⑦ 在接下来弹出的对话框的对应文本框中输入可以访问 sales 共享目录的 samba 用户名和密码，单击“确定”按钮。

⑧ 再次双击“此电脑”图标，在打开的“此电脑”窗口中可以看到网络驱动器 Z（共享目录 sales）已成功设置，如图 10-6 所示，这样就可以很方便地访问共享目录了。

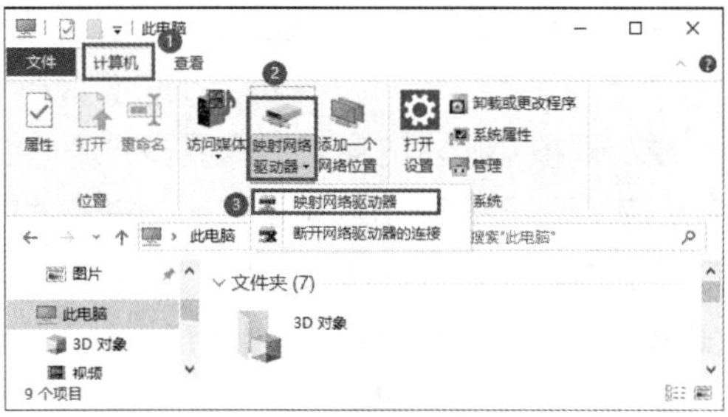

图 10-4　选择“映射网络驱动器”命令

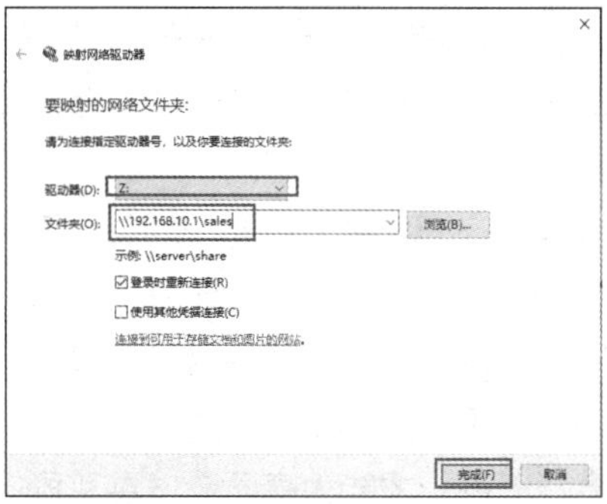

图 10-5　“映射网络驱动器”对话框

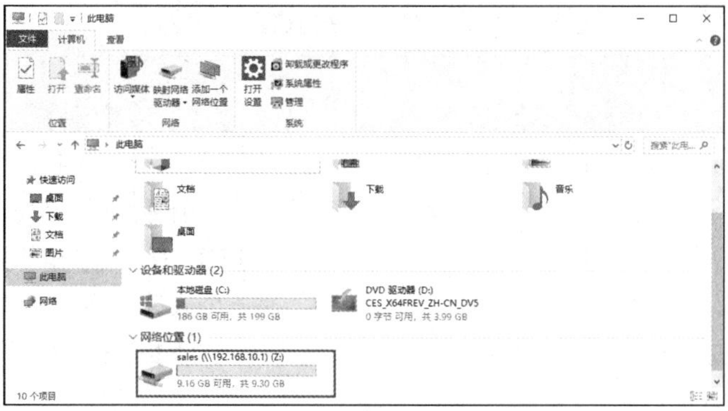

图 10-6　网络驱动器 Z 已成功设置

特别提示　samba 服务器在将本地文件系统共享给 samba 客户端时，会涉及本地文件系统权限和 samba 共享权限。当客户端访问共享资源时，最终的权限取这两种权限中最严格的。在后面的实例中，不再单独设置本地文件系统权限。如果读者对权限不是很熟悉，请参考前面项目 3 的相关内容。

10.4　拓展阅读　国产操作系统“银河麒麟”

你了解国产操作系统银河麒麟吗？它的深远影响是什么？

国产操作系统银河麒麟 V10 的面世受到了业界和公众的关注。这一操作系统不仅可以充分适应“5G 时代”需求，其独创的 Kydroid 技术还能支持海量安卓应用，将 300 余万款安卓适配软硬件无缝迁移到国产平台。银河麒麟 V10 作为国内安全等级最高的操作系统，是首款具有内生安全体系的操作系统，成功打破了相关技术封锁与垄断，有能力成为承载国家基础软件的安全基石。

银河麒麟 V10 的推出，让人们看到了国产操作系统与日俱增的技术实力和不断攀登科技高峰的坚实脚步。

核心技术从不能依靠别人给予，必须依靠自主创新。从 2019 年 8 月华为发布自主操作系统鸿蒙操作系统，到 2020 年银河麒麟 V10 面世，我国操作系统正加速走向独立创新的发展新阶段。当前，麒麟操作系统在海关、交通、统计、农业等很多部门得到规模化应用，采用这一操作系统的机构和企业已经超过 1 万家。这一数字证明，麒麟操作系统已经获得了市场一定程度的认可。只有坚持开放兼容，让操作系统与更多产品适配，才能推动产品性能更新迭代，让用户拥有更好的使用体验。

操作系统的自主发展是一项重大而紧迫的课题。要实现核心技术的突破，需要多方齐心合力、协同攻关，为创新创造营造更好的发展环境。2020 年 7 月，国务院印发《新时期促进集成电路产业和软件产业高质量发展的若干政策》，从财税政策、研究开发政策、人才政策等 8 个方面提出了 37 项举措。只有瞄准核心科技埋头攻关、不断释放政策“红利”，助力我国软件产业从价值链中低端向高端迈进，才能为高质量发展和国家信息产业安全插上腾飞的“翅膀”。

10.5 项目实训　配置与管理 samba 服务器

1. 项目背景

某公司有 system、develop、product design 和 test4 个小组，个人办公操作系统为 Windows 10，少数开发人员采用 Linux 操作系统，服务器操作系统为 Ubuntu，现需要设计一套建立在 Ubuntu 22.04 之上的安全文件共享方案。每个用户都有自己的网络磁盘，develop 组与 test 组有共用的网络硬盘，所有用户（包括匿名用户）有一个只读共享资料库；所有用户（包括匿名用户）要有一个存放临时文件的文件夹。samba 服务器搭建网络拓扑如图 10-7 所示。

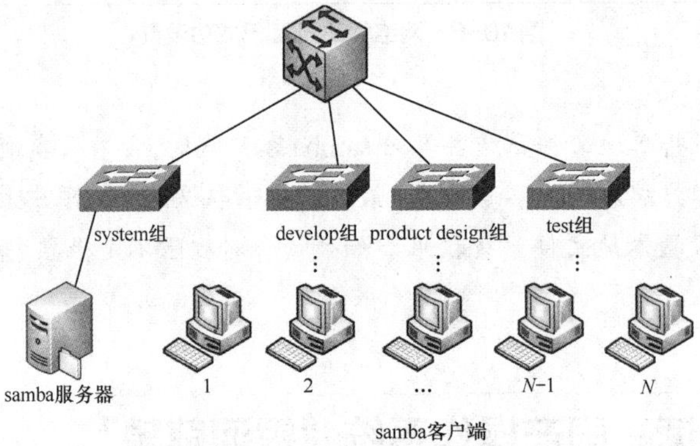

图 10-7　samba 服务器搭建网络拓扑

2. 项目要求

（1）system 组具有管理所有 samba 空间的权限。

（2）各部门的私有空间：各小组拥有自己的空间，除了各小组自己的成员及 system 组有权限访问以外，其他用户不可访问（包括查看、读和写）。

（3）只读共享资料库：所有用户（包括匿名用户）都具有读取权限而不具有写入数据的权限。

（4）develop 组与 test 组成员之外的用户不能访问 develop 组与 test 组的共享空间。

（5）公共临时空间：所有用户可以读取、写入、删除。

3. 深度思考

思考以下几个问题。

（1）用 mkdir 命令建立共享目录，可以同时建立多少个目录？

（2）chown、chmod 这些命令如何熟练应用？

（3）组账户、用户账户、samba 账户等的建立过程是怎样的？

（4）useradd 的各类选项（-g、-G、-d、-s、-M）的含义分别是什么？

（5）权限 700 和 755 的含义是什么？请查找有关权限表示的资料，也可以联系编者获取相关微课资源。

（6）不同用户登录后的权限有什么变化？

4. 做一做

完成项目实训，检查学习效果。

10.6 练习题

一、填空题

1. samba 服务功能强大，使用________协议，英文全称是________。
2. SMB 经过开发，可以直接运行于 TCP/IP 上，通过使用 TCP 的________端口实现。
3. samba 服务由两个进程组成，分别是________和________。
4. samba 服务软件包包括________、________、________和________（不要求版本号）。
5. samba 的配置文件一般放在________目录中，主配置文件名为________。
6. samba 服务器有________、________、________、________和________5 种安全模式，默认级别是________。

二、选择题

1. 使用 samba 共享了目录，但是在 Windows 网络邻居中却看不到它，此时应该在/etc/samba/smb.conf 中怎样设置才能使它正确工作？（　　）

A. AllowWindowsClients=yes　　B. Hidden=no

C. Browseable=yes　　D. 以上都不是

2.（　　）命令可用来卸载 samba-3.0.33-3.7.el5.i386.rpm。

A. rpm -D samba-3.0.33-3.7.el5　　B. rpm -i samba-3.0.33-3.7.el5

C. rpm -e samba-3.0.33-3.7.el5　　D. rpm -d samba-3.0.33-3.7.el5

3.（　　）命令允许 198.168.0.0/24 访问 samba 服务器。

A. hosts enable = 198.168.0.　　B. hosts allow = 198.168.0.

C. hosts accept = 198.168.0.　　D. hosts accept = 198.168.0.0/24

4. 启动 samba 服务时，（　　）是必须运行的端口监控程序。

A. nmbd　　B. lmbd　　C. mmbd　　D. smbd

5. 下面列出的服务器类型中，（　　）可以使用户在异构网络操作系统之间进行文件系统共享。

A. FTP　　B. samba　　C. DHCP　　D. Squid

6. samba 服务的密码文件是（　　）。

A. smb.conf　　B. samba.conf　　C. smbpasswd　　D. smbclient

7. 利用（　　）命令可以对 samba 的配置文件进行语法测试。

A. smbclient　B. smbpasswd　C. testparm　D. smbmount

8. 可以通过设置条目（　　）来控制访问 samba 共享服务器的合法主机名。

A. allow hosts　B. valid hosts　C. allow　D. publics

9. samba 的主配置文件中不包括（　　）。

A. global 参数　B. directory shares 部分

C. printers shares 部分　D. applications shares 部分

三、简答题

1. 简述 samba 服务器的应用环境。
2. 简述 samba 的工作流程。
3. 简述基本的 samba 服务器搭建流程的 5 个主要步骤。

10.7 实践习题

1. 公司需要配置一台 samba 服务器，工作组名为 smile，共享目录为/share，共享名为 public，该共享目录只允许 192.168.10.0/24 网段员工访问。请给出实现方案并上机调试。

2. 公司有多个部门，因工作需要，必须分门别类地建立相应部门的目录。要求将技术部的资料存放在 samba 服务器的/companydata/tech 目录下集中管理，以便技术部员工浏览，并且该目录只允许技术部员工访问。请给出实现方案并上机调试。

3. 配置 samba 服务器，要求如下：samba 服务器上有一个 tech1 目录，此目录只有 boy 用户可以浏览和访问，其他用户都不可以浏览和访问。请灵活使用独立配置文件，给出实现方案并上机调试。

4. 上机完成任务 10-4 和任务 10-5。

项目11 配置与管理DHCP服务器

11

项目导入

在网络中计算机比较多的情况下，为整个网络的上百台机器逐一配置 IP 地址、默认网关等，绝不是轻松的工作。为了更方便、快捷地完成这些工作，很多时候会采用动态主机配置协议（Dynamic Host Configuration Protocol，DHCP）来自动为客户端配置 IP 地址、默认网关等。

在完成本项目设计之前，首先应当对整个网络进行规划，确定网段的划分，以及每个网段可能的主机数量等信息。

职业能力目标

- 了解 DHCP 服务器在网络中的作用。
- 理解 DHCP 的工作过程。
- 掌握 DHCP 服务器的基本配置方法。
- 掌握 DHCP 客户端的配置和测试方法。

素养目标

- 了解超级计算机的概念、特点，理解超级计算机是国家科技发展水平和综合国力的重要标志。增强民族自豪感和自信心，激发创新意识。
- “三更灯火五更鸡，正是男儿读书时。黑发不知勤学早，白首方悔读书迟。”祖国的发展日新月异，我们拿什么报效祖国？唯有勤奋学习，惜时如金，才无愧盛世年华。

11.1 项目知识准备

DHCP 是一个用于局域网的网络协议，它使用用户数据报协议（User Datagram Protocol，UDP）进行工作，其主要有两个用途：一是用于内部网络或网络服务供应商自动分配 IP 地址；二是用于内部网络管理员对所有计算机进行中央管理。

11.1.1 DHCP 服务器概述

DHCP 基于客户端/服务器模式，DHCP 客户端在启动时，会自动与 DHCP 服务器通信，要求 DHCP 服务器提供自动分配 IP 地址的服务，而安装了 DHCP 服务软件的服务器则会响应这个要求。

DHCP 是一个简化主机 IP 地址分配管理的 TCP/IP，用户可以利用 DHCP 服务器管理动态的 IP 地址分配及其他相关的环境配置工作，如 DNS 服务器、Windows 网络名称服务（Windows Internet Name Service，WINS）服务器、网关（gateway）的设置。

在 DHCP 机制中，DHCP 系统可以分为服务器和客户端两个部分：服务器使用固定的 IP 地址，在局域网中扮演着给客户端提供动态 IP 地址、DNS 配置和网关配置的角色；客户端与 IP 地址相关的配置都在启动时由服务器自动分配。

11.1.2 DHCP 的工作过程

DHCP 客户端和服务器申请 IP 地址、获得 IP 地址的工作过程一般分为 4 个阶段，如图 11-1 所示。

1. DHCP 客户端发送 IP 地址租用请求

当客户端启动网络时，由于网络中的每台机器都需要有一个地址，所以此时的计算机 TCP/IP 地址与 0.0.0.0 绑定在一起。它会发送一个“DHCP Discover”（DHCP 发现）广播信息包到本地子网。该信息包发送给 UDP 端口 67，即 DHCP/BOOTP 服务器端口。

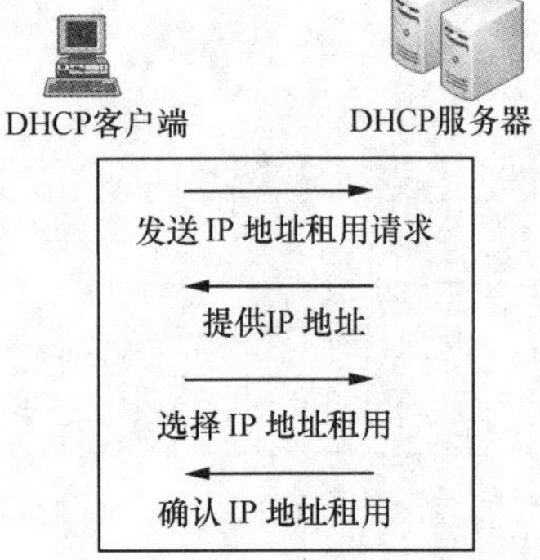

图 11-1　DHCP 的工作过程

2. DHCP 服务器提供 IP 地址

本地子网的每一个 DHCP 服务器都会接收“DHCP Discover”信息包。每个接收到请求的 DHCP 服务器都会检查它是否有可以提供给请求客户端的有效空闲地址，如果有，则以“DHCP Offer”（DHCP 提供）信息包作为响应。该信息包包括有效的 IP 地址、子网掩码、DHCP 服务器的 IP 地址、租用期限，以及其他有关 DHCP 范围的详细配置。所有发送“DHCP Offer”信息包的服务器将保留它们提供的这个 IP 地址（该地址暂时不能分配给其他的客户端）。“DHCP Offer”信息包发送到 UDP 端口 68，即 DHCP/BOOTP 客户端端口。响应是以广播的方式发送的，因为客户端没有能直接寻址的 IP 地址。

3. DHCP 客户端选择 IP 地址租用

客户端通常对第一个“DHCP Offer”产生响应，并以广播的方式发送“DHCP Request”（DHCP 请求）信息包作为回应。该信息包告诉服务器：“是的，我想让你给我提供服务。我接受你给我的租用期限。”另外，一旦信息包以广播方式发送，网络中的所有 DHCP 服务器都可以看到该信息包，那些“DHCP Offer”没有被客户端响应的 DHCP 服务器将保留的 IP 地址返回给它的可用地址池。客户端还可利用“DHCP Request”询问服务器的其他配置选项，如 DNS 服务器或网关地址。

4. DHCP 服务器确认 IP 地址租用

当服务器接收到“DHCP Request”信息包时，它以一个“DHCP Acknowledge”（DHCP 确认）信息包作为响应。该信息包提供了客户端请求的所有其他信息，并且也是以广播方式发送的。该信息包告诉客户端:“一切已经准备好了。记住你只能在有限时间内租用该地址，而不能永久占据！好了，以下是你询问的其他信息。”

> **注意** 客户端发送“DHCP Discover”后，如果没有 DHCP 服务器响应客户端的请求，则客户端会随机使用 169.254.0.0/16 网段中的一个 IP 地址配置本机地址。

11.1.3 DHCP 服务器分配给客户端的 IP 地址类型

在客户端向 DHCP 服务器申请 IP 地址时，服务器并不总是给它一个动态的 IP 地址，而是根据实际情况决定。

1. 动态 IP 地址

客户端从 DHCP 服务器取得的 IP 地址一般都不是固定的，每次都可能不一样。在 IP 地址有限的企业内，动态 IP 地址可以最大化地达到资源的有效利用。它的利用原理并不是为每个员工同时提供 IP 地址（因为他们并不一定会同时上线），而是优先为上线的员工提供 IP 地址，员工离线之后再收回 IP 地址。

2. 静态 IP 地址

客户端从 DHCP 服务器取得的 IP 地址也并不总是动态的。例如，有的企业除了员工用计算机外，还有数量不少的服务器，这些服务器如果也使用动态 IP 地址，则不但不利于管理，而且客户端访问起来也不方便。该怎么办呢？我们可以设置 DHCP 服务器记录特定计算机的 MAC 地址，然后为每个 MAC 地址分配一个固定的 IP 地址。

至于如何查询网卡的 MAC 地址，根据网卡是本机还是远程计算机，采用的方法也有所不同。

> **小资料** 什么是 MAC 地址？MAC 地址也叫作物理地址或硬件地址，是由网络设备制造商生产时写在硬件内部的地址（网络设备的 MAC 地址都是唯一的）。在 TCP/IP 网络中，从表面上看是通过 IP 地址进行数据传输，但实际上最终是通过 MAC 地址来区分不同节点的。

（1）查询本机网卡的 MAC 地址。

这个功能使用 ifconfig 命令很容易实现。

（2）查询远程计算机网卡的 MAC 地址。

TCP/IP 网络通信最终要用到 MAC 地址，而使用 ping 命令就可以获取对方的 MAC 地址信息，只不过它不会将信息显示出来，要借助其他工具来完成。

```
root@Server01:~#  ifconfig
root@Server01:~#  ping  -c  1 192.168.10.21   //ping 远程计算机 1 次
root@Server01:~#  arp  -n                     //查询缓存在本地的远程计算机中的 MAC 地址
```

11.2 项目设计与准备

11.2.1 项目设计

部署 DHCP 之前应该先进行规划，明确哪些 IP 地址需要自动分配给客户端（作用域中应包含的 IP 地址），哪些 IP 地址需要手动指定给特定的服务器。例如，在本项目中，IP 地址要求如下。

① 适用的网络是 192.168.10.0/24，网关为 192.168.10.254。

② 192.168.10.1～192.168.10.30 网段地址是服务器的固定地址。

③ 客户端可以使用的地址段为 192.168.10.31～192.168.10.200，但其中的 192.168.10.105、192.168.10.107 为保留地址。

注意 手动配置的 IP 地址一定要排除保留地址，或者直接采用地址池以外的可用 IP 地址，否则会造成 IP 地址冲突。

11.2.2 项目准备

部署 DHCP 服务应满足下列需求。

（1）安装一台 DHCP 服务的 Ubuntu 系统。

（2）DHCP 服务器的 IP 地址、子网掩码、DNS 服务器等 TCP/IP 参数必须手动指定，否则将不能为客户端分配 IP 地址。

（3）DHCP 服务器必须拥有一组有效的 IP 地址，以便自动分配给客户端。

（4）如果不特别指出，则所有 Linux 虚拟机的网络连接模式都选择 NAT 模式，如图 11-2 所示。

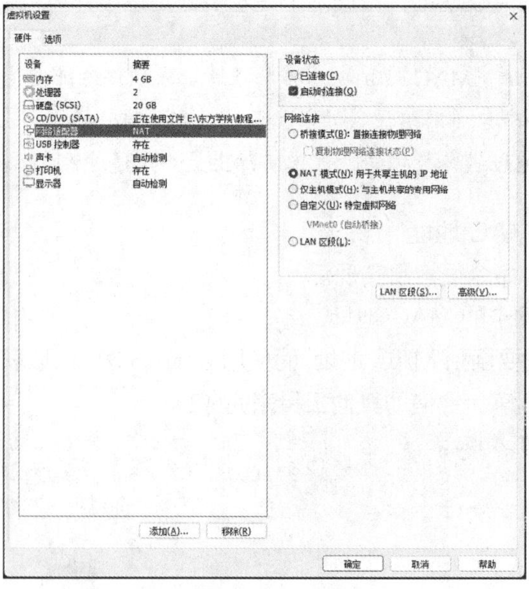

图 11-2　Linux 虚拟机的网络连接模式

（5）在 NAT 模式下，VMnet8 虚拟网卡默认启用了 DHCP 服务，为了保证后续任务能够顺利完成，需要先关闭 VMnet8 的 DHCP 服务，具体设置如图 11-3 所示。

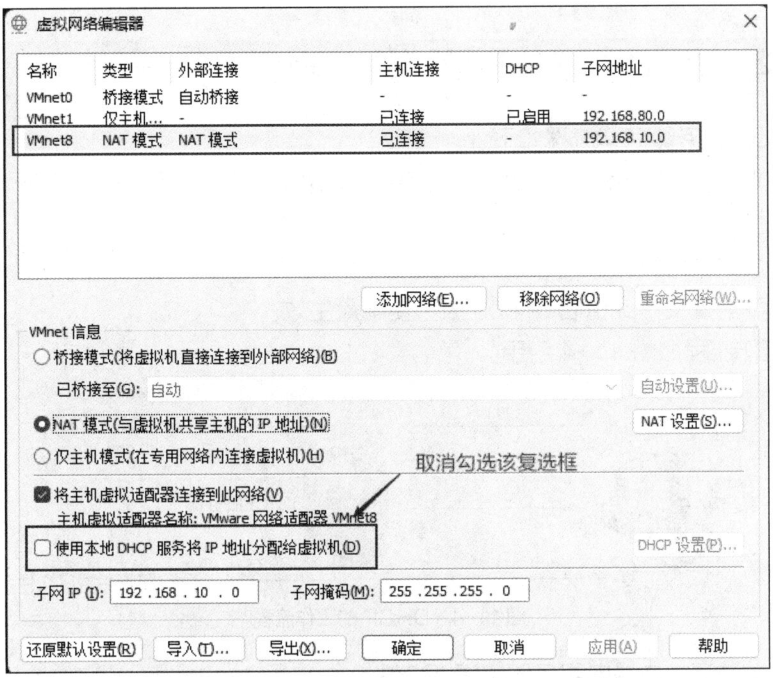

图 11-3 关闭 VMnet8 的 DHCP 服务的具体设置

（6）本项目要用到 Server01、Client1、Client2 和 Client3，设备情况如表 11-1 所示。

表 11-1 DHCP 服务器和客户端使用的设备情况

主 机 名	操作系统	IP 地址	网络连接模式
DHCP 服务器：Server01	Ubuntu 22.04	192.168.10.1	NAT 模式
Linux 客户端：Client1	Ubuntu 22.04	自动获取	NAT 模式
Linux 客户端：Client2	Ubuntu 22.04	保留地址	NAT 模式
Windows 客户端：Client3	Windows 10	自动获取	NAT 模式

11.3 项目实施

11-1

配置与管理 DHCP 服务器

任务 11-1 在服务器 Server01 上安装 DHCP 服务器

在 Ubuntu 中安装 DHCP 服务器的命令如下。

```
root@Server01:~# apt install isc-dhcp-server -y
正在读取软件包列表... 完成
正在分析软件包的依赖关系树... 完成
正在读取状态信息... 完成
...
```

```
system/isc-dhcp-server6.service.
正在处理用于 libc-bin (2.35-0ubuntu3.1) 的触发器 ...
正在处理用于 man-db (2.10.2-1) 的触发器 ...
```

任务 11-2 熟悉 DHCP 主配置文件

基本的 DHCP 服务器搭建流程如下。

（1）编辑主配置文件/etc/dhcp/dhcpd.conf，指定 IP 地址作用域（指定一个或多个 IP 地址范围）。

（2）建立租用数据库文件。

（3）重新加载配置文件或重启 dhcpd 服务使配置生效。

DHCP 的工作流程如图 11-4 所示。

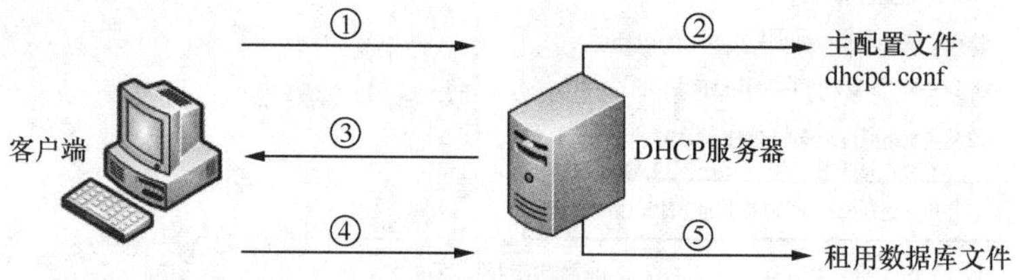

图 11-4　DHCP 的工作流程

（1）客户端发送请求广播向服务器申请 IP 地址。

（2）服务器收到请求后查看主配置文件 dhcpd.conf，先根据客户端的 MAC 地址查看是否为客户端设置了固定 IP 地址。

（3）如果为客户端设置了固定 IP 地址，则将该 IP 地址发送给客户端。如果没有设置固定 IP 地址，则将地址池中的 IP 地址发送给客户端。

（4）客户端收到服务器响应后，再给予服务器响应，告诉服务器已经使用了分配的 IP 地址。

（5）服务器将相关租用信息存入租用数据库文件。

1. 主配置文件 dhcpd.conf

（1）复制样例文件到主配置文件。

默认主配置文件在/etc/dhcp/dhcpd.conf 中，在进行配置之前应对配置文件进行备份，由于配置文件中注释部分较多，所以可以使用正则表达式，保留非注释行，便于后续进行配置和理解。具体命令如下所示。

```
root@Server01:~# cp  /usr/share/doc/dhcp-server/dhcpd.conf.example /etc/dhcp/
dhcpd.conf
root@Server01:~# grep -v "^#" /etc/dhcp/dhcpd.conf.bak > /etc/dhcp/dhcpd.conf
root@Server01:~# cat /etc/dhcp/dhcpd.conf
option domain-name "example.org";
option domain-name-servers ns1.example.org, ns2.example.org;
default-lease-time 600;
max-lease-time 7200;
ddns-update-style none;
```

（2）dhcpd.conf 主配置文件的组成部分如下。

- parameters（参数）。
- declarations（声明）。
- option（选项）。

（3）主配置文件 dhcpd.conf 的整体框架。

dhcpd.conf 包括全局配置和局部配置。

全局配置可以包含参数或选项，这种配置对整个 DHCP 服务器生效。

局部配置通常由声明部分表示，这种配置仅对局部生效，例如，只对某个 IP 地址作用域生效。

dhcpd.conf 文件的格式为：

```
#全局配置
参数或选项;                        #全局生效
#局部配置
声明 {
      参数或选项;                  #局部生效
     }
```

DHCP 范本配置文件内容包含部分参数或选项，以及声明的用法，其中注释部分可以放在任何位置，并以“#”开头，当一行内容写完时，以“;”结束，花括号所在行除外。

可以看出，整个配置文件分成全局和局部两个部分，但是并不容易看出哪些属于参数，哪些属于声明和选项。

2. 常用参数

参数主要用于设置服务器和客户端的动作或者用于判断是否执行某些任务，如设置 IP 地址租用时间、是否检查客户端使用的 IP 地址等。dhcpd 服务程序配置文件中的常用参数及其作用如表 11-2 所示。

表 11-2　dhcpd 服务程序配置文件中的常用参数及其作用

参　数	作　用
ddns-update-style [类型]	定义 DNS 服务器动态更新的类型，类型包括 none（不支持动态更新）、interim（互动更新模式）与 ad-hoc（特殊更新模式）
[allow | ignore] client-updates	允许/忽略客户端更新 DNS 记录
default-lease-time 600	默认超时时间，单位是 s
max-lease-time 7200	最大超时时间，单位是 s
option domain-name-servers 192.168.10.1	定义 DNS 服务器地址
option domain-name "domain.org"	定义域名
range 192.168.10.10　192.168.10.100	定义用于分配的 IP 地址池
option subnet-mask 255.255.255.0	定义客户端的子网掩码
option routers 192.168.10.254	定义客户端的网关地址
option broadcast-address 192.168.10.255	定义客户端的广播地址
ntp-server　192.168.10.1	定义客户端的 NTP 服务器
nis-servers　192.168.10.1	定义客户端的网络信息服务（Network Information Service，NIS）的地址

续表

参　　数	作　　用
hardware　00:0c:29:03:34:02	指定网卡接口的类型与 MAC 地址
server-name　mydhcp.smile60.cn	向 DHCP 客户端通知 DHCP 服务器的主机名
fixed-address　192.168.10.105	将某个固定的 IP 地址分配给指定主机
time-offset [偏移误差]	指定客户端与格林尼治时间的偏移误差

3. 常用声明

声明一般用来指定 IP 地址作用域、定义为客户端分配的 IP 地址池等。

声明格式如下。

```
声明 {
        选项或参数;
            }
```

常用声明的使用方式如下。

（1）subnet 网络号 netmask 子网掩码 {……}。

作用：定义作用域，指定子网。

```
subnet  192.168.10.0   netmask   255.255.255.0  {
                    ……
                                             }
```

注意　网络号至少要与 DHCP 服务器的其中一个网络号相同。

（2）range dynamic-bootp　起始 IP 地址　结束 IP 地址。

作用：指定动态 IP 地址范围。

```
range dynamic-bootp   192.168.10.100   192.168.10.200
```

注意　可以在 subnet 声明中指定多个 range，但多个 range 定义的 IP 地址范围不能重复。

4. 常用选项

选项通常用来配置 DHCP 客户端的可选参数，如定义其 DNS 地址、默认网关等。选项内容都是以 option 关键字开始的。

常用选项的使用方式如下。

（1）option routers　IP 地址。

作用：为客户端指定默认网关。

```
option routers   192.168.10.254
```

（2）option subnet-mask　子网掩码。

作用：设置客户端的子网掩码。

```
option subnet-mask    255.255.255.0
```

（3）option domain-name-servers　IP 地址。

作用：为客户端指定 DNS 服务器地址。

```
option  domain-name-servers    192.168.10.1
```

> **注意** （1）~（3）项可以用在全局配置中，也可以用在局部配置中。

5. IP 地址绑定

DHCP 中的 IP 地址绑定用于给客户端分配固定 IP 地址。例如，当服务器需要使用固定 IP 地址时就可以使用 IP 地址绑定，通过 MAC 地址与 IP 地址的对应关系为指定的物理地址计算机分配固定 IP 地址。

整个配置过程需要用到 host 声明和 hardware、fixed-address 参数。

（1）host　　主机名 {……}。

作用：用于定义保留地址。例如：

```
host  computer1{……}
```

> **注意** 该项通常搭配 subnet 声明使用。

（2）hardware 类型 硬件地址。

作用：定义网络接口类型和硬件地址。常用类型为以太网（ethernet），硬件地址为 MAC 地址。例如：

```
hardware  ethernet  3a:b5:cd:32:65:12
```

（3）fixed-address　　IP 地址。

作用：定义 DHCP 客户端指定的 IP 地址。

```
fixed-address   192.168.10.105
```

> **注意** （2）、（3）项只能用于 host 声明中。

6. 租用数据库文件

租用数据库文件用于保存一系列的租用声明，其中包含客户端的主机名、MAC 地址、分配到的 IP 地址，以及 IP 地址的有效期等相关信息。这个租用数据库文件是可编辑的 ASCII 格式文本文件。每当租约有变化时，都会在租用数据库文件结尾添加新的租用记录。

DHCP 服务器刚安装好时，租用数据库文件 dhcpd.leases 是空文件。

当 DHCP 服务器正常运行时，就可以使用 cat 命令查看租用数据库文件内容了。

```
cat   /var/lib/dhcpd/dhcpd.leases
```

任务 11-3　配置 DHCP 服务器的应用实例

现在学习一个简单的应用实例。

1. 实例需求

技术部有 60 台计算机，各台计算机的 IP 地址要求如下。

（1）DHCP 服务器和 DNS 服务器的地址都是 192.168.10.1/24，有效 IP 地址段为 192.168.10.1～192.168.10.254，子网掩码是 255.255.255.0，网关为 192.168.10.254。

（2）192.168.10.1～192.168.10.30 网段地址是服务器的固定地址。

（3）客户端可以使用的地址段为 192.168.10.31～192.168.10.200，但 192.168.10.105、192. 168.10.107 为保留地址，其中 192.168.10.105 保留给 Client2。

（4）客户端 Client1 模拟所有的其他客户端，它采用自动获取方式配置 IP 地址等信息。

2. 网络环境搭建

Linux 服务器和客户端的地址及 MAC 地址信息如表 11-3 所示（可以使用 VMware 的“克隆”技术快速安装需要的 Linux 客户端，**MAC 地址因读者计算机的不同而不同**）。

表 11-3　Linux 服务器和客户端的地址及 MAC 地址信息

主　机　名	操 作 系 统	IP 地址	MAC 地址
DHCP 服务器：Server01	Ubuntu 22.04	192.168.10.1	00:0c:29:10:e7:b4
Linux 客户端：Client1	Ubuntu 22.04	自动获取	00:0c:29:6f:07:51
Linux 客户端：Client2	Ubuntu 22.04	保留地址	00:0c:29:8e:6d:60
Windows 客户端：Client3	Windows 10	自动获取	00:0c:29:46:76:FD

3 台安装了 Ubuntu 22.04 的计算机，其网络连接模式都设为 NAT 模式，其中，一台作为服务器，两台作为客户端。

3. 服务器配置

（1）定制全局配置和局部配置。局部配置需要把 192.168.10.0/24 声明出来，然后在该声明中指定一个 IP 地址池，范围为 192.168.10.31～192.168.10.200，但要去掉 192.168.10.105 和 192.168.10.107，其他的 IP 地址可分配给客户端使用。注意 range 的写法！

（2）要保证使用固定 IP 地址，就要在 subnet 声明中嵌套 host 声明，目的是单独为 Client2 设置固定 IP 地址，并在 host 声明中加入 IP 地址和 MAC 地址绑定的选项，以申请固定 IP 地址。

使用 **vim /etc/dhcp/dhcpd.conf** 命令可以编辑 DHCP 配置文件，全部配置文件的内容如下。

```
ddns-update-style none;
log-facility local7;
subnet 192.168.10.0 netmask 255.255.255.0 {
  range 192.168.10.31 192.168.10.104;
  range 192.168.10.106 192.168.10.106;
  range 192.168.10.108 192.168.10.200;
  option domain-name-servers 192.168.10.1;
  option domain-name "myDHCP.smile60.cn";
  option routers 192.168.10.254;
  option broadcast-address 192.168.10.255;
  default-lease-time 600;
  max-lease-time 7200;
}
```

```
host    Client2{
        hardware ethernet 00:0c:29:8e:6d:60;
#注意，这里为 Client2 的 MAC 地址，读者注意按照自己的计算机进行修改
        fixed-address 192.168.10.105;
}
```

（3）配置完成保存并退出，启动 DHCP 服务，并查看 DHCP 服务状态。

```
root@Server01:~# systemctl start isc-dhcp-server         #启动 DHCP 服务
root@Server01:~# systemctl restart isc-dhcp-server       #重启 DHCP 服务测试
root@Server01:~# systemctl is-active isc-dhcp-server     #查看 DHCP 服务是否激活
active
root@Server01:~# systemctl status isc-dhcp-server        #查看 DHCP 服务状态
● isc-dhcp-server.service - ISC DHCP IPv4 server
     Loaded: loaded (/lib/systemd/system/isc-dhcp-server.service; enabled; vendor >
     Active: active (running) since Tue 2023-03-14 10:02:19 CST; 19s ago
       Docs: man:dhcpd(8)
   Main PID: 3034 (dhcpd)
      Tasks: 4 (limit: 4573)
     Memory: 4.9M
        CPU: 9ms
     CGroup: /system.slice/isc-dhcp-server.service
             └─3034 dhcpd -user dhcpd -group dhcpd -f -4 -pf /run/dhcp-server/
dhcp>
...
3月 8 10:02:19 Server01 dhcpd[3034]: Sending on   LPF/ens33/00:0c:29:10:e7:b4/ 192>
3月 8 10:02:19 Server01 dhcpd[3034]: Sending on   Socket/fallback/fallback-net
3月 8 10:02:19 Server01 dhcpd[3034]: Server starting service.
```

特别注意 如果 DHCP 服务启动失败，则可以使用 dhcpd 命令排错。

可能的错误如下。

① 配置文件有问题。

- 内容不符合语法结构，如缺少分号。
- 声明的子网和子网掩码不匹配。

② 主机 IP 地址和声明的子网不在同一网段。

③ 主机没有配置 IP 地址。

4. 在客户端 Client1 上进行测试

注意 在真实网络中，应该不会出现客户端获取错误的动态 IP 地址的问题。但如果使用的是 VMware 12 或其他类似的版本，则虚拟机中的 DHCP 客户端可能会获取到 192.168.79.0 网络中的一个地址，与我们的预期目标不符。这时需要关闭 VMnet8 和 VMnet1 的 DHCP 服务功能。

打开系统网络配置界面，如图 11-5 所示，在其中先关闭“有线”，然后打开“有线”，再单

击小齿轮⚙按钮。在弹出的“有线”对话框中选择“IPv4”选项卡，并设置 IPv4 方式为“自动(DHCP)”，然后单击右上角的“应用”按钮，如图 11-6 所示，输入密码进行“认证”，认证完成后打开网络配置界面，显示“已连接”后，再次单击小齿轮⚙按钮，这时看到图 11-7 所示的结果：Client1 成功获取了 DHCP 服务器地址池的一个 IP 地址。

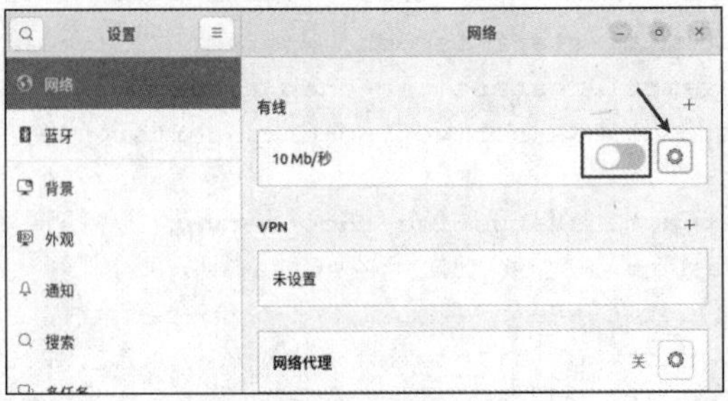

图 11-5　网络配置界面

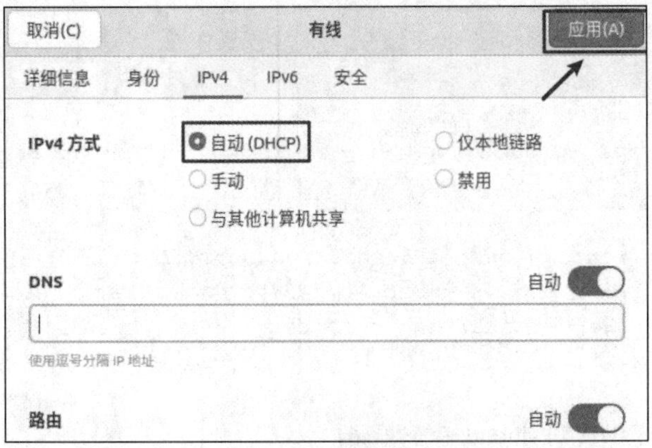

图 11-6　设置“自动（DHCP）”

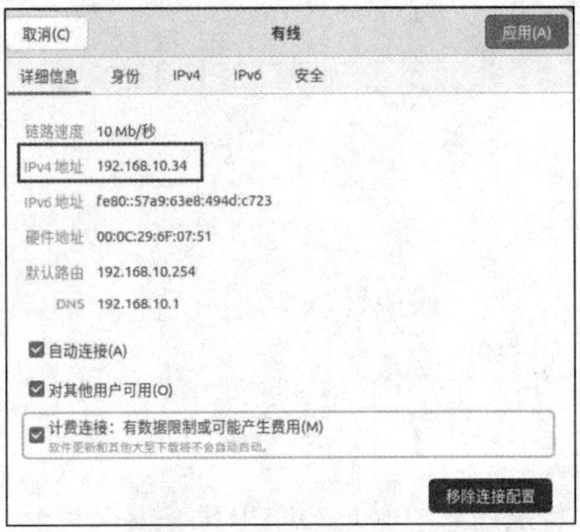

图 11-7　成功获取 IP 地址

5. 在客户端 Client2 上进行测试

同样以 root 用户身份登录名为 Client2 的 Linux 客户端，按前文“4. 在客户端 Client1 上进行测试”的方法，设置 Client2，使其自动获取 IP 地址，最后的结果如图 11-8 所示。

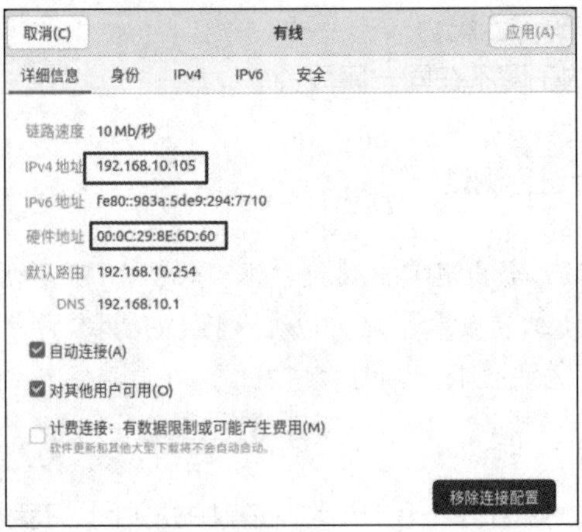

图 11-8　客户端 Client2 成功获取 IP 地址

6. Windows 客户端配置（Client3）

（1）Windows 客户端配置比较简单，在 TCP/IP 属性中设置自动获取即可。

（2）在 Windows 命令提示符下，利用 ipconfig 命令可以释放 IP 地址，然后重新获取 IP 地址，结果如图 11-9 所示。

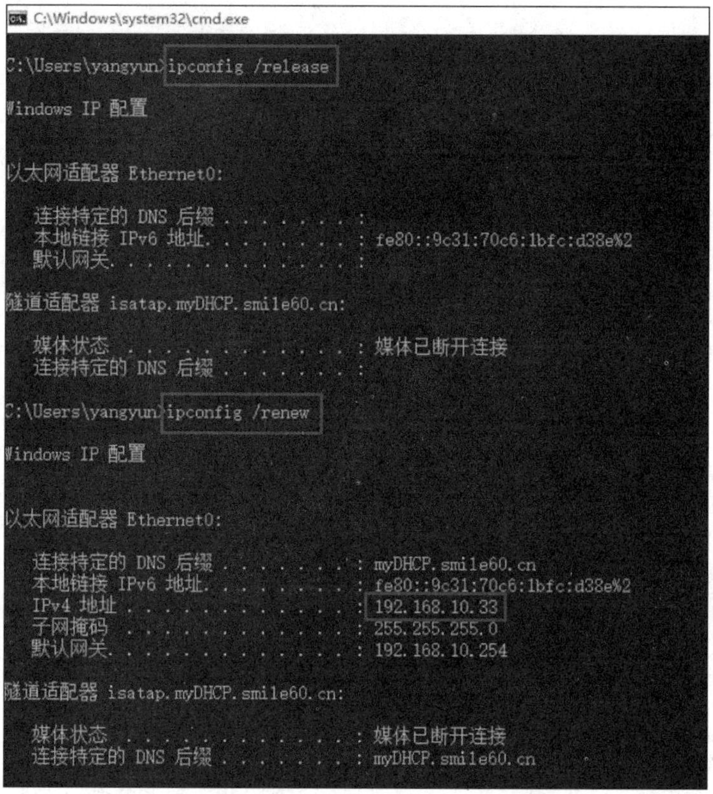

图 11-9　客户端 Client3 成功获取 IP 地址

相关命令如下。

- 释放 IP 地址：ipconfig　/release。
- 重新申请 IP 地址：ipconfig　/renew。

11.4 拓展阅读　中国的超级计算机

你知道全球超级计算机 500 强榜单吗？你知道我国目前的水平吗？

全球超级计算机 500 强榜单始于 1993 年，每半年发布一次，是给全球已安装的超级计算机排名的知名榜单。

由国际组织“TOP500”编制的新一期全球超级计算机 500 强榜单于 2020 年 6 月 23 日揭晓。榜单显示，在全球浮点运算性能最强的 500 台超级计算机中，我国部署的超级计算机数量继续位列全球第一，达到 226 台，占总体份额超过 45%；“神威太湖之光”和“天河二号”分列榜单第四、第五位。我国厂商联想、曙光、浪潮是全球前三名的“超算”供应商，总交付数量达到 312 台，所占份额超过 62%。

11.5 项目实训 配置与管理 DHCP 服务器

1. 项目背景

某企业计划构建一台 DHCP 服务器来解决 IP 地址动态分配的问题，要求它能够分配 IP 地址，以及网关、DNS 等其他网络属性信息。

（1）配置基本 DHCP 服务器。

企业 DHCP 服务器和 DNS 服务器的 IP 地址均为 192.168.10.1，DNS 服务器的域名为 dns.long60.cn，默认网关地址为 192.168.10.254。

将 IP 地址 192.168.10.10/24～192.168.10.200/24 用于自动分配，将 IP 地址 192.168.10.100/24～192.168.10.120/24、192.168.10.10/24、192.168.10.20/24 排除，预留给需要手动指定 TCP/IP 参数的服务器，将 192.168.10.200/24 用作预留地址等。DHCP 服务器搭建网络拓扑如图 11-10 所示。

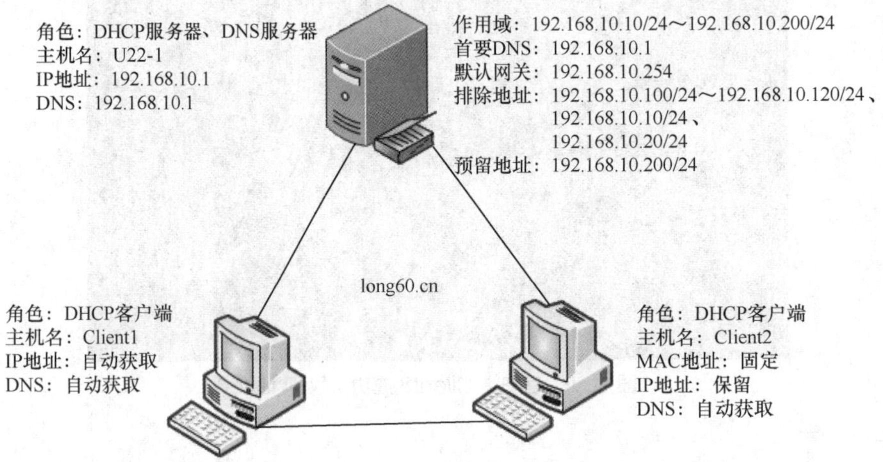

图 11-10 DHCP 服务器搭建网络拓扑

（2）配置 DHCP 超级作用域。

随着企业规模的扩大，企业网络中的设备增多，现有的 IP 地址无法满足网络的需求，需要添加可用的 IP 地址。而超级作用域允许管理员将特定子网的配置信息集中管理，以确保网络中的设备能够正确获取 IP 地址等信息。因此企业可以使用超级作用域增加 IP 地址，在 DHCP 服务器上添加新的作用域，使用 192.168.20.0/24 网段扩展网络地址的范围。该企业配置的 DHCP 超级作用域网络拓扑如图 11-11 所示（注意各虚拟机网卡的不同网络连接模式）。

GW1 是网关服务器，可以由带两块网卡的 Ubuntu 22 充当，这两块网卡分别连接虚拟机的 VMnet1 和 VMnet2。DHCP1 是 DHCP 服务器，作用域 1 的有效 IP 地址段为 192.168.10.10/24～192.168.10.200/24，默认网关是 192.168.10.254；作用域 2 的有效 IP 地址段为 192.168.20.10/24～192.168.20.200/24，默认网关是 192.168.20.254。

两台客户端分别连接到虚拟机的 VMnet1 和 VMnet2，DHCP 客户端的 IP 地址和默认网关的获取方式是自动获取。

DHCP 客户端 1 应该获取 192.168.10.0/24 网络中的 IP 地址，网关是 192.168.10.254。

DHCP 客户端 2 应该获取 192.168.20.0/24 网络中的 IP 地址，网关是 192.168.20.254。

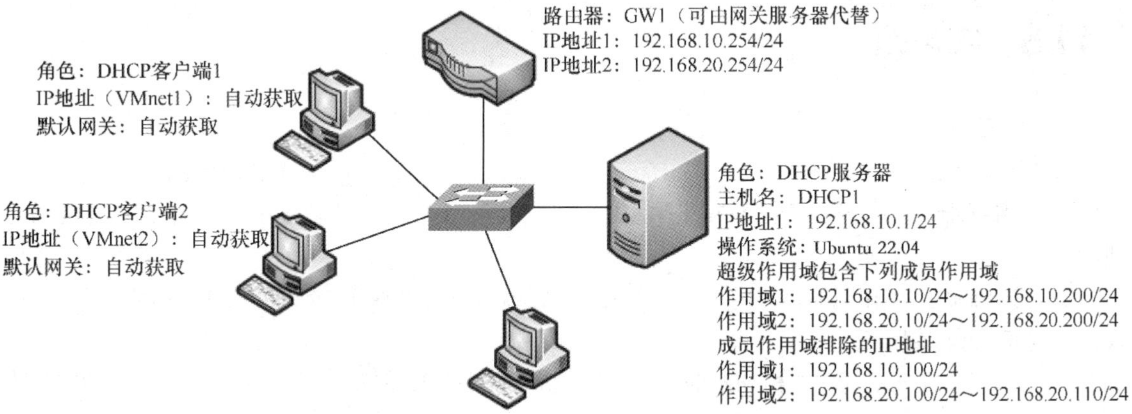

图 11-11　配置 DHCP 超级作用域网络拓扑

（3）配置 DHCP 中继代理。

企业内部存在两个子网，分别为 192.168.10.0/24、192.168.20.0/24，现在需要使用一台 DHCP 服务器为这两个子网客户机分配 IP 地址。该企业配置 DHCP 中继代理网络拓扑如图 11-12 所示。

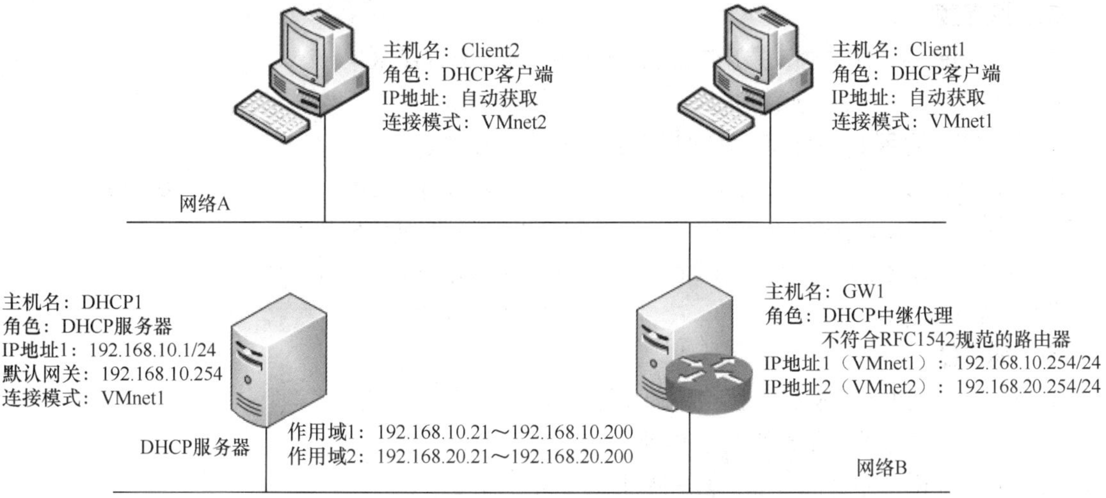

图 11-12　配置 DHCP 中继代理网络拓扑

2. 深度思考

思考以下几个问题。

（1）DHCP 软件包中哪些是必需的？哪些是可选的？

（2）DHCP 服务器的范本文件如何获得？

（3）如何设置保留地址？设置 host 声明有何要求？

（4）超级作用域的作用是什么？

（5）配置中继代理要注意哪些问题?

3. 做一做

完成项目实训，检查学习效果。

11.6 练习题

一、填空题

1. DHCP 工作过程包括________、________、________、________4 种信息包。

2. 如果 DHCP 客户端无法获得 IP 地址，将自动从________地址段中选择一个作为自己的地址。

3. 在 Windows 环境下，使用________命令可以查看 IP 地址配置，释放 IP 地址使用________命令，续租 IP 地址使用________命令。

4. DHCP 是一个简化主机 IP 地址分配管理的 TCP/IP，其英文全称是________，中文名称为________。

5. 当客户端注意到它的租用期到了________以上时，就要更新该租用期。这时它发送一个________信息包给它所获得原始信息的服务器。

6. 当租用期达到期满时间的近________时，客户端如果在前一次请求中没能更新租用期的话，则它会再次试图更新租用期。

7. 配置 Linux 客户端需要修改网卡配置文件，将 BOOTPROTO 项设置为________。

二、选择题

1. TCP/IP 中，哪个协议是用来进行 IP 地址自动分配的？（　　）

A. ARP　　B. NFS　　C. DHCP　　D. DNS

2. DHCP 租用数据库文件默认保存在（　　）目录中。

A. /etc/dhcp　　B. /etc　　C. /var/log/dhcp　　D. /var/lib/dhcpd

3. 配置完 DHCP 服务器，运行（　　）命令可以启动 DHCP 服务。

A. systemctl start dhcpd.service　　B. systemctl start dhcpd

C. start dhcpd　　D. dhcpd on

三、简答题

1. 动态 IP 地址方案有什么优点和缺点？简述 DHCP 的工作过程。

2. 简述 IP 地址租用和更新的全过程。

3. 简述 DHCP 服务器分配给客户端的 IP 地址类型。

11.7 实践习题

1. 建立 DHCP 服务器，为子网 A 内的客户机提供 DHCP 服务。具体参数如下。

- IP 地址段：192.168.11.101～192.168.11.200。
- 子网掩码：255.255.255.0。
- 网关地址：192.168.11.254。

- DNS 服务器：192.168.10.1。
- 子网所属域的名称：smile60.cn。
- 默认租用有效期：1 天。
- 最大租用有效期：3 天。

请写出详细解决方案，并上机实现。

2. 配置 DHCP 服务器超级作用域。

在企业内部建立 DHCP 服务器，网络规划采用单作用域结构，使用 192.168.8.0/24 网段的 IP 地址。随着企业规模扩大，企业网络中的设备增多，现有的 IP 地址无法满足网络的需求，需要添加可用的 IP 地址。这时可以使用超级作用域增加 IP 地址，在 DHCP 服务器上添加新的作用域，使用 192.168.9.0/24 网段扩展网络地址的范围。

请写出详细解决方案，并上机实现。

项目12
配置与管理DNS服务器

12

项目导入

某高校组建了校园网，为了使校园网中的计算机可以简单、快捷地访问本地网络及互联网上的资源，需要在校园网中架设 DNS 服务器，以将域名转换成 IP 地址。在完成本项目设计之前，首先应当确定网络中 DNS 服务器的部署环境，明确 DNS 服务器的各种角色及其作用。

职业能力目标

- 理解 DNS 的域名空间结构。
- 掌握 DNS 查询模式。
- 掌握 DNS 域名解析过程。
- 掌握常规 DNS 服务器的安装与配置方法。

素养目标

- 明确职业技术岗位所需的职业规范和精神，树立正确的社会主义核心价值观。
- 坚定文化自信。“博学之，审问之，慎思之，明辨之，笃行之。”青年学生要讲究学习方法，珍惜现在的时光，做到不负韶华。

12.1 项目知识准备

域名服务（Domain Name Service，DNS）是互联网/局域网中最基础但非常重要的一项服务，它提供了网络访问中域名和 IP 地址相互转换的服务。

12.1.1 域名空间

DNS 是一个分布式数据库，命名系统采用层次的逻辑结构，如同一棵倒置的树。这个逻辑的树形结构称为域名空间。由于 DNS 划分了域名空间，所以各机构可以使用自己的域名空间创建 DNS 信息。域名空间的结构如图 12-1 所示。

注意 在域名空间中，DNS 树的最大深度不得超过 127 层，树中每个节点最多可以存储 63 个字符。

DNS 树的每个节点代表一个域，通过这些节点，可以对整个域名空间进行划分，使之形成层次结构。域名空间的每个域的名字通过域名表示。域名通常由一个完全正式域名（Fully Qualified Domain Name，FQDN）标识。FQDN 能准确表示出其相对于 DNS 树根的位置，也就是节点到 DNS 树根的完整表述方式：从节点到树根采用反向书写的方式，并将每个节点用“.”分隔。

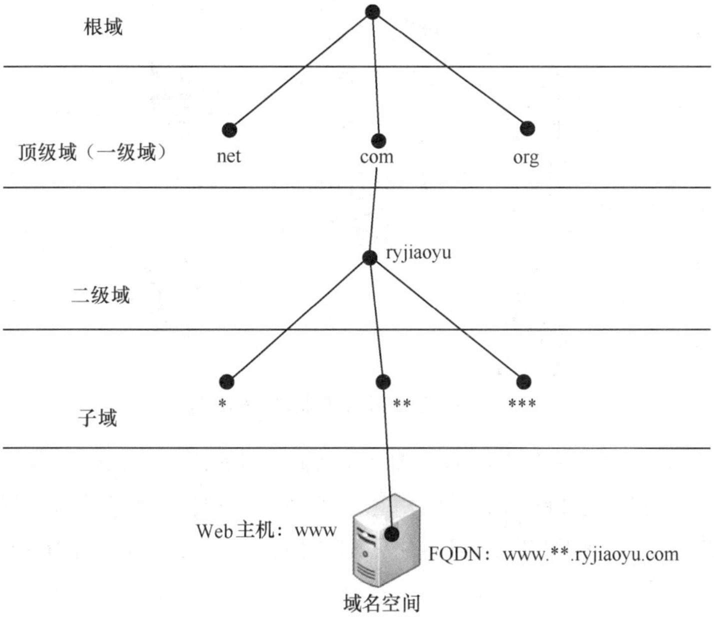

图 12-1　域名空间的结构

一个 DNS 域可以包括主机和其他域。DNS 域中的每个机构都拥有域名空间某一部分的授权，负责该部分域名空间的管理和划分，并用它来命名 DNS 域和计算机。例如，ryjiaoyu 为 com 域的子域，其表示方法为 ryjiaoyu.com，而 www 为 ryjiaoyu 域中的 Web 主机，可以使用 www.ryjiaoyu.com 表示。

注意 通常，FQDN 有严格的命名限制：长度不能超过 256B，只允许使用字符 a～z、0～9、A～Z 和“-”，“.”只允许在域名标志之间（如“ryjiaoyu.com”）或者 FQDN 的结尾使用，域名不区分大小。

特别提示 域名空间的结构为一棵倒置的树，并进行了层次划分，如图 12-1 所示。由树根到树枝，也就是从 DNS 根到节点，按照不同的层次进行了统一命名。域名空间最顶层——DNS 根称为根域（root）。根域的下一层为顶级域，又称为一级域。顶级域的下一层为二级域，再下一层为二级域的子域，按照需要进行规划，可以为多级。所以对域名空间整体进行划分，从最顶层到最下层可以分成根域、顶级域、二级域、子域。域中能够包含主机和子域。Web 主机 www 的 FQDN 从最下层到最顶层进行反写，表示为 www.**.ryjiaoyu.com。

12.1.2 域名解析过程

1. DNS 域名解析的工作过程

DNS 域名解析的工作过程如图 12-2 所示。

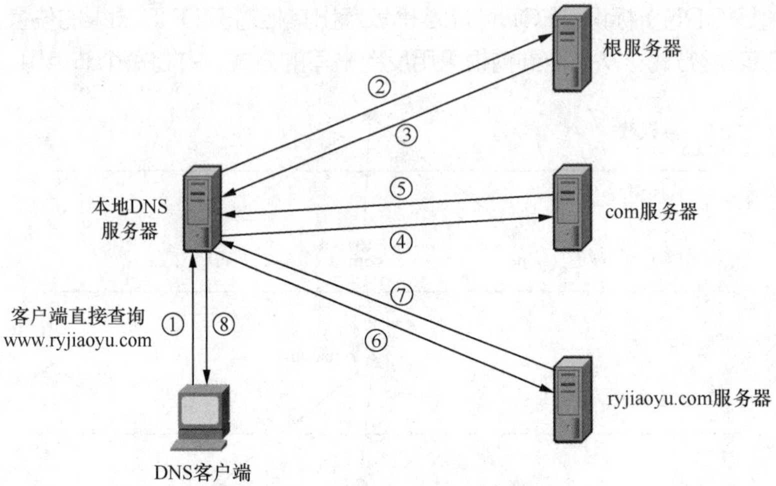

图 12-2 DNS 域名解析的工作过程

假设客户端使用电信非对称数字用户线（Asymmetric Digital Subscriber Line，ADSL）接入互联网，电信为其分配的 DNS 服务器地址为 210.111.110.10，域名解析过程如下。

（1）DNS 客户端向本地 DNS 服务器（210.111.110.10）直接查询 www.ryjiaoyu.com 的域名。

（2）本地 DNS 服务器无法解析此域名，它先向根服务器发出请求，查询.com 的 DNS 地址。

（3）根服务器负责根域名的地址解析，它收到请求后会对.com 的 DNS 地址进行解析，然后把解析结果返回给本地 DNS 服务器。

（4）本地 DNS 服务器得到解析结果后，接着向管理.com 域的 DNS 服务器（com 服务器）发出进一步的查询请求，要求得到 ryjiaoyu.com 的 DNS 地址。

（5）com 服务器收到请求后会对 ryjiaoyu.com 的 DNS 地址进行解析，然后把解析结果返回给本地 DNS 服务器。

（6）本地 DNS 服务器得到解析结果后，接着向管理 ryjiaoyu.com 域的 DNS 服务器（ryjiaoyu.com 服务器）发出查询具体主机 IP 地址的请求，要求得到满足要求的主机 IP 地址。

（7）ryjiaoyu.com 服务器收到请求后会对主机 IP 地址进行解析，然后把解析结果返回给本地 DNS 服务器。

（8）本地 DNS 服务器得到了最终的解析结果，它把这个结果返回给 DNS 客户端，从而使 DNS 客户端能够和远程主机通信。

2. 正向解析与反向解析

（1）正向解析。正向解析是指域名到 IP 地址的解析过程。

（2）反向解析。反向解析是指从 IP 地址到域名的解析过程。反向解析用于服务器的身份验证。

12.2 项目设计与准备

12.2.1 项目设计

为了保证校园网中的计算机能够安全、可靠地通过域名访问本地网络以及互联网上的资源，需要在网络中部署主 DNS 服务器、从 DNS 服务器、缓存 DNS 服务器和转发 DNS 服务器。

12.2.2 项目准备

本项目一共要用到 3 台计算机，其中两台使用 Linux 操作系统，1 台使用 Windows 10 操作系统，具体信息如表 12-1 所示。

表 12-1　DNS 服务器和客户端信息

主　机　名	操作系统	IP 地址	角色及网络连接模式
DNS 服务器：Server01	Ubuntu 22.04	192.168.10.1/24	主 DNS 服务器；NAT 模式
Linux 客户端：Client1	Ubuntu 22.04	192.168.10.20/24	Linux 客户端；NAT 模式
Windows 客户端：Client3	Windows 10	192.168.10.40/24	Windows 客户端；NAT 模式

注意　DNS 服务器的 IP 地址必须是静态的。

12.3 项目实施

在 Linux 下架设 DNS 服务器通常使用伯克利互联网域名（Berkeley Internet Name Domain，BIND）程序来实现，其守护进程是 named。

12-1

配置与管理 DNS 服务器

任务 12-1　安装与启动 DNS

BIND 是一款开放源码的 DNS 服务器软件。BIND 原本是美国国防高级研究计划局（Defense Advanced Research Projects Agency，DARPA）资助美国加利福尼亚大学伯克利分校（University of California，Berkeley）开设的一个研究生课题。经过多年的变化和发展，BIND 已经成为世界上使用极为广泛的 DNS 服务器软件，目前互联网上绝大多数的 DNS 服务器都是用 BIND 来架设的。

BIND 能够运行在当前大多数的操作系统上。目前，BIND 软件由互联网软件联合会（Internet Software Consortium，ISC）这个非营利性机构负责开发和维护。

1. 安装 BIND 软件包

使用 apt install bind9 -y 命令安装 BIND 软件包。

```
root@Server01:~# apt install bind9 -y
```

```
正在读取软件包列表... 完成
正在分析软件包的依赖关系树... 完成
正在读取状态信息... 完成
将会同时安装下列软件：
  bind9-utils
...
正在处理用于 ufw (0.36.1-4build1) 的触发器 ...
配置 “samba” 的规则已经升级
已经重新载入防火墙
```

2. DNS 服务的启动、停止与重启，加入开机自启动，查看运行状态

```
root@Server01:~# systemctl start named ; systemctl stop named
root@Server01:~# systemctl restart named ; systemctl  enable  named
root@Server01:~# systemctl status named
● named.service - BIND Domain Name Server
     Loaded: loaded (/lib/systemd/system/named.service; enabled; vendo>
     Active: active (running) since Tue 2023-04-15 22:24:07 CST; 4min >
       Docs: man:named(8)
    Process: 929 ExecStart=/usr/sbin/named $OPTIONS (code=exited, stat>
   Main PID: 948 (named)
      Tasks: 6 (limit: 4573)
     Memory: 11.4M
        CPU: 137ms
     CGroup: /system.slice/named.service
             └─948 /usr/sbin/named -u bind
...
```

任务 12-2 掌握 BIND 配置文件

BIND 的主要配置文件都位于/etc/bind 目录中，表 12-2 列出了 BIND 的主要配置文件。

表 12-2 BIND 的主要配置文件

配置文件	说 明
bind.keys	定义加密秘钥
db.0	网络地址“0.*”的反向解析区域声明文件
db.127	localhost 反向解析区域声明文件，用于将本地回送 IP 地址(127.0.0.1)转换为名字 localhost
db.255	广播地址“255.*”的反向解析文件
db.empty	RFC 1918 空区反向解析区域声明文件
db.local	localhost 正向解析区域声明文件，用于将名字 localhost 转换为本地回送 IP 地址（127.0.0.1）
db.root	根服务器指向文件，由 Internet NIC 创建和维护，无须修改，但是需要定期更新
named.conf	BIND 的主配置文件，用于定义当前域名服务器负责维护的域名解析信息
named.conf.default-zones	DNS 服务器软件的配置文件，其中包含默认的 DNS 区域配置信息
named.conf.local	当前域名服务器负责维护的所有区域的信息
named.conf.options	定义当前域名服务器主配置文件的全局选项

续表

配置文件	说 明
rndc.key	包含 named 守护进程使用的认证信息
zones.rfc1918	定义域名服务器负责管理与维护的所有正向解析区域声明文件与反向解析区域声明文件，是当前域名服务器提供的权威域名解析数据

一般的 DNS 配置文件分为主配置文件、区域配置文件和正、反向解析区域声明文件。下面介绍主配置文件和区域配置文件，正、反向解析区域声明文件会融合到实例中一并介绍。

1. 认识主配置文件

主配置文件位于/etc/bind 目录下，可使用 cat 命令查看，注意“-n”用于显示行号。

```
root@Server01:/etc/bind# cat named.conf -n
     1 // This is the primary configuration file for the BIND DNS server named.
     2 //
     3 // Please read /usr/share/doc/bind9/README.Debian.gz for information on the
     4 // structure of BIND configuration files in Debian, *BEFORE* you customize
     5 // this configuration file.
     6 //
     7 // If you are just adding zones, please do that in /etc/bind/named.conf.local
     8
     9 include "/etc/bind/named.conf.options";
    10 include "/etc/bind/named.conf.local";
    11 include "/etc/bind/named.conf.default-zones";
```

named.conf 配置文件由配置语句和注释组成。每条配置语句以分号“;”作为结束符，多条配置语句组成一个语句块，注释语句使用“//”作为注释符。

BIND 的主配置文件并不包含 DNS 数据。从文件内容可以发现，其使用了 include 关键字来加载其他 3 个配置文件。

2. 认识区域配置文件

DNS 中 zone 文件的位置为/etc/bind /*.zone，用于保存域名配置的文件，一个域名对应一个区域文件。区域文件中包含域名和 IP 地址的对应关系以及其他一些资源，这些资源称为资源记录。所以，区域文件就是一个由许多条资源记录按照规定的顺序构成的文件。

一条典型的资源记录的结构如下。

名称	TTL	记录类别	记录类型	数据

下面为一个区域文件的部分内容。

```
$ORIGIN   example.com.          ;指定域名
 $TTL             1h            ;资源记录默认生存时间
 example.com.    IN  SOA        ns.example.com.  username.example.com.
 example.com.    IN  NS         ns;   域名服务器
 example.com.    IN  NS         ns  somewhere.example.;  备用域名服务器
 example.com.    IN  MX  10     mail.example.com.;  邮件服务器
 @               IN  MX  20     mail2.example.com.;
 example.com.    IN  A          192.0.2.1  ;  example.com 对应的 IPv4 地址
                 IN  AAAA       2001:db8:10::1     ; example.com 对应的 IPv6 地址
 ns              IN  A          192.0.2.2         ;ns.example.com 对应的 IPv4 地址
                     AAAA       2001:db8:10::2;  ns.example.com 对应的 IPv6 地址
```

```
012    www           IN   CNAME    example.com.; www.example.com为example.com 的别名
013    mail          IN   A        192.0.2.3;     mail.example.com对应的IPv4 地址
014    mail2         IN   A        192.0.2.4;     mail2.example.com对应的IPv4 地址
```

（1）区域声明

区域是 DNS 中最重要的概念之一，是域名服务器管理的基本单位。一台域名服务器可以管理一个或者多个区域，而一个区域只能由一台主域名服务器管理，但是其中可以有多台从域名服务器。在配置域名服务器时，必须先建立区域，然后根据需要在区域中添加资源记录，才可以完成解析工作。除了$TTL 和$ORIGIN 这两个选项之外，区域配置文件中主要包括 SOA、NS、A、PTR、CNAME 和 MX 等资源记录。

① $TTL 为资源记录的生存时间，即定义该资源记录中的信息被其他域名服务器缓存的时间。该选项的值为一个无符号的 32 位整数。

② $ORIGIN 用来指定域名。如果在资源记录中，则用户定义的主机名不是规范域名，或者域名后面没有以圆点结束，BIND 会把$ORIGIN 的值附加在主机名后面，构成一个完整的域名。

（2）资源记录

除了前面介绍的$TTL 和$ORIGIN 选项之外，区域配置文件中的第一条资源记录为 SOA。

① SOA 资源记录表示区域的开始，用于定义区域的全局参数，包括域名、联系电子邮件以及其他控制信息。

② NS 资源记录用来定义区域内的域名服务器。如果一个区域内有多台域名服务器，则可以有多条 NS 资源记录。

③ A 资源记录是指一条 IPV4 的地址记录，用于实现主机名到地址的映射。

提示 在资源记录中，只有全称主机名或者全称域名以圆点结束，非全称主机名或者 IP 地址不能以圆点结束。

例如：

```
web  IN  A   192.168.254.4
```

在上面的配置中，将主机名 web 映射到 IP 地址 192.168.254.4。当查询名称为 web 的主机时，域名服务器便将其对应的 IP 地址返回给客户端。

对于 IPv6 地址而言，需要使用 AAAA 来定义。

④ PTR 资源记录用于反向区域配置文件中，实现 IP 地址到主机名的映射。

⑤ CNAME 资源记录为别名记录，用来为主机定义一个别名。CNAME 资源记录存在于正向区域配置文件中。一个主机可以有多个别名。

例如，下面的配置通过 CNAME 资源记录将 www 和 ftp 这两个名称都映射到同一台主机。

```
server1   IN    A       192.168.0.10
www       IN   CNAME    server1
ftp       IN   CNAME    server1
```

提示 为了提高解析效率，通常应该避免使用 CNAME 资源记录。

⑥MX 资源记录为当前的区域指定邮件服务器。

任务 12-3　配置主 DNS 服务器实例

1．实例环境及需求

某校园网要架设一台 DNS 服务器来负责 long60.cn 域的域名解析工作。DNS 服务器的完整域名为 dns.long60.cn，IP 地址为 192.168.10.1。要求为以下域名实现正、反向域名解析。

```
dns.long60.cn                               192.168.10.1
mail.long60.cn    MX 资源记录               192.168.10.2
slave.long60.cn   ←——————→                  192.168.10.3
www.long60.cn                               192.168.10.4
ftp.long60.cn                               192.168.10.5
```

2．配置过程

配置过程包括主配置文件、区域配置文件和正、反向解析区域声明文件的配置。

（1）配置主配置文件/etc/bind/named.conf。

执行命令 vim /etc/bind/named.conf，增加内容如下。

```
1    zone "long60.cn" IN {
2        type master;
3        file "/etc/bind/long60.cn.zone";
4        allow-update { none; };
5     };
6    zone "10.168.192.in-addr.arpa" IN {
7        type master;
8        file "/etc/bind/1.10.168.192.zone";
9        allow-update { none; };
10     };
```

其中第 1～5 行定义正向区域，第 6～10 行定义反向区域，这两个区域的定义大致相同。其类型都为 master。此外，正向区域的定义文件为/etc/bind/long60.cn.zone，反向区域的定义文件为/etc/bind/1.10.168.192.zone。

（2）创建区域配置文件 named.zones。

① 创建 long60.cn.zone 正向解析区域声明文件。

```
root@Server01:~# vim /etc/bind/long60.cn.zone
$TTL 1D
@        IN SOA    @ root.long60.cn. (
                   1997022700     ; serial        //该文件的版本号
                   28800          ; refresh       //更新时间间隔
                   14400          ; retry         //重试时间间隔
                   3600000        ; expiry        //过期时间
                   86400  )       ; minimum       //最小时间间隔，单位是 s
@                  IN             NS              dns.long60.cn.
@                  IN             MX      10      mail.long60.cn.
dns                IN             A               192.168.10.1
mail               IN             A               192.168.10.2
slave              IN             A               192.168.10.3
www                IN             A               192.168.10.4
ftp                IN             A               192.168.10.5
```

```
web                IN              CNAME              www.long60.cn.
```

② 创建 1.10.168.192.zone 反向解析区域声明文件。

```
root@Server01:~# cp /etc/bind/long60.cn.zone /etc/bind/1.10.168.192.zone
root@Server01:~# vim /etc/bind/1.10.168.192.zone
$TTL 1D
@       IN SOA   @   root.long60.cn. (
                                  0        ; serial
                                  1D       ; refresh
                                  1H       ; retry
                                  1W       ; expire
                                  3H )     ; minimum
@           IN NS           dns.long60.cn.
@           IN MX     10    mail.long60.cn.
1           IN PTR          dns.long60.cn.
2           IN PTR          mail.long60.cn.
3           IN PTR          slave.long60.cn.
4           IN PTR          www.long60.cn.
5           IN PTR          ftp.long60.cn.
```

强调 ① 正、反向解析区域声明文件名一定要与/etc/bind/named.conf 文件中区域声明中指定的文件名一致。

② 正、反向解析区域声明文件的所有记录行都要顶格写，前面不要留有空格，否则会导致 DNS 服务器不能正常工作。

（3）设置防火墙放行，重新启动 DNS 服务。

```
root@Server01:~# ufw allow Bind9
规则已更新
规则已更新 (v6)
root@Server01:~# ufw status
状态： 激活

至                             动作           来自
-                              --             --
20:21/tcp                      ALLOW          Anywhere
30000:31000/tcp                ALLOW          Anywhere
Apache Full                    ALLOW          Anywhere
Bind9                          ALLOW          Anywhere
20:21/tcp (v6)                 ALLOW          Anywhere (v6)
30000:31000/tcp (v6)           ALLOW          Anywhere (v6)
Apache Full (v6)               ALLOW          Anywhere (v6)
Bind9 (v6)                     ALLOW          Anywhere (v6)
root@Server01:~# systemctl restart named
```

（4）在 Client3（操作系统为 Windows 10）上测试。

① 将 Client3 的 TCP/IP 属性中的首选 DNS 服务器的地址设置为 192.168.10.1，如图 12-3 所示。

② 在命令提示符下使用 nslookup 测试，测试结果如图 12-4 所示。

（5）在 Linux 客户端 Client1 上测试。

① 在 Linux 操作系统中，可以修改/etc/resolv.conf 文件来设置 DNS 客户端，代码如下所示。

```
root@Server01:~# vim /etc/resolv.conf
nameserver 192.168.10.1
options edns0 trust-ad
search long60.cn
```

其中，nameserver 指明 DNS 服务器的 IP 地址。可以设置多个 DNS 服务器，查询时按照文件中指定的顺序解析域名。只有当第一个 DNS 服务器没有响应时，才向后面的 DNS 服务器发出域名解析请求。search 用于指明域名搜索顺序，当查询到没有域名后缀的主机名时，将自动为其附加由 search 指定的域名。

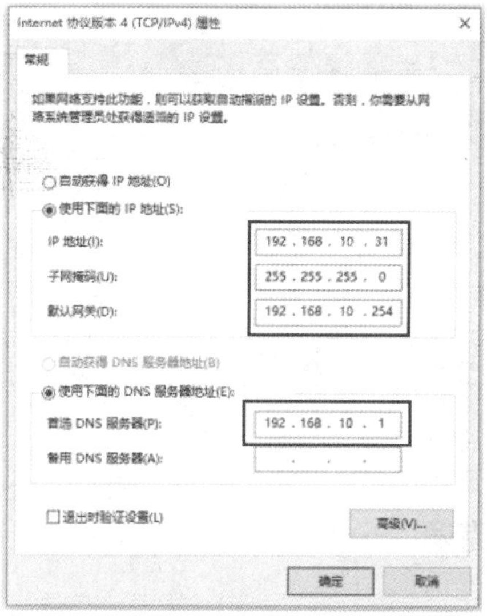

图 12-3　设置首选 DNS 服务器

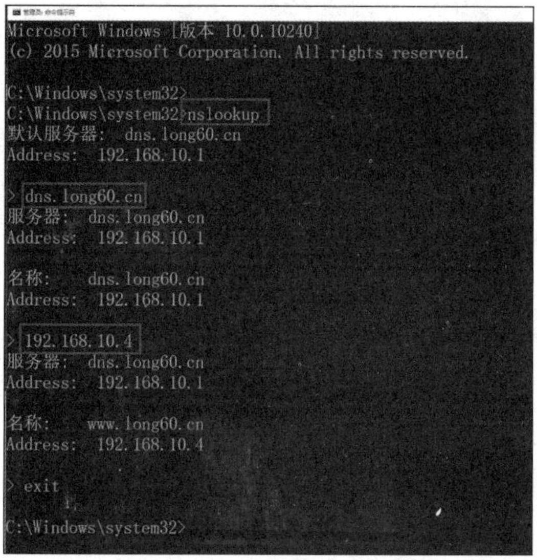

图 12-4　在 Windows 10 中的测试结果

在 Linux 操作系统中，还可以通过系统菜单设置 DNS，相关内容已多次介绍，这里不赘述。

② 使用 nslookup 测试 DNS。

BIND 软件包提供了 3 个 DNS 测试工具：nslookup、dig 和 host。其中 dig 和 host 是命令行工具，而 nslookup 既可以使用命令行模式，又可以使用交互模式。下面在客户端 Client1（192.168.10.20）上测试，前提是必须保证与服务器通信畅通。

```
root@Client1:~# nslookup              //运行 nslookup 命令
> server
Default server: 192.168.10.1
Address: 192.168.10.1#53
> www.long60.cn                       //正向查询，查询域名 www.long60.cn 对应的 IP 地址
Server:         192.168.10.1
Address:        192.168.10.1#53

Name:           www.long60.cn
Address: 192.168.10.4
> 192.168.10.2                        //反向查询，查询 IP 地址 192.168.10.2 对应的域名
Server:         192.168.10.1
Address:        192.168.10.1#53
```

```
2.10.168.192.in-addr.arpa    name = mail.long60.cn.
> set all                              //显示当前设置的所有值
Default server: 192.168.10.1
Address: 192.168.10.1#53

Set options:
  novc          nodebug           nod2
  search        recurse
  timeout = 0      retry = 3     port = 53
  querytype = A        class = IN
  srchlist = long60.cn
//查询 long60.cn 域的 NS 资源记录配置
> set type=NS    //此行中 type 的取值还可以为 SOA、MX、CNAME、A、PTR 及 any 等
> long60.cn
Server:         192.168.10.1
Address:        192.168.10.1#53

long60.cn nameserver = dns.long60.cn.
> exit
```

特别说明 如果要求允许所有员工访问外网地址，还需要设置根域，并建立根域对应的区域文件，这样才可以访问外网地址。

任务 12-4 测试 DNS 的常用命令及常见错误

1. dig 命令

dig 命令是一个灵活的命令行方式的域名查询工具，常用于从 DNS 服务器获取特定的信息。例如，通过 dig 命令可以查看域名 www.long60.cn 的信息。

```
root@Client01:~# dig www.long60.cn

; <<>> DiG 9.18.1-1ubuntu1.3-Ubuntu <<>> www.long60.cn
;; global options: +cmd
;; Got answer:
;; ->>HEADER<<- opcode: QUERY, status: NOERROR, id: 25927
;; flags: qr aa rd; QUERY: 1, ANSWER: 1, AUTHORITY: 0, ADDITIONAL: 1
;; WARNING: recursion requested but not available

;; OPT PSEUDOSECTION:
; EDNS: version: 0, flags:; udp: 1232
; COOKIE: b4db6492aad887920100000645293b2ffad5ff79ddc72b3 (good)
; EDE: 18 (Prohibited)
;; QUESTION SECTION:
;www.long60.cn.            IN   A

;; ANSWER SECTION:
www.long60.cn.        86400    IN   A    192.168.10.4
```

```
;; Query time: 0 msec
;; SERVER: 192.168.10.1#53(192.168.10.1) (UDP)
;; WHEN: Thu May 04 01:02:42 CST 2023
;; MSG SIZE  rcvd: 92 2. host 命令
```

host 命令用于进行简单的主机名信息查询。在默认情况下，host 命令只在主机名和 IP 地址之间转换。下面是一些常见的 host 命令的使用方法。

```
 root@Client01:~# host dns.long60.cn              //正向查询主机地址
dns.long60.cn has address 192.168.10.1
 root@Client01:~# host 192.168.10.3               //反向查询 IP 地址对应的域名
3.10.168.192.in-addr.arpa domain name pointer slave.long60.cn.
//查询不同类型的资源记录配置，-t 选项后可以为 SOA、MX、CNAME、A、PTR 等
root@Client01:~# host -t NS long60.cn
long60.cn name server dns.long60.cn.
 root@Client01:~# host -l long60.cn               //列出整个 long60.cn 域的信息
long60.cn name server dns.long60.cn.
dns.long60.cn has address 192.168.10.1
ftp.long60.cn has address 192.168.10.5
mail.long60.cn has address 192.168.10.2
slave.long60.cn has address 192.168.10.3
www.long60.cn has address 192.168.10.4
 root@Client01:~# host -a web.long60.cn           //列出与指定主机资源记录相关的信息
Trying "web.long60.cn"
;; ->>HEADER<<- opcode: QUERY, status: NOERROR, id: 5730
;; flags: qr aa rd; QUERY: 1, ANSWER: 1, AUTHORITY: 0, ADDITIONAL: 0

;; QUESTION SECTION:
 ;web.long60.cn.          IN    ANY

;; ANSWER SECTION:
 web.long60.cn.     86400    IN    CNAME    www.long60.cn.

Received 49 bytes from 192.168.10.1#53 in 0 ms
```

2. DNS 服务器配置中的常见错误

（1）配置文件名写错。在这种情况下，运行 nslookup 命令不会出现命令提示符“>”。

（2）主机域名后面没有“.”，这是常犯的错误。

（3）/etc/resolv.conf 文件中的 DNS 服务器的 IP 地址不正确。在这种情况下，运行 nslookup 命令不会出现命令提示符。

（4）回送地址的数据库文件有问题。同样，在这种情况下，运行 nslookup 命令不会出现命令提示符。

（5）在/etc/bind/named.conf 文件中的 zone 区域声明中定义的文件名与区域文件名不一致。

12.4 拓展阅读 IPv4 的根服务器

你知道 IPv4 的根服务器有几台吗？它在中国部署了几台呢？

根服务器主要用来管理互联网的主目录，最早使用的是 IPv4 根服务器。全球只有 13 台（这 13 台 IPv4 根服务器名字分别为“A”～“M”）：1 台主根服务器，部署在美国；其余 12 台辅助根服务器也都没有部署在中国。那么中国的网络是否有可能被关掉呢？

为了国家的网络安全，我国早在 2003 年的时候就使用了镜像服务器，即使我们的网络中断，也有备用的服务器。而且在 2016 年，我国和其他国家共同建立了一台新的根服务器。目前我国已经有 4 台根服务器。

12.5 项目实训 配置与管理 DNS 服务器

1. 项目实训目的

- 掌握 Linux 操作系统中主域名服务器的配置方法。
- 掌握 Linux 下从域名服务器的配置方法。

2. 项目背景

某企业部署了一个局域网（192.168.10.0/24），其 DNS 服务器搭建网络拓扑如图 12-5 所示。该企业中已经有自己的网页，员工希望通过域名来访问，同时员工也需要访问互联网上的网站。该企业已经申请了域名 long60.cn。该企业需要互联网上的用户（客户）通过域名访问它的网页。

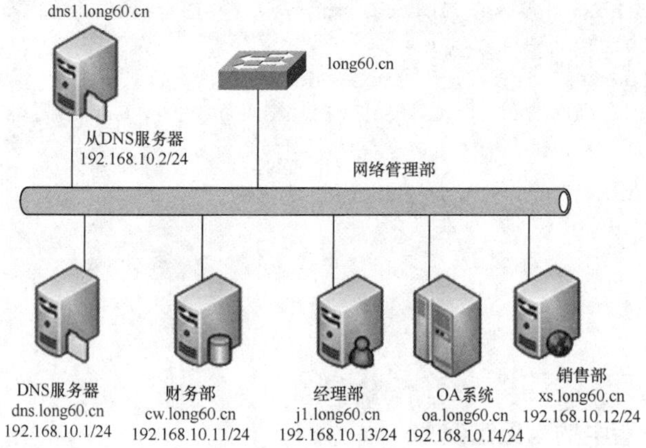

图 12-5 某企业 DNS 服务器搭建网络拓扑

要求在企业内部构建一台 DNS 服务器，为局域网中的计算机提供域名解析服务。DNS 服务器管理 long60.cn 的域名解析，它的域名为 dns.long60.cn，IP 地址为 192.168.10.1。从 DNS 服务器的 IP 地址为 192.168.10.2。同时还必须为客户提供互联网上的主机的域名解析，要求分别能解析以下域名：财务部（cw.long60.cn，192.168.10.11）、销售部（xs.long60.cn，192.168.10.12）、经理部（jl.long60.cn，192.168.10.13）、OA 系统（oa. long60.cn，192.168.10.14）。

3. 项目实训内容

练习配置 Linux 操作系统下的主 DNS 服务器及从 DNS 服务器。

4. 做一做

完成项目实训，检查学习效果。

12.6 练习题

一、填空题

1. 在互联网中，计算机之间直接利用 IP 地址进行寻址，因而需要将用户提供的主机名转换成 IP 地址，我们把这个过程称为________。

2. DNS 提供了一个________的命名方案。

3. DNS 顶级域名中表示商业组织的是________。

4. ________表示主机的资源记录，________表示别名的资源记录。

5. 可以用来检测 DNS 资源创建是否正确的两个工具是________、________。

6. DNS 服务器的查询模式有________、________。

7. DNS 服务器分为 4 类：________、________、________、________。

8. 一般在 DNS 服务器之间的查询请求属于________查询。

二、选择题

1. 在 Linux 环境下，能实现域名解析的功能软件模块是（　　）。

A. Apache　　B. dhcpd　　C. BIND　　D. SQUID

2. www.ryjiaoyu.com 是互联网中主机的（　　）。

A. 用户名　　B. 密码　　C. 别名　　D. IP 地址　　E. FQDN

3. 在 DNS 服务器配置文件中，A 资源记录是什么意思？（　　）

A. 官方信息　　B. IP 地址到名字的映射

C. 名字到 IP 地址的映射　　D. 一个域名服务器的规范

4. 在 Linux 系统的 DNS 服务中，根服务器提示文件是（　　）。

A. /etc/named.ca　　B. /var/named/named.ca

C. /var/named/named.local　　D. /etc/named.local

5. DNS 指针记录的标志是（　　）。

A. A　　B. PTR　　C. CNAME　　D. NS

6. DNS 服务使用的端口是（　　）。

A. TCP 53　　B. UDP 54　　C. TCP 54　　D. UDP 53

7. （　　）命令可以测试 DNS 服务器的工作情况。

A. dig　　B. host　　C. nslookup　　D. named-checkzone

8. （　　）命令可以启动 DNS 服务。

A. systemctl start named　　B. systemctl restart named

C. service dns start　　D. /etc/init.d/dns　start

9. 指定 DNS 服务器位置的文件是（　　）。

A. /etc/hosts　　B. /etc/networks　　C. /etc/resolv.conf　　D. /.profile

项目13 配置与管理Apache服务器

13

项目导入

某学院组建了校园网，建设了学院网站。现需要架设 Web 服务器来为学院网站提供支持，同时在网站上传和更新时，需要用到文件上传和下载功能，因此还要架设 FTP 服务器，为学院内部和互联网用户提供 WWW、FTP 等服务。本项目主要实践配置与管理 Apache 服务器。

职业能力目标

- 认识 Apache。
- 掌握 Apache 服务器的安装与启动方法。
- 掌握 Apache 服务器的主配置文件。
- 掌握 Apache 服务器的配置方法。
- 学会创建 Web 网站。

素养目标

- “雪人计划”同样服务国家的“信创产业”。最为关键的是，我国可以借助 IPv6 的技术升级，改变自己在国际互联网治理体系中的地位。这样的事件可以大大激发学生的爱国情怀和求知、求学的斗志。
- “靡不有初，鲜克有终。”“莫等闲，白了少年头，空悲切！”青年学生为人做事要有头有尾、善始善终、不负韶华。

13.1 项目知识准备

由于能够提供图形、声音等多媒体数据，再加上可以交互的动态 Web 语言的广泛普及，万维网（World Wide Web，WWW）深受互联网用户欢迎。一个最重要的证据就是，当前的绝大部分互联网流量都是由 Web 浏览产生的。

13.1.1 Web 服务概述

Web 服务是使应用程序之间能够相互通信的一项技术。严格地说，Web 服务是描述一系列操作的接口，它使用标准的、规范的可扩展标记语言（Extensible Markup Language，XML）描述接口。这一描述中包括与服务进行交互所需的全部细节，如消息格式、传输协议和服务位置等，而在对外的接口中隐藏了服务实现的细节，仅提供一系列可执行的操作。这些操作独立于软、硬件平台和编写服务所用的编程语言。Web 服务既可单独使用，又可同其他 Web 服务一起使用，以实现复杂的商业功能。

Web 服务是互联网上广泛应用的一种信息服务技术。它采用的是客户-服务器体系结构，整理和存储各种资源，并响应客户端软件的请求，把所需的信息资源通过浏览器传送给用户。

Web 服务通常可以分为两种：静态 Web 服务和动态 Web 服务。

13.1.2 HTTP

13-1 拓展阅读

HTTP

超文本传送协议（Hypertext Transfer Protocol，HTTP）是目前国际互联网基础的重要组成部分。而 Apache、IIS 服务器是 HTTP 的服务器软件，微软公司的 Internet Explorer 和 Mozilla 的 Firefox 则是 HTTP 的客户端实现。

13.2 项目设计与准备

13.2.1 项目设计

利用 Apache 服务器建立普通 Web 站点、基于主机和用户认证的访问控制。

13.2.2 项目准备

安装的 Linux 的个人计算机（Personal Computer，PC）1 台、测试用计算机 1 台，并且两台计算机都连接局域网。该环境也可以用虚拟机实现。规划好各台主机的 IP 地址，Linux 服务器和客户端信息如表 13-1 所示。

表 13-1 Linux 服务器和客户端信息

主 机 名	操作系统	IP 地址	角色及网络连接模式
Server01	Ubuntu 22.04 LTS	192.168.10.1/24	Web 服务器、DNS 服务器；NAT 模式
Client3	Windows 10	192.168.10.40/24	Windows 客户端；NAT 模式

13.3 项目实施

13-2

配置与管理
Apache 服务器

Apache 是一种网站服务程序，也就是作为服务端，处理其他用户客户端发起的 HTTP 或者 HTTPS 的请求，并给予响应的程序。目前，能够作为网站服务器的程序除了 Apache 之外，还有 Nginx、IIS 等。

首先要安装 Apache 服务器软件。

任务 13-1 安装、启动与停止 Apache 服务器

下面是具体操作步骤。

1. 安装 Apache 相关软件

Apache 被包含在默认的 Ubuntu 软件源中，安装方法非常直接。在 Ubuntu 和 Debian 系统中，Apache 软件包和服务被称为 apache2。运行下面的命令来更新软件包索引，并安装 Apache 服务器。

```
root@Server01:~# apt update
root@Server01:~# apt install apache2 -y
```

安装完成，Apache 服务将被自动启动。可以执行下面的命令验证 Apache 是否正在运行。

```
root@Server01:~# systemctl status apache2
● apache2.service - The Apache HTTP Server
     Loaded: loaded (/lib/systemd/system/apache2.service; enabled; vendor preset: enabled)
     Active: active (running) since Tue 2023-03-28 13:44:10 CST; 3min 19s ago
       Docs: https://httpd.apac**.org/docs/2.4/
   Main PID: 23225 (apache2)
      Tasks: 55 (limit: 4573)
     Memory: 5.0M
        CPU: 22ms
     CGroup: /system.slice/apache2.service
             ├─23225 /usr/sbin/apache2 -k start
             ├─23228 /usr/sbin/apache2 -k start
             └─23229 /usr/sbin/apache2 -k start

3月 28 13:44:10 Server01 systemd[1]: Starting The Apache HTTP Server...
3 月 28 13:44:10 Server01 apachectl[23224]: AH00558: apache2: Could not reliably determine the server's fully qualifie>
3月 28 13:44:10 Server01 systemd[1]: Started The Apache HTTP Server. #按“Q”键退出
root@Server01:~# systemctl enable apache2          //开机启动
Synchronizing state of apache2.service with SysV service script with /lib/systemd/systemd-sysv-install.
Executing: /lib/systemd/systemd-sysv-install enable apache2
root@Server01:~# systemctl stop apache2            //停止服务
root@Server01:~# systemctl start apache2           //启动服务
root@Server01:~# systemctl restart apache2         //重启
root@Server01:~# systemctl reload apache2          //重新加载
root@Server01:~# systemctl is-active apache2       //查看是否激活
```

```
active
```

这时候已经成功地安装了 Apache，可以开始使用它了。

2. 打开 HTTP 和 HTTPS 端口

Apache 监听了端口 80（HTTP）和 443（HTTPS）。需要在防火墙打开这些端口，以便网站服务器可以访问互联网。Ubuntu 系统使用 UFW，可以通过启用 Apache Full 配置，设置 80 和 443 两个端口的规则。

```
root@Server01:~# ufw allow 'Apache Full'
规则已添加
规则已添加 (v6)
root@Server01:~# ufw status
状态: 激活
至                         动作          来自
-                          --            --
20:21/tcp                  ALLOW         Anywhere
Apache Full                ALLOW         Anywhere
20:21/tcp (v6)             ALLOW         Anywhere (v6)
Apache Full (v6)           ALLOW         Anywhere (v6)
```

3. 验证 Apache 安装

验证一切都顺利工作，打开系统已经安装好的 Firefox 浏览器，访问服务器 IP 地址 http://127.0.0.1，你可以看到默认的 Ubuntu 22.04 Apache 欢迎页面，如果看到图 13-1 所示的提示信息，则表示 Apache 服务器已安装成功，运行正常。

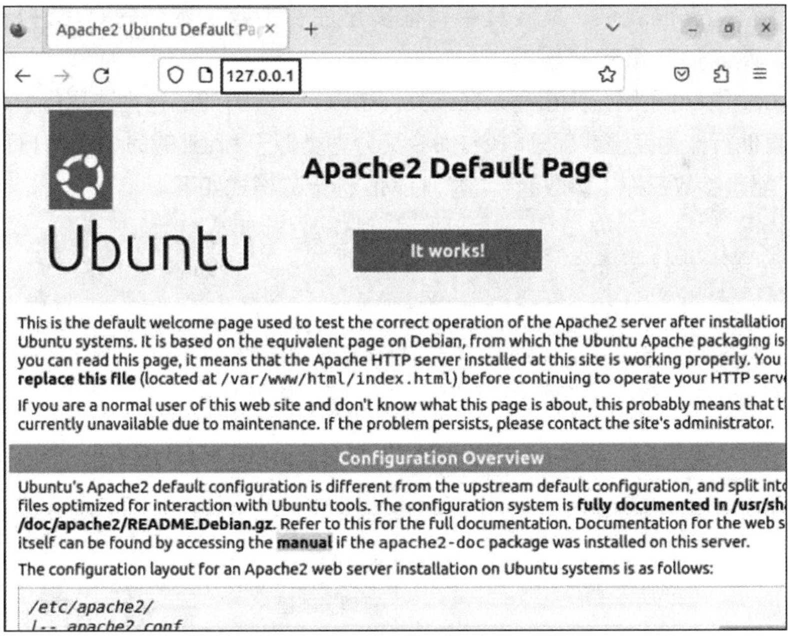

图 13-1　Apache 服务器已安装成功，运行正常

注意　一般情况下，Firefox 默认已经安装，需要根据情况而定。

任务 13-2 认识 Apache 服务器的配置文件

在 Linux 操作系统中配置服务，其实就是修改服务的配置文件，Linux 操作系统中的配置文件及存放位置如表 13-2 所示。

表 13-2 Linux 操作系统中的配置文件及存放位置

配置文件	存放位置
服务目录	/etc/apache2
主配置文件	/etc/apache2/apache2.conf
网站数据目录	/var/www/html
一般性配置文件存放地	/etc/apache2/conf.d
环境变量	/etc/apache2/envvars
已安装的模块	/etc/apache2/mods-available
已启用的模块	/etc/apache2/mods-enabled
服务端口信息	/etc/apache2/ports.conf
可用站点信息	/etc/apache2/sites-available
已经启用的站点信息	/etc/apache2/sites-enabled

Apache 服务器的主配置文件是 apache2.conf，该文件通常存放在/etc/apache2 目录下。该文件内容看起来很复杂，其实其中有很多是注释内容。本节先对其进行简要介绍，后文再给出实例，该文件非常容易理解。

apache2.conf 文件不区分大小写，在该文件中以“#”开始的行为注释行。除了注释行和空行外，服务器把其他行作为完整或部分命令。命令又分为类似于 shell 的命令和伪 HTML 标记。shell 命令的格式为“配置参数名称　参数值”。伪 HTML 标记的格式如下。

```
<Directory />
    Options FollowSymLinks
    AllowOverride None
</Directory>
```

在 Apache 服务程序的主配置文件中存在 3 种类型的信息：注释行信息、全局配置、区域配置。配置 Apache 服务程序文件时常用的参数及其含义如表 13-3 所示。

表 13-3 配置 Apache 服务程序文件时常用的参数及其含义

参　数	含　义
ServerRoot	服务目录
ServerAdmin	管理员邮箱
User	运行服务的用户
Group	运行服务的用户组
ServerName	网站服务器的域名
DocumentRoot	文档根目录（网站数据目录）

续表

参　数	含　义
Directory	网站数据目录的权限
Listen	监听的 IP 地址与端口号
DirectoryIndex	默认的索引页面
ErrorLog	错误日志文件
CustomLog	访问日志文件
Timeout	网页超时时间，默认为 300s

从表 13-3 可知，DocumentRoot 参数用于定义网站数据的保存路径，其默认值是把网站数据存放到/var/www/html 目录中；而当前网站普遍的首页名称是 index.html，因此可以向/var/www/html 目录写入一个文件，替换 httpd 服务程序的默认首页，该操作会立即生效（在本机上测试）。

```
root@Server01:~# echo "Welcome To MyWeb" > /var/www/html/index.html
```

程序的首页内容已发生改变，如图 13-2 所示。

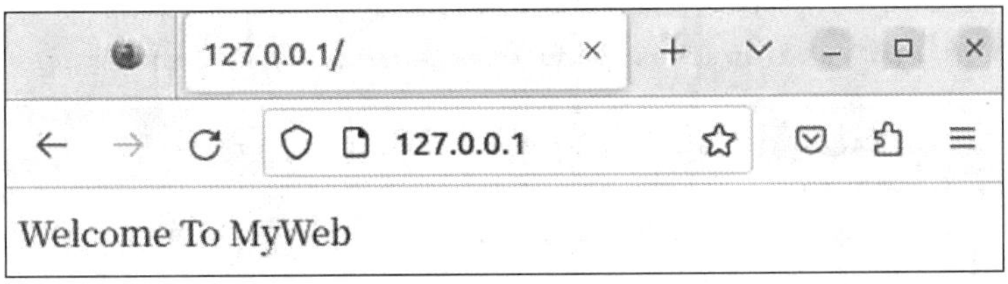

图 13-2　程序的首页内容已发生改变

任务 13-3　设置文档根目录和首页文件的实例

【例 13-1】在默认情况下，网站的文档根目录保存在/var/www/html 中，如果想把保存网站文档的根目录修改为/home/www，并且将首页文件修改为 myweb.html，该如何操作呢？

（1）分析

文档根目录是一个较为重要的设置，一般来说，网站上的内容都保存在文档根目录中。在默认情形下，除了记号和别名将改指它处以外，所有的请求都从文档根目录开始。而打开网站时所显示的页面即该网站的首页（主页）。首页的文件名是由 DirectoryIndex 字段定义的。在默认情况下，Apache 的默认首页名称为 index.html。当然首页名称也可以根据实际情况更改。

（2）解决方案

① 在 Server01 上修改文档的根目录为/home/www，并创建首页文件 myweb.html。

```
root@Server01:~# mkdir /home/www
root@Server01:~# echo "The Web's DocumentRoot Test " > /home/www/myweb.html
```

② 修改网站根目录，修改/etc/apache2/sites-available/000-default.conf 配置文件，在配置文件中找到 DocumentRoot 配置项，在其后修改你要放置网页文件的目录。

```
root@Server01:~# cp /etc/apache2/sites-available/000-default.conf /etc/apache2/si
tes-available/000-default.conf.bak                    //复制配置文件
```

```
root@Server01:~# vim /etc/apache2/sites-available/000-default.conf
...
#DocumentRoot /var/www/html    注释已配置目录
DocumentRoot /home/www         #添加设定的目录
...
```

然后修改主配置文件/etc/apache2/apache2.conf，打开/home/www 目录的权限，具体配置如下。

```
root@Server01:~# cp /etc/apache2/apache2.conf /etc/apache2/apache2.conf.bak
root@Server01:~# vim /etc/apache2/apache2.conf
...
#新增以下内容
<Directory /home/www/>
        Options Indexes FollowSymLinks
        AllowOverride None
        Require all granted
</Directory>
...
```

③ 修改默认首页，修改/etc/apache2/mods-enabled/dir.conf 配置文件，在配置文件中找到 DirectoryIndex，在 DirectoryIndex 后面添加网页。

```
root@Server01:~# cp /etc/apache2/mods-enabled/dir.conf /etc/apache2/mods-enabled/dir.conf .bak
root@Server01:~# vim /etc/apache2/mods-enabled/dir.conf
<IfModule mod_dir.c> #
        DirectoryIndex myweb.html index.html index.cgi index.pl index.php index.xhtml index.htm
</IfModule>
```

④ 在 Server01 和 Client3 主机上进行测试。

```
root@Server01:~# systemctl restart apache2      //重启服务
```

测试结果如图 13-3 和图 13-4 所示。

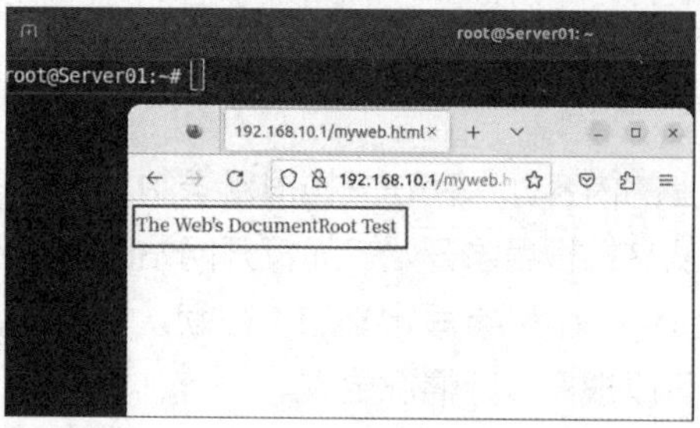

图 13-3 在 Server01 服务器测试成功

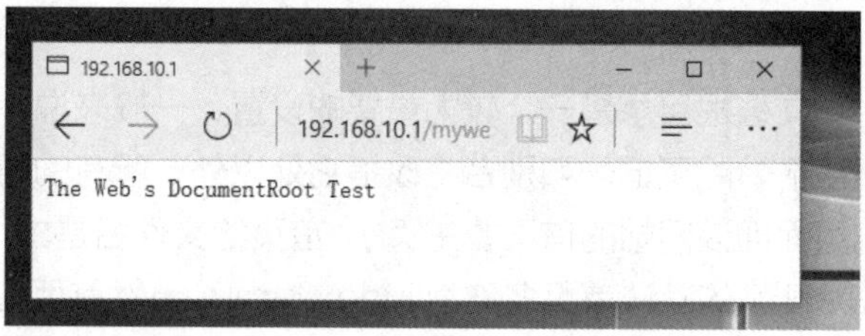

图 13-4 在 Clinet3 客户端测试成功

任务 13-4 用户名和密码登录网页实例

基于用户名和密码的认证方式其实相当简单，当浏览器请求经此认证模式保护的统一资源定位符（Uniform Resource Locator，URL）时，将出现一个对话框，要求用户输入用户名和密码。用户输入后，用户名和密码将传给服务器，服务器验证它的正确性，如果正确，则返回页面，否则返回 401 错误。

Apache 用户认证所需要的用户名和密码有两种不同的存储方式：一种是文本文件；另一种是 Oracle、MySQL 等数据库。

【例 13-2】在 IP 地址为 192.168.10.1 的 Apache 服务器中，为/home/www/myweb.html 首页设置登录验证。

实现步骤如下。

（1）在/etc/apache2 目录下创建目录 authentication，并进入文件夹。

```
root@Server01:~# mkdir /etc/apache2/authentication
root@Server01:~# cd /etc/apache2/authentication/
root@Server01:/etc/apache2/authentication#
```

（2）使用 htpasswd 工具创建密码文件，然后按照 htpasswd 的提示输入密码，最后确认密码。

```
root@Server01:/etc/apache2/authentication# htpasswd -c users user1
New password:
Re-type new password:
Adding password for user user1
root@Server01:/etc/apache2/authentication# ll
总计 12
drwxr-xr-x 2 root root 4096  3月 28 17:23 ./
drwxr-xr-x 9 root root 4096  3月 28 17:18 ../
-rw-r--r-- 1 root root   44  3月 28 17:23 users
```

- -c：建立 passwdfile 文件。如果 passwdfile 已经存在，则它被重写。所以第二次添加用户时需要去掉选项-c。
- users：创建的密码文件名（可以使用绝对路径或者相对路径，如/etc/apache2/authentication）。
- user1：要添加到密码文件的用户名。

（3）修改 vim /etc/apache2/apache2.conf 主配置文件，具体内容如下所示。

```
root@Server01:~# vim /etc/apache2/apache2.conf
...
<Directory /home/www/>
        # Options Indexes FollowSymLinks
        # AllowOverride None
        # Require all granted
         #设置认证类型（由 mod_auth 提供的 Basic）
         AuthType Basic
        #设置认证领域，避免相同领域内用户重复输入密码
         AuthName "Download"
         #设置密码文件
         AuthUserFile /etc/apache2/authentication/users
         #设置允许访问的用户（valid-user：允许所有合法的用户访问。user user1：仅限用户 user1
访问。user user1 user2：仅限用户 user1 和 user2 访问）
         Require valid-user
</Directory>
...
```

（4）重启 apache2 服务并查看状态。

```
root@Server01:~# systemctl restart apache2
root@Server01:~# systemctl status apache2
● apache2.service - The Apache HTTP Server
     Loaded: loaded (/lib/systemd/system/apache2.service; enabled; vendor preset:
 enabled)
     Active: active (running) since Tue 2023-03-28 17:34:24 CST; 4s ago
       Docs: https://httpd.apac**.org/docs/2.4/
    Process: 27692 ExecStart=/usr/sbin/apachectl start (code=exited, status=0/SUC
CESS)
   Main PID: 27696 (apache2)
      Tasks: 55 (limit: 4573)
     Memory: 4.8M
        CPU: 14ms
     CGroup: /system.slice/apache2.service
             ├─27696 /usr/sbin/apache2 -k start
             ├─27697 /usr/sbin/apache2 -k start
             └─27698 /usr/sbin/apache2 -k start

3月 28 17:34:24 Server01 systemd[1]: Starting The Apache HTTP Server...
3月 28 17:34:24 Server01 systemd[1]: Started The Apache HTTP Server.
```

（5）在浏览器中访问 http://192.168.10.1/myweb.html，在弹出的对话框中输入用户名和密码才能登录，如图 13-5 所示。登录成功的页面如图 13-6 所示。

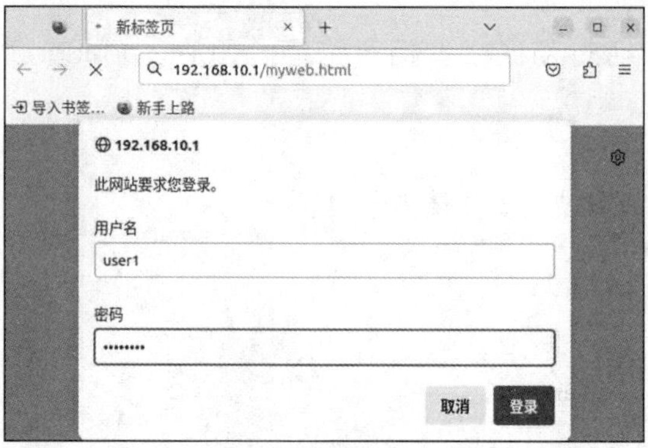

图 13-5　弹出对话框需要输入用户名和密码

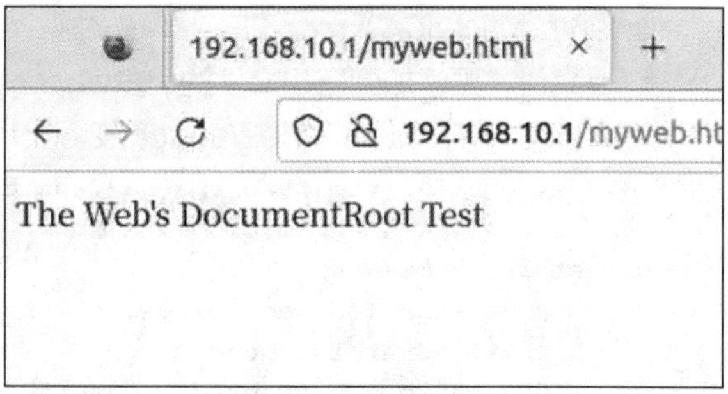

图 13-6　登录成功

提示　可以在客户机端进行登录。

13.4 拓展阅读　“雪人计划”

“雪人计划”（Yeti DNS Project）是基于全新技术架构的全球下一代互联网 IPv6 根服务器

测试和运营实验项目，旨在打破现有的根服务器困局，为下一代互联网提供更多的根服务器解决方案。

“雪人计划”是 2015 年 6 月 23 日在国际互联网名称与数字地址分配机构（Internet Corporation for Assigned Names and Numbers，ICANN）第 53 届会议上正式对外发布的。

发起者包括我国“下一代互联网关键技术和评测北京市工程中心”、日本 WIDE 机构（M 根运营者）、国际互联网名人堂入选者保罗·维克西（Paul Vixie）博士等组织和个人。

2019 年 6 月 26 日，工业和信息化部同意中国互联网络信息中心设立域名根服务器及域名根服务器运行机构。“雪人计划”于 2016 年在中国、美国、日本、印度、俄罗斯、德国、法国等全球 16 个国家完成 25 台 IPv6 根服务器架设，其中 1 台主根服务器和 3 台辅根服务器部署在中国，事实上形成了 13 台原有根服务器加 25 台 IPv6 根服务器的新格局，为建立多边、透明的国际互联网治理体系打下坚实基础。

13.5 项目实训　配置与管理 Web 服务器

1. 项目背景

假如你是某学校的网络管理员，学校的域名为 www.long60.cn。学校计划为每位教师开通个人首页服务，为教师与学生之间建立沟通的平台，要求实现如下功能。该学校的 Web 服务器搭建与配置网络拓扑如图 13-7 所示。

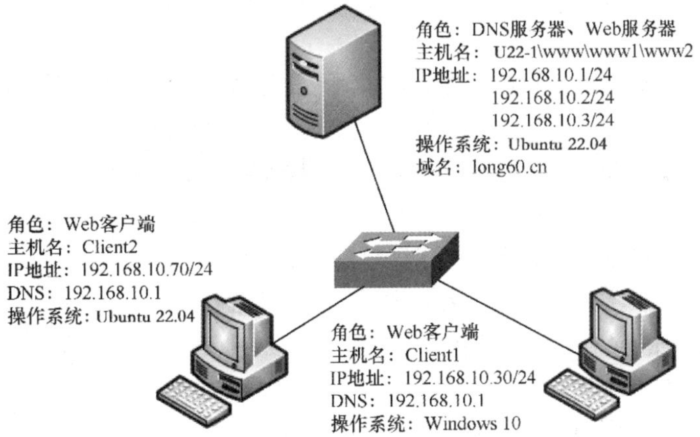

图 13-7　Web 服务器搭建与配置网络拓扑

（1）网页文件上传完成后，立即自动发布 URL 为 http://www.long60.cn/~的用户名。

（2）在 Web 服务器中建立一个名为 private 的虚拟目录，其对应的物理路径是/data/private，并配置 Web 服务器对该虚拟目录启用用户认证，只允许 yun90 用户访问。

（3）在 Web 服务器中建立一个名为 private 的虚拟目录，其对应的物理路径是/dir1/test，并配置 Web 服务器，仅允许来自网络 smile60.cn 域和 192.168.10.0/24 网段的客户端访问该虚拟目录。

（4）使用 192.168.10.2 和 192.168.10.3 两个 IP 地址，创建基于 IP 地址的虚拟主机，其中，IP 地址为 192.168.10.2 的虚拟主机对应的主目录为/var/www/ip2，IP 地址为 192.168.10.3 的虚拟主机对应的主目录为/var/www/ip3。

（5）创建基于 www1.long60.cn 和 www2.long60.cn 两个域名的虚拟主机，域名为 www1.long60.cn 的虚拟主机对应的主目录为/var/www/long901，域名为 www2.long60.cn 的虚拟主机对应的主目录为/var/www/long902。

2. 深度思考

思考以下几个问题。

（1）使用虚拟目录有何好处?

（2）基于域名的虚拟主机的配置要注意什么?

（3）如何启用用户身份认证?

3. 做一做

完成项目实训，检查学习效果。

13.6 练习题

一、填空题

1. Web 服务器使用的协议是________，英文全称是________，中文名称是________。

2. HTTP 请求的默认端口是________。

3. RHEL 8 采用了 SELinux 这种增强的安全模式，在默认的配置下，只有________服务可以通过。

4. 在命令行界面，执行________命令打开 Linux 网络配置窗口。

二、选择题

1. 网络管理员可通过（　　）文件对 WWW 服务器进行访问、控制存取和运行等操作。

A. lilo.conf　　B. httpd.conf　　C. inetd.conf　　D. resolv.conf

2. 在 RHEL 8 中手动安装 Apache 服务器时，默认的 Web 站点的目录为（　　）。

A. /etc/httpd　　B. /var/www/html　　C. /etc/home　　D. /home/httpd

3. 对于 Apache 服务器而言，提供的子进程的默认用户是（　　）。

A. root　　B. apached　　C. httpd　　D. nobody

4. 世界上排名第一的 Web 服务器是（　　）。

A. Apache　　B. IIS　　C. SunONE　　D. NCSA

5. 用户的首页存放的目录由文件 httpd.conf 的参数（　　）设定。

A. UserDir　　B. Directory　　C. public_html　　D. DocumentRoot

6. 设置 Apache 服务器时，一般将服务的端口绑定到系统的（　　）端口上。

A. 10000　　B. 23　　C. 80　　D. 53

7. 下列选项中，（　　）不是 Apache 基于主机的访问控制命令。

A. allow　　B. deny　　C. order　　D. all

8. 用来设定当服务器产生错误时，显示在浏览器上的管理员的 E-mail 地址的命令是（　　）。

A. Servername　　B. ServerAdmin　　C. ServerRoot　　D. DocumentRoot

9. 在 Apache 基于用户名的访问控制中，生成用户密码文件的命令是（　　）。

A. smbpasswd　　B. htpasswd　　C. passwd　　D. password

13.7 实践习题

1. 建立 Web 服务器，同时建立一个名为/mytest 的虚拟目录，并完成以下设置。

（1）设置 Apache 根目录为/etc/httpd。

（2）设置首页名称为 test.html。

（3）设置超时时间为 240s。

（4）设置客户端连接数为 500。

（5）设置管理员 E-mail 地址为 root@smile60.cn。

（6）设置虚拟目录对应的实际目录为/linux/apache。

（7）将虚拟目录设置为仅允许 192.168.10.0/24 网段的客户端访问。

（8）分别测试 Web 服务器和虚拟目录。

2. 在文档目录中建立 security 目录，并完成以下设置。

（1）对该目录启用用户认证功能。

（2）仅允许 user1 和 user2 账号访问。

（3）更改 Apache 默认监听的端口，将其设置为 8080。

（4）将允许 Apache 服务的用户和组设置为 nobody。

（5）禁止使用目录浏览功能。

3. 建立虚拟主机，并完成以下设置。

（1）建立 IP 地址为 192.168.10.1 的虚拟主机 1，对应的文档目录为/usr/local/www/web1。

（2）仅允许来自 smile60.cn 域的客户端访问虚拟主机 1。

（3）建立 IP 地址为 192.168.10.2 的虚拟主机 2，对应的文档目录为/usr/local/www/web2。

（4）仅允许来自 long60.cn 域的客户端访问虚拟主机 2。

4. 配置用户身份认证。参见《网络服务器搭建、配置与管理——Linux（RHEL 8/CentOS 8）（微课版）（第 4 版）》（人民邮电出版社，杨云等主编）的相关内容。

项目14 配置与管理FTP服务器

14

项目导入

某学院组建了校园网，建设了学院网站，并架设了 Web 服务器来为学院网站提供服务，但在网站上传和更新时，需要用到文件上传和下载功能，因此还要架设 FTP 服务器，为学院内部和互联网用户提供 FTP 等服务。本项目将实践配置与管理 FTP 服务器。

职业能力目标

• 掌握 FTP 的工作原理。	• 学会配置 vsftpd 服务器。

素养目标

• “龙芯”让中国人自豪！为中华之崛起而读书，从来都不仅限于纸上。	• 如果人生是一场奔赴，青春最好的“模样”是昂首笃行、步履铿锵。“人无刚骨，安身不牢。”骨气是人的脊梁，是前行的支柱。新时代的弄潮儿要有“富贵不能淫，贫贱不能移，威武不能屈”的气节，要有“自信人生二百年，会当水击三千里”的勇气，还要有“我将无我，不负人民”的担当。

14.1 项目知识准备

以 HTTP 为基础的 Web 服务功能虽然强大，但对于文件传输来说却略显不足。一种专门用于文件传输的 FTP 服务应运而生。

FTP 服务就是文件传输服务，FTP 的全称是 File Transfer Protocol，中文名为文件传送协议，它具备更强的文件传输可靠性和更高的效率。

14.1.1 FTP 的工作原理

FTP 大大简化了文件传输的复杂性，它能够使文件通过网络从一台计算机传送到另外一台计算机上，却不受计算机和操作系统类型的限制。无论是计算机、服务器、大型机，还是 macOS、Linux、Windows 操作系统，只要双方都支持 FTP，就可以方便、可靠地进行文件传送。

FTP 服务的工作过程如图 14-1 所示，具体介绍如下。

（1）FTP 客户端向 FTP 服务器发送连接请求，同时 FTP 客户端系统动态地打开一个端口号大于 1024 的端口（如 1031 端口）等候 FTP 服务器连接。

（2）若 FTP 服务器在端口 21 侦听到该请求，则会在 FTP 客户端的 1031 端口和 FTP 服务器的 21 端口之间建立起一个 FTP 会话连接。

（3）当需要传输数据时，FTP 客户端再动态地打开一个端口号大于 1024 的端口（如 1032 端口）连接到 FTP 服务器的 20 端口，并在这两个端口之间进行数据传输。当数据传输完毕，这两个端口会自动关闭。

（4）当 FTP 客户端断开与 FTP 服务器的连接时，FTP 客户端上动态分配的端口将自动释放。

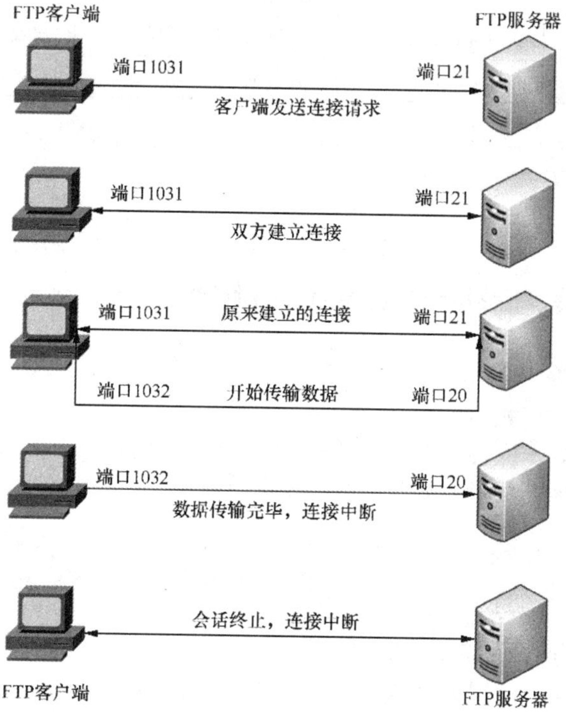

图 14-1　FTP 服务的工作过程

FTP 服务有两种工作模式：主动传输模式（也称为 Active FTP）和被动传输模式（也称为 Passive FTP）。

14.1.2 匿名用户

FTP 服务不同于 Web 服务，它首先要求登录服务器，然后进行文件传输。这对于很多公开提供软件下载的服务器来说十分不便，于是匿名用户访问诞生了：通过使用一个共同的用户名 anonymous 和密码不限的管理策略（一般使用用户的邮箱作为密码即可），让任何用户都可以很方便地从 FTP 服务器下载软件。

14.2 项目设计与准备

本项目一共要用到 3 台计算机，网络连接模式都设置为 NAT 模式。两台计算机安装了 Ubuntu 22.04，其中，一台作为服务器，另一台作为客户端使用；还有一台计算机安装了 Windows 10，也作为客户端使用。计算机的配置信息如表 14-1 所示（可以使用 VM 的“克隆”技术快速安装需要的 Linux 客户端）。

表 14-1 计算机的配置信息

主 机 名	操作系统	IP 地址	角色及网络连接模式
Server01	Ubuntu 22.04	192.168.10.1/24	FTP 服务器；NAT 模式
Client1	Ubuntu 22.04	192.168.10.20/24	FTP 客户端；NAT 模式
Client3	Windows 10	192.168.10.40/24	FTP 客户端；NAT 模式

14.3 项目实施

14-1
配置与管理
FTP 服务器

任务 14-1 安装、启动与停止 vsftpd 服务

1. 安装 vsftpd 服务

安装 vsftpd 服务的过程如下。

```
root@Server01:~# apt update                #安装前先更新缓存
root@Server01:~# apt install vsftpd
正在读取软件包列表... 完成
正在分析软件包的依赖关系
...
正在处理用于 man-db (2.10.2-1) 的触发器 ...
```

2. 启动、重启、随系统启动 vsftpd 服务

安装完 vsftpd 服务后，下一步就是启动了。vsftpd 服务可以以独立或被动方式启动。

在此需要提醒各位读者，在生产环境中或者在红帽认证系统管理员（Red Hat Certified System Administrator，RHCSA）、红帽认证工程师（Red Hat Certified Engineer，RHCE）、红帽认证架构师（Red Hat Certified Architect，RHCA）认证考试中，一定要把配置过的服务程序加入开机启动项，以保证服务器在重启后依然能够正常提供传输服务。

启动、重启、随系统启动 vsftpd 服务，执行命令如下。

```
root@Server01:~# systemctl start vsftpd
root@Server01:~# systemctl restart vsftpd
root@Server01:~# systemctl enable vsftpd
Synchronizing state of vsftpd.service with SysV service script with /lib/systemd/
systemd-sysv-install.
Executing: /lib/systemd/systemd-sysv-install enable vsftpd
root@Server01:~# systemctl reload vsftpd
root@Server01:~# systemctl is-active vsftpd
active
root@Server01:~# vsftpd -v
vsftpd: version 3.0.5
```

任务 14-2 认识 vsftpd 的配置文件

vsftpd 的配置主要通过以下几个文件来完成。

1. 主配置文件

vsftpd 服务程序的主配置文件（/etc/vsftpd.conf）的内容总长度达到 155 行，但其中大多数参数在开头都添加了“#”，成为注释信息。

可以使用 grep 命令添加-v 选项，过滤并反选出没有包含“#”的行（过滤并反选出所有注释信息），然后将过滤并反选出的行通过输出重定向符写回原始的主配置文件中（为安全起见，请先备份主配置文件）。

```
root@Server01:~# cp /etc/vsftpd.conf /etc/vsftpd.conf.bak
root@Server01:~# grep -v "#" /etc/vsftpd.conf.bak > /etc/vsftpd.conf
root@Server01:~# cat /etc/vsftpd.conf -n
     1  listen=NO
     2  listen_ipv6=YES
     3  anonymous_enable=NO
     4  local_enable=YES
     5  dirmessage_enable=YES
     6  use_localtime=YES
     7  xferlog_enable=YES
     8  connect_from_port_20=YES
     9  secure_chroot_dir=/var/run/vsftpd/empty
    10  pam_service_name=vsftpd
    11  rsa_cert_file=/etc/ssl/certs/ssl-cert-snakeoil.pem
    12  rsa_private_key_file=/etc/ssl/private/ssl-cert-snakeoil.key
    13  ssl_enable=NO
    14
```

> **注意** 使用 man vsftpd 命令可以查看 vsftpd 的详细配置说明，使用 cat /etc/vsftpd.conf 命令可以查看配置文件的说明，特别是“#”部分：语句的实例，非常重要。

表 14-2 所示为 vsftpd 服务程序的常用参数。在后文的项目中将演示重要参数的用法，以帮助大家熟悉并掌握。

表 14-2　vsftpd 服务程序的常用参数

参　数	作　用
listen=[YES|NO]	设置是否以独立运行方式监听服务
listen_address=IP 地址	设置要监听的 IP 地址
listen_port=21	设置 FTP 服务的监听端口
download_enable=[YES|NO]	设置是否允许下载文件
userlist_enable=[YES|NO] userlist_deny=[YES|NO]	设置用户列表为“允许”还是“禁止”操作
max_clients=0	设置最大客户端连接数，0 为不限制
max_per_ip=0	设置同一 IP 地址的最大连接数，0 为不限制
anonymous_enable=[YES|NO]	设置是否允许匿名用户访问
anon_upload_enable=[YES|NO]	设置是否允许匿名用户上传文件
anon_umask=022	设置匿名用户上传文件的 umask 值
anon_root=/var/ftp	设置匿名用户的 FTP 根目录
anon_mkdir_write_enable=[YES|NO]	设置是否允许匿名用户创建目录
anon_other_write_enable=[YES|NO]	设置是否开放匿名用户的其他写入权限（包括重命名、删除等操作权限）
anon_max_rate=0	设置匿名用户的最大传输速率（单位为 B/s），0 为不限制
local_enable=[YES|NO]	设置是否允许本地用户登录 FTP
local_umask=022	设置本地用户上传文件的 umask 值
local_root=/var/ftp	设置本地用户的 FTP 根目录
chroot_local_user=[YES|NO]	设置是否将用户权限禁锢在 FTP 目录，以确保安全
local_max_rate=0	设置本地用户最大传输速率（单位为 B/s），0 为不限制

2. /etc/ftpusers 文件

所有位于/etc/ftpusers 文件内的用户都不能访问 vsftpd 服务。当然，为安全起见，这个文件中默认已经包括 root、bin 和 daemon 等系统账号。

```
root@Server01:~# cat /etc/ftpusers
# /etc/ftpusers: list of users disallowed FTP access. See ftpusers(5).

root
daemon
bin
sys
sync
games
man
lp
mail
news
uucp
nobody
```

任务 14-3　配置匿名用户 FTP 实例

1. vsftpd 的认证模式

vsftpd 允许用户以如下 3 种认证模式登录 FTP 服务器。

（1）匿名开放模式：一种极不安全的认证模式，任何人都可以无须密码验证而直接登录 FTP 服务器。

（2）本地用户模式：通过 Linux 操作系统本地的账户密码信息进行认证的模式。与匿名开放模式相比，该模式更安全，而且配置起来也很简单。但是如果入侵者破解了账户的信息，就可以畅通无阻地登录 FTP 服务器，从而完全控制整台服务器。

（3）虚拟用户模式：这 3 种模式中最安全的一种认证模式。它需要为 FTP 服务单独建立用户数据库文件，该文件用来映射口令验证的账户信息，而这些账户信息在服务器系统中实际上是不存在的，仅供 FTP 服务程序进行认证使用。这样，即使入侵者破解了账户信息，也无法登录服务器，从而有效减小了破坏范围和降低了对 FTP 服务器的影响。

2. 匿名用户登录的参数说明

表 14-3 所示为可以向匿名用户开放的权限参数。

表 14-3　可以向匿名用户开放的权限参数

参　　数	作　　用
anonymous_enable=YES	允许匿名访问
anon_umask=022	设置匿名用户上传文件的 umask 值
anon_upload_enable=YES	允许匿名用户上传文件
anon_mkdir_write_enable=YES	允许匿名用户创建目录
anon_other_write_enable=YES	允许匿名用户修改目录名称或删除目录

3. 配置匿名用户登录 FTP 服务器实例

【例 14-1】搭建一台 FTP 服务器，允许匿名用户上传和下载文件，将匿名用户的根目录设置为/var/ftp。

（1）新建测试文件，编辑/etc/vsftpd.conf。

```
root@Server01:~# mkdir -p /var/ftp/pub
root@Server01:~# touch /var/ftp/pub/sample.tar
root@Server01:~# vim /etc/vsftpd.conf
```

在文件后面添加如下 4 行语句（**语句前后一定不要带空格**，若有重复的语句，则删除或直接在其上更改，“#”及后面一行的内容不要写到文件里）。

```
listen=NO
listen_ipv6=YES
#anonymous_enable=NO
local_enable=YES
dirmessage_enable=YES
use_localtime=YES
xferlog_enable=YES
connect_from_port_20=YES
```

```
secure_chroot_dir=/var/run/vsftpd/empty
pam_service_name=vsftpd
rsa_cert_file=/etc/ssl/certs/ssl-cert-snakeoil.pem
rsa_private_key_file=/etc/ssl/private/ssl-cert-snakeoil.key
ssl_enable=NO
#允许匿名用户访问
anonymous_enable=YES
#设置匿名用户的根目录为/var/ftp
anon_root=/var/ftp
#允许匿名用户上传文件
anon_upload_enable=YES
#允许匿名用户创建目录
anon_mkdir_write_enable=YES
```

提示 anon_other_write_enable=YES 表示允许匿名用户删除文件。

（2）允许防火墙放行 FTP 服务，重启 vsftpd 服务。

```
root@Server01:~# ufw allow 20:21/tcp
跳过添加已经存在的规则
跳过添加已经存在的规则 (v6)
root@Server01:~# ufw reload
已经重新载入防火墙
root@Server01:~# ufw status
状态： 激活

至                          动作          来自
-                           --            --
20:21/tcp                   ALLOW         Anywhere
30000:31000/tcp             ALLOW         Anywhere
20:21/tcp (v6)              ALLOW         Anywhere (v6)
30000:31000/tcp (v6)        ALLOW         Anywhere (v6)
root@Server01:~# systemctl restart vsftpd
root@Server01:~# systemctl status vsftpd
● vsftpd.service - vsftpd FTP server
     Loaded: loaded (/lib/systemd/system/vsftpd.service; enabled; vendor preset:
enabled)
     Active: active (running) since Mon 2023-03-27 21:31:24 CST; 8s ago
    Process: 4080 ExecStartPre=/bin/mkdir -p /var/run/vsftpd/empty (code=exited,
status=0/SUCCESS)
   Main PID: 4081 (vsftpd)
      Tasks: 1 (limit: 4573)
     Memory: 852.0K
        CPU: 2ms
     CGroup: /system.slice/vsftpd.service
             └─4081 /usr/sbin/vsftpd /etc/vsftpd.conf

3月 27 21:31:24 Server01 systemd[1]: Starting vsftpd FTP server...
3月 27 21:31:24 Server01 systemd[1]: Started vsftpd FTP server.
```

（3）使用匿名用户“ftp”用户名登录本地 Linux，并使用“ls”命令查看用户目录。

```
root@Server01:~# ftp 192.168.10.1
Connected to 192.168.10.1.
220 (vsFTPd 3.0.5)
Name (192.168.10.1:yangyun): ftp
331 Please specify the password.
Password:                               #不用输入密码，直接按“Enter”键登录
230 Login successful.
Remote system type is UNIX.
Using binary mode to transfer files.
ftp> ls                                 #查看匿名用户的目录
229 Entering Extended Passive Mode (|||25118|)
150 Here comes the directory listing.
drwxr-xrwx    2 128      0            4096 Mar 27 21:15 pub
226 Directory send OK.
```

在 Client3 的 Windows 10 客户端的资源管理器的地址栏中输入 ftp://192.168.10.1，按“Enter”键，结果出错了，如图 14-2 所示。

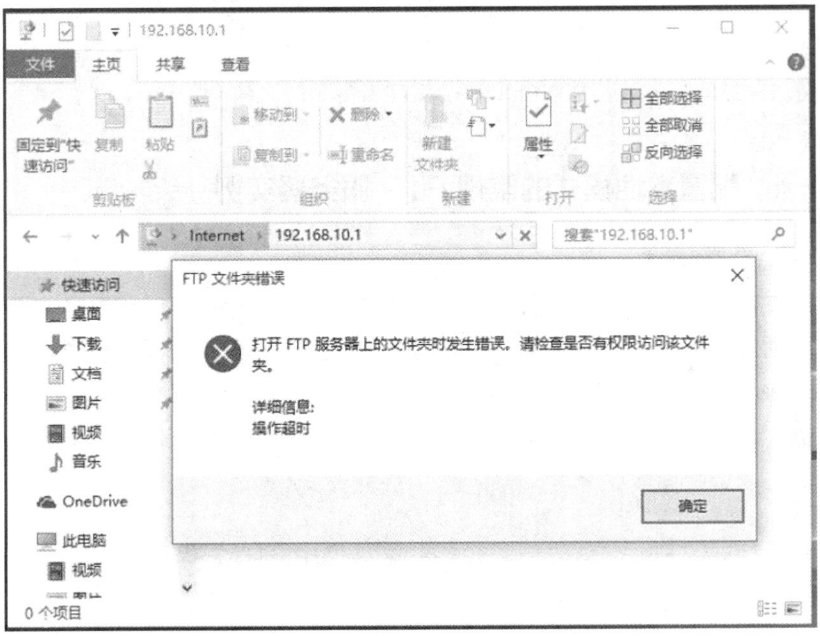

图 14-2 测试 FTP 服务器 192.168.10.1 出错

这是什么原因造成的呢？本地系统权限没有设置！

（4）设置本地系统权限，将属主改为匿名用户 ftp，或者为 pub 目录赋予其他用户写权限。

```
root@Server01:~# ll -ld /var/ftp/pub
drwxr-xr-x 2 root root 4096  3月 8 22:04 /var/ftp/pub
root@Server01:~# chown ftp /var/ftp/pub              //将属主改为匿名用户 ftp
```

（5）在 Windows 10 客户端再次测试，已经匿名成功登录，如图 14-3 所示，并可以在其中查看到“sample.tar”文件。

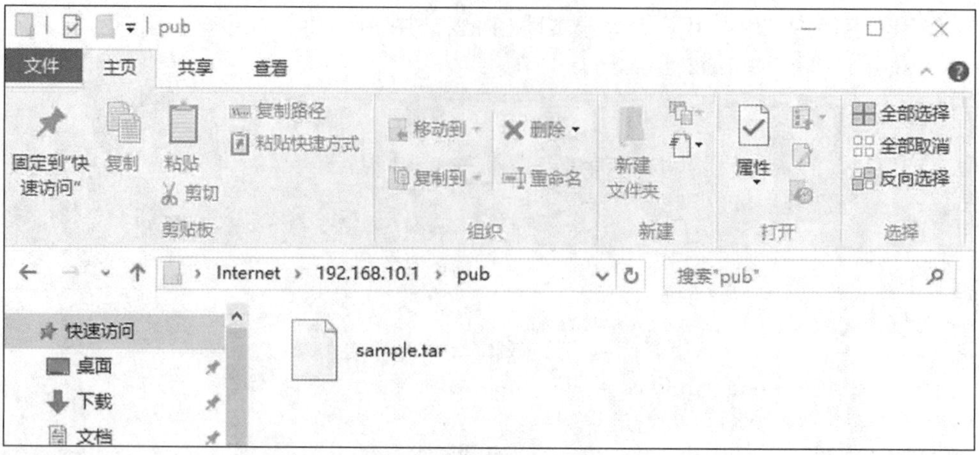

图 14-3　登录 FTP 服务器 192.168.10.1 成功

注意　要实现允许匿名用户创建文件等功能，仅在配置文件中开启这些功能是不够的，还需要注意开放本地文件系统权限，使匿名用户拥有写权限，或者改变属主为 ftp。如果使用 Windows 客户端连接 FTP，则需要选择 IE 浏览器菜单“工具”→“Internet 选项”，选择“高级”标签，取消勾选“使用被动 FTP（用于防火墙和 DSL 调制解调器的兼容）”。

任务 14-4　配置本地模式的常规 FTP 服务器实例

1. FTP 服务器配置要求

企业内部现在有一台 FTP 服务器和一台 Web 服务器，其中 FTP 服务器主要用于维护企业的网站内容，包括上传文件、创建目录、更新网页等。企业现有两个部门负责维护任务，两者分别用 team1 和 team2 账号进行管理。要求仅允许 team1 和 team2 账号登录 FTP 服务器，而不能登录本地系统，并将这两个账号的根目录限制为/web/www/html，即不能进入该目录以外的任何目录。

2. 需求分析

将 FTP 服务器和 Web 服务器放在一起是企业经常采用的方法，这样方便网站维护。为了增强安全性，首先需要仅允许本地用户访问，并禁止匿名用户登录；其次需要使用 chroot 功能将 team1 和 team2 锁定在/web/www/html 目录下。如果需要删除文件，则还需要注意本地权限。

3. 解决方案

（1）建立维护网站内容的账号 team1、team2 和 user1，并为其设置密码。

```
root@Server01:~# passwd team1
root@Server01:~# passwd team2
root@Server01:~# passwd user1
```

（2）在配置 vsftpd.conf 主配置文件并将相应修改写入配置文件时，应该去掉注释，**语句前后不要加空格**，切记！另外，要把任务 14-3 的配置文件恢复到最初状态（**可在语句前面加上“#”**），以免任务间互相影响。

```
[root@Server01 ~]# vim  /etc/vsftpd.conf
```

```
anonymous_enable=NO
#禁止匿名用户登录
local_enable=YES
#允许本地用户登录
local_root=/web/www/html
#设置本地用户的根目录为/web/www/html
chroot_local_user=NO
#是否限制本地用户，这是默认值，可以省略
chroot_list_enable=YES
#激活 chroot 功能
chroot_list_file=/etc/vsftpd.chroot_list
#设置锁定用户在根目录中的列表文件
allow_writeable_chroot=YES
#只要启用 chroot 就一定要加入这行语句，其作用是：允许 chroot 限制，否则会出现连接错误，切记
write_enable=YES
#修改可读权限
```

特别提示 chroot_local_user=NO 是默认设置，即如果不做任何 chroot 设置，则 FTP 登录目录是不做限制的。另外，只要启用 chroot，就一定要增加 allow_writeable_chroot=YES 语句。

注意 因为 chroot 是靠“例外列表”来实现的，列表内用户即例外的用户，所以根据是否启用本地用户转换，可设置不同目的的“例外列表”，从而实现 chroot 功能。因此实现锁定目录有两种方法。

① 锁定主目录的第一种方法是除列表内的用户外，其他用户都被限定在固定目录内，即列表内用户自由，列表外用户受限制。这时启用 chroot_local_user=YES。

```
chroot_local_user=YES
chroot_list_enable=YES
chroot_list_file=/etc/vsftpd.chroot_list
allow_writeable_chroot=YES
```

② 锁定主目录的第二种方法是除列表内的用户外，其他用户都可自由转换目录，即列表内用户受限制，列表外用户自由。这时启用 chroot_local_user=NO。**本例使用第二种方法。**

```
chroot_local_user=NO
chroot_list_enable=YES
chroot_list_file=/etc/vsftpd.chroot_list
allow_writeable_chroot=YES
```

（3）建立/etc/vsftpd.chroot_list 文件，添加 team1 和 team2 账号。

```
root@Server01:~# vim  /etc/vsftpd.chroot_list
team1
team2
```

（4）重启 FTP 服务。

```
root@Server01:~# systemctl restart vsftpd
root@Server01:~# systemctl status vsftpd
● vsftpd.service - vsftpd FTP server
```

```
     Loaded: loaded (/lib/systemd/system/vsftpd.service; enabled; vendor preset>
     Active: active (running) since Mon 2023-03-27 23:22:45 CST; 6s ago
    Process: 2681 ExecStartPre=/bin/mkdir -p /var/run/vsftpd/empty (code=exited>
   Main PID: 2682 (vsftpd)
      Tasks: 1 (limit: 4573)
     Memory: 852.0K
        CPU: 3ms
     CGroup: /system.slice/vsftpd.service
             └─2682 /usr/sbin/vsftpd /etc/vsftpd.conf

3月 27 23:22:45 Server01 systemd[1]: Starting vsftpd FTP server...
3月 27 23:22:45 Server01 systemd[1]: Started vsftpd FTP server.
```

（5）修改本地权限。

```
root@Server01:~# mkdir -p /web/www/html
root@Server01:~# touch /web/www/html/test.sample
root@Server01:~# ll -d /web/www/html
drwxr-xr-x 2 root root 4096  3月 27 23:24 /web/www/html/
root@Server01:~# chmod -R o+w /web/www/html        //其他用户可以写入
root@Server01:~# ll -d /web/www/html
drwxr-xrwx 2 root root 4096  3月 27 23:24 /web/www/html/
```

（6）在 Linux 客户端 Client1 进行测试。

① 使用 team1 和 team2 用户，两者不能转换目录，但能建立新文件夹，显示的目录是“/”，其实是/web/www/html 文件夹！

```
root@Client1:~# ftp 192.168.10.1
Connected to 192.168.10.1 (192.168.10.1).
220 (vsFTPd 3.0.2)
Name (192.168.10.1:root): team1                    //锁定用户测试
331 Please specify the password.
Password:                                          //输入 team1 用户密码
230 Login successful.
Remote system type is UNIX.
Using binary mode to transfer files.
ftp> pwd
257 "/"          //显示的目录是“/”，其实是/web/www/html 文件夹，从列出的文件中就可以知道
ftp> mkdir testteam1
257 "/testteam1" created
ftp> epsv4 off
EPSV/EPRT on IPv4 off.
ftp> ls
200 PORT command successful. Consider using PASV.
150 Here comes the directory listing.
-rw-r--rw-    1 0        0               0 Mar 27 23:24 test.sample
drwx------    2 1001     1001         4096 Mar 28 00:12 testteam1
226 Directory send OK.
ftp> get test.sample test1111.sample          //下载到客户端的当前目录
local: test1111.sample remote: test.sample
200 PORT command successful. Consider using PASV.
150 Opening BINARY mode data connection for test.sample (0 bytes).
```

```
     0        0.00 KiB/s
226 Transfer complete.
ftp> put test1111.sample  test00.sample            //上传文件并改名为 test00.sample
local: test1111.sample remote: test00.sample
200 PORT command successful. Consider using PASV.
150 Ok to send data.
     0        0.00 KiB/s
226 Transfer complete.
ftp> ls
200 PORT command successful. Consider using PASV.
150 Here comes the directory listing.
-rw-r--rw-    1 0        0               0 Mar 27 23:24 test.sample
-rw-------    1 1001     1001            0 Mar 28 00:22 test00.sample
drwx------    2 1001     1001         4096 Mar 28 00:12 testteam1
226 Directory send OK.
ftp> cd /etc
550 Failed to change directory.                   //不允许转换目录
ftp> exit
221 Goodbye.
```

② 使用 user1 用户，其能自由转换目录，可以将/etc/passwd 文件下载到主目录，但极其危险！

```
root@Client1:~# ftp 192.168.10.1
Connected to 192.168.10.1 (192.168.10.1).
220 (vsFTPd 3.0.2)
Name (192.168.10.1:root): user1          //列表外的用户是自由的
331 Please specify the password.
Password:                                //输入 user1 用户密码
230 Login successful.
Remote system type is UNIX.
Using binary mode to transfer files.
ftp> pwd
Remote directory: /web/www/html
ftp> mkdir testuser1
257 "/web/www/html/testuser1" created
ftp> cd /etc            //成功转换到/etc 目录
250 Directory successfully changed.
ftp> epsv4 off
EPSV/EPRT on IPv4 off.
ftp> get passwd
//成功下载密码文件 passwd 到本地用户的当前目录（本例是/root），可以退出后查看。这种做法不安全
local: passwd remote: passwd
200 PORT command successful. Consider using PASV.
150 Opening BINARY mode data connection for passwd (3045 bytes).
100% |**************************|  3045      12.68 MiB/s    00:00 ETA
226 Transfer complete.
3045 bytes received in 00:00 (4.07 MiB/s)
ftp> cd /web/www/html
250 Directory successfully changed.
ftp> ls
200 PORT command successful. Consider using PASV.
150 Here comes the directory listing.
```

```
-rw-r--rw-    1 0        0              0 Mar 27 23:24 test.sample
-rw-------    1 1001     1001           0 Mar 28 00:22 test00.sample
drwx------    2 1001     1001        4096 Mar 28 00:12 testteam1
drwx------    2 1004     1004        4096 Mar 28 00:27 testuser1
226 Directory send OK.
ftp>exit
```

14.4 拓展阅读 我国的“龙芯”

你知道“龙芯”吗？你知道“龙芯”的应用水平吗？

通用处理器是信息产业的基础部件，是电子设备的核心器件。通用处理器是关系到国家命运的战略产业之一，其发展直接关系到国家技术创新能力和国家安全，是国家的核心利益所在。

“龙芯”是我国最早研制的高性能通用处理器系列，于 2001 年在中国科学院计算技术研究所开始研发，得到了“863”“973”“核高基”等项目的大力支持，完成了 10 年的核心技术积累。2010 年，中国科学院和北京市政府共同牵头出资，龙芯中科技术股份有限公司正式成立，开始市场化运作，旨在将龙芯处理器的研发成果产业化。

龙芯中科技术股份有限公司研制的处理器产品包括龙芯 1 号、龙芯 2 号、龙芯 3 号三大系列。为了将国家重大创新成果产业化，龙芯中科技术股份有限公司努力探索，在国防、教育、工业、物联网等领域取得了重大市场突破，龙芯处理器产品取得了良好的应用效果。

目前龙芯处理器产品在各领域取得了广泛应用。在安全领域，龙芯处理器已经通过了严格的可靠性实验，作为核心元器件应用在几十种型号和系统中。2015 年，龙芯处理器成功应用于北斗二代导航卫星。在通用领域，龙芯处理器已经应用在个人计算机、服务器及高性能计算机、行业计算机终端，以及云计算终端等方面。在嵌入式领域，基于龙芯 CPU 的防火墙等网安系列产品已达到规模销售；应用于国产高端数控机床等系列工控产品，显著提升了我国工控领域的自主化程度和产业化水平；龙芯提供了 IP 设计服务，在国产数字电视领域也与国内多家知名厂家展开合作，其 IP 地址授权量已达百万片以上。

14.5 项目实训 配置与管理 FTP 服务器

1. 项目背景

某企业的 FTP 服务器搭建与配置网络拓扑如图 14-4 所示。该企业想构建一台 FTP 服务器，为企业局域网中的计算机提供文件传输服务，为财务部、销售部和 OA 系统等提供异地数据备份。要求实现对 FTP 服务器设置连接限制、日志记录、消息传输、验证客户端身份等功能，并能创建用户隔离的 FTP 站点。

2. 深度思考

思考以下几个问题。

（1）如何使用 service vsftpd status 命令检查 vsftp 的安装状态？

（2）FTP 权限和文件系统权限有何不同？如何进行设置？

（3）为何不建议对根目录设置写权限？

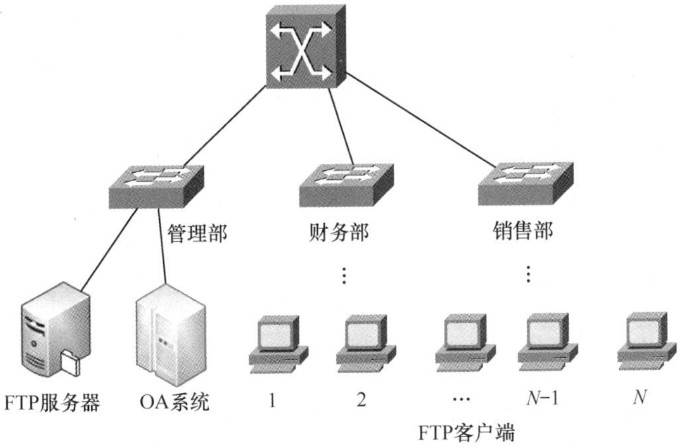

图 14-4 某企业的 FTP 服务器搭建与配置网络拓扑

（4）如何设置进入目录后的欢迎信息?

（5）如何锁定 FTP 用户在其“宿主”目录中?

（6）user_list 和 ftpusers 文件都存储有用户名列表，如果一个用户同时存在两个文件中，则最终的执行结果是怎样的?

3. 做一做

完成项目实训，检查学习效果。

14.6 练习题

一、填空题

1. FTP 服务就是________服务，FTP 的英文全称是________。

2. FTP 服务通过使用一个共同的用户名________和密码不限的管理策略，让任何用户都可以很方便地从 FTP 服务器下载软件。

3. FTP 服务有两种工作模式：________和________。

4. ftp 命令的格式为：________。

二、选择题

1. ftp 命令的参数（　　）可以与指定的机器建立连接。

A. connect　　B. close　　C. cdup　　D. open

2. FTP 服务使用的端口是（　　）。

A. 21　　B. 23　　C. 25　　D. 53

3. 我们从互联网上获得软件最常使用的是（　　）。

A. WWW　　B. Telnet　　C. FTP　　D. DNS

4. 一次下载多个文件可以用（　　）命令。

A. mget　　B. get　　C. put　　D. mput

5. 下列选项中，（　　）不是 FTP 用户的类别。

A. real　　B. anonymous　　C. guest　　D. users

6. 修改文件 vsftpd.conf 的（　　）可以实现 vsftpd 服务独立启动。

A. listen=YES　　B. listen=NO　　C. boot=standalone　　D. #listen=YES

7. 将用户加入（　　）文件中可能会阻止用户访问 FTP 服务器。

A. vsftpd/ftpusers　　B. vsftpd/user_list　　C. ftpd/ftpusers　　D. ftpd/userlist

三、简答题

1. 简述 FTP 的工作原理。
2. 简述 FTP 服务的工作模式。
3. 简述常用的 FTP 软件。

14.7 实践习题

1. 在 VMware 虚拟机中启动一台 Linux 服务器作为 vsftpd 服务器，在该系统中添加用户 user1 和 user2。

（1）确保系统安装了 vsftpd 软件包。

（2）设置匿名账号具有上传文件、创建目录的权限。

（3）利用/etc/vsftpd/ftpusers 文件禁止本地 user1 用户登录 FTP 服务器。

（4）设置本地用户 user2 登录 FTP 服务器之后，在进入 dir 目录时显示欢迎信息"welcome to user's dir!"。

（5）设置将所有本地用户都锁定在/home 目录中。

（6）设置只有在/etc/vsftpd/user_list 文件中指定的本地用户 user1 和 user2 才能访问 FTP 服务器，其他用户都不可以访问。

（7）配置基于主机的访问控制，实现如下功能。

- 拒绝 192.168.6.0/24 访问。
- 对 jnrp.net 和 192.168.2.0/24 内的主机不设置连接数和最大传输速率限制。
- 对其他主机的访问限制为每个 IP 地址的连接数为 2，最大传输速率为 500kbit/s。

2. 建立仅允许本地用户访问的 vsftp 服务器，并完成以下任务。

（1）禁止匿名用户访问。

（2）建立 s1 和 s2 账号，并赋予它们读、写权限。

（3）使用 chroot 将 s1 和 s2 账号锁定在/home 目录中。

学习情境五（电子活页视频一）

系统安全与故障排除

X-1
项目实录　进程管理与系统监视

X-2
项目实录　配置与管理 VPN 服务器

X-3
项目实录　OpenSSL 及证书服务

X-4-1
项目实录　配置与管理 Web 服务器（SSL）-1

X-4-2
项目实录　配置与管理 Web 服务器（SSL）-2

X-5
项目实录　使用 Cyrus-SASL 实现 SMTP 认证

X-6
项目实录　实现邮件 TLS- SSL 加密通信

X-7
项目实录　排除系统和网络故障

千丈之堤，以蝼蚁之穴溃；百尺之室，以突隙之烟焚。

——《韩非子·喻老》

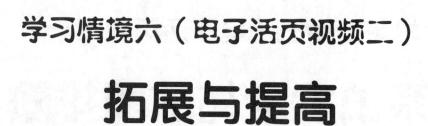

学习情境六（电子活页视频二）

拓展与提高

XI-1
项目实录
使用 vim
编辑器

XI-2
项目实录
实现 shell
编程

XI-3
项目实录　配置
与管理 NFS
服务器

XI-4
项目实录　配置
与管理 squid 代理
服务器

XI-5
项目实录　配置
与管理 chrony
服务器

XI-6
项目实录
配置远程
管理

XI-7
项目实录　配置
与管理电子邮件
服务器

XI-8
项目实录　安装
Linux Nginx
MariaDB PHP
（LEMP）

吾尝终日而思矣，不如须臾之所学也。
——《荀子·劝学》

参 考 文 献

[1] 杨云，林哲. Linux 网络操作系统项目教程（RHEL 7.4/CentOS 7.4）（微课版）[M]. 3 版. 北京：人民邮电出版社, 2019.

[2] 杨云. RHEL 7.4 & CentOS 7.4 网络操作系统详解[M]. 2 版. 北京：清华大学出版社, 2019.

[3] 杨云，唐柱斌. 网络服务器搭建、配置与管理——Linux 版（微课版）[M]. 3 版. 北京：人民邮电出版社, 2019.

[4] 杨云，戴万长，吴敏. Linux 网络操作系统与实训[M]. 4 版. 北京：中国铁道出版社, 2020.

[5] 赵良涛，姜猛，肖川，等. Linux 服务器配置与管理项目教程（微课版）[M]. 北京：中国水利水电出版社, 2019.

[6] 鸟哥. 鸟哥的 Linux 私房菜：基础学习篇[M]. 4 版. 北京：人民邮电出版社, 2018.

[7] 刘遄. Linux 就该这么学[M]. 北京：人民邮电出版社, 2017.

[8] 夏栋梁，宁菲菲. Red Hat Enterprise Linux 8 系统管理实战[M]. 北京：清华大学出版社, 2020.

[9] 鸟哥. 鸟哥的 Linux 私房菜：服务器架设篇 [M]. 3 版. 北京：机械工业出版社, 2022.

[10] 崔升广，王智学，陈雪莲，等. Ubuntu Linux 操作系统项目教程(微课版) [M]. 北京：人民邮电出版社, 2022.

[11] 张春晓. Ubuntu Linux 系统管理实战 [M]. 北京：清华大学出版社, 2018.

[12] 邓淼磊，马宏琳. Ubuntu Linux 基础教程 [M]. 2 版. 北京：清华大学出版社, 2021.